高职高专土建类“411”人才培

综合实务模拟系列教材

施工项目管理实务模拟（第二版）

主　编　项建国　陆生发

主　审　张　伟

中国建筑工业出版社

图书在版编目（CIP）数据

施工项目管理实务模拟 / 项建国，陆生发主编. —
2 版. — 北京 ：中国建筑工业出版社，2022.9
高职高专土建类“411”人才培养模式综合实务模拟
系列教材
ISBN 978-7-112-27590-8

Ⅰ. ①施… Ⅱ. ①项… ②陆… Ⅲ. ①建筑施工-项
目管理-高等职业教育-教材 Ⅳ. ①TU712.1

中国版本图书馆 CIP 数据核字（2022）第 117221 号

本书由施工项目管理实务中施工任务的承接、施工准备工作、施工过程管理和施工收尾管理 4 个项目过程组成。每个项目分单元阐述，包括：工程招标投标、施工合同管理；项目管理规划大纲的编写、施工准备工作和组织设计；施工的质量、进度、成本、项目沟通、项目职业健康与安全管理和施工项目信息管理计划、工程施工索赔；竣工收尾工作、工程竣工结算，工程质量回访与保修，施工经验总结及考评等内容。

本书可作为高职院校相关专业教学用书，也可供工程技术人员参考使用。

为便于本课程教学，作者自制免费课件资源，索取方式为：邮箱 jckj@cabp.com.cn，电话（010）58337285，建工书院网址 http：//edu.cabplink.com。

责任编辑：刘平平
责任校对：李美娜

高职高专土建类“411”人才培养模式
综合实务模拟系列教材
施工项目管理实务模拟（第二版）
主　编　项建国　陆生发
主　审　张　伟
*
中国建筑工业出版社出版、发行（北京海淀三里河路 9 号）
各地新华书店、建筑书店经销
北京鸿文瀚海文化传媒有限公司制版
河北鹏润印刷有限公司印刷
*
开本：850 毫米×1168 毫米　1/16　印张：19½　插页：1　字数：492 千字
2022 年 8 月第二版　　2022 年 8 月第一次印刷
定价：**45.00** 元（赠教师课件）
ISBN 978-7-112-27590-8
（39586）

编审委员会

序

欣闻“411”人才培养模式综合实务模拟系列教材由中国建筑工业出版社正式出版发行，深感振奋。借助全国高职土建类专业指导委员会这一平台，我曾多次与“411”人才培养模式的研究实践人员、该系列教材的编著者有过交流，也曾数次到浙江建设职业技术学院进行过考察，深为该院“411”人才培养模式的研究和实践人员对于高职教育的热情所感动，更对他们在实践过程中的辛勤工作感到由衷的佩服。此系列教材的正式出版是对他们辛勤工作的最大褒奖，更是“411”人才培养模式实践的最新成果。

“411”人才培养模式是浙江建设职业技术学院新时期高职人才培养的创举。“411”人才培养模式创造性的开设综合实务模拟教学环节，该教学环节的设置，有效地控制了人才培养的节奏，使整个人才培养更符合能力形成的客观规律，通过综合实务模拟教学环节的设置提升学生发现、解决本专业具有综合性、复杂性问题的能力，以此将学生的单项能力进行有效的联系和迁移，最终形成完善的专业能力体系，为实践打下良好的基础。

综合实务模拟系列教材作为综合性实践指导教材，具有鲜明的特色。强调项目贯穿教材。该系列教材编写以一个完整的实际工程项目为基础进行编写，同时将能力项目贯穿于整个教材的编写，所有能力项目和典型工作任务均依托同一工程背景，有利于提高教学的效果和效率，更好的开展能力训练。突出典型工作任务。该系列教材包含《施工图识读实务模拟》《高层建筑专项施工方案实务模拟》《工程资料管理实务模拟》《施工项目管理实务模拟》《工程监理实务模拟》《顶岗实践手册》《综合实务模拟系列教材配套图集》等七本，突出了建筑工程技术和工程监理专业技术人员工作过程中最典型的工作任务，学生通过这些依据工作过程进行排列的典型工作任务学习，有利于能力的自然迁移，可以较好的形成综合实务能力，解决部分综合性、复杂性的问题。

该系列教材的出版不仅反映了浙江建设职业技术学院在建设类“411”人才培养模式研究和实践上的巨大成功，同时该系列教材的正式出版也将极大的推动高职建设类人才培养模式研究的进一步深入。此外该系列教材的出版更是对高职实践教材建设的一次极为有益的尝试，其对高职综合性实践教材建设的必将产生深远影响。

全国高职高专教育土建类专业指导委员会秘书长
土建施工类专业指导分委员会主任委员
杜国城

第二版前言

“411”人才培养模式中，《施工项目管理实务模拟》是高职建筑工程施工技术等专业第一个“1”中的重要课程。教材编写组根据“411”人才培养模式下制定的专业教学计划和课程教学大纲要求组织编写，已于2006年12月编写完成作为自编教材，2009年4月正式出版，近年由于涉及工程建设方面的法律法规变化较大，为此编者对教材内容进行了修订，使教材贴近施工员岗位群的工作内容。教材通俗易懂，能够起到工作的指导和引领作用，得到了学生和施工一线技术人员的认可。

施工项目管理具有涉及面广、发展快、变化多、技术性、实践性、综合性强等特点。本教材依据相关的法规和规范，借鉴国内外施工项目管理的成功经验，结合施工项目实际，以施工项目管理为突破口，选取了施工项目管理中主要内容作为《施工项目管理实务模拟》教材的内容。

本教材由浙江建设职业技术学院项建国、陆生发任主编，毛玉红、王小翠任副主编。项建国编写项目1中的单元1和项目4中的单元1；孔琳洁编写项目1中的单元2；陆生发编写项目2中的单元1和单元3；毛玉红任副主编并编写项目3中的单元4和单元5；张廷瑞编写项目3中的单元1和单元2；杨先忠编写项目3中的单元6和单元7；王晓翠编写项目2中的单元2和项目4中的单元2～单元4；蒋莉编写了项目3中的单元3；全书由深圳职业技术学院张伟教授主审。

本教材编写过程中参阅了大量文献资料，得到浙江建设职业技术学院各级领导的关心、支持和指导，在此一并表示衷心的感谢。

由于编者水平和经验有限，加之近期法律法规等的变化比较频繁，书中难免有疏漏和错误之处，恳切希望使用本书的读者批评指正。

前　　言

在高职高专土建类专业“411”人才培养模式中，《施工项目管理实务模拟》是第一个“1”中的重要课程。编写人员组根据“411”人才培养模式制定的专业教学计划和课程教学大纲要求编写该课程教材，于2006年12月完成编写，作为自编教材在浙江建设职业技术学院试用三届。学生反映教材通俗易懂，能够对工作起到指导和引领作用，同时也得到了施工一线技术人员的认可。为了进一步提高教学质量，编写人员于2007年11月～2008年5月对原教材进行了修改和补充，使教材更贴近岗位和岗位工作。

施工项目管理具有涉及面广、发展快、变化多，技术性、实践性、综合性强等特点。本教材依据相关的法规和规范，借鉴国内外施工项目管理的成功经验，结合施工项目实际，以施工项目管理为突破口，选取了施工项目管理中主要内容作为本书的内容。

本教材由浙江建设职业技术学院项建国任主编并编写项目1中的单元1和单元2、项目4中的单元1；陆生发任主编并编写项目2中的单元1、单元2和单元3；毛玉红任副主编并编写项目3中的单元4和单元5；张廷瑞编写项目3中的单元1和单元2；杨先忠编写项目3中的单元6和单元7；王晓翠编写项目4中的单元2、单元3和单元4；蒋莉编写了项目3中的单元3；全书由深圳职业技术学院张伟主审。

本教材编写过程中参阅了大量文献资料，得到浙江建设职业技术学院各级领导的关心、支持和指导，在此一并表示衷心的感谢。

由于编者水平和经验有限，加之时间仓促，书中疏漏、错误难免，恳切希望使用本书的读者批评指正。

目　录

XIANGMU

项目 1

施工任务的承接实务

施工企业任务承接方式一般可以分为招标投标、业主指派和自寻门路等方式获取。通过招标投标获取施工任务是我国施工企业目前最常用的方式。业主指派的方式往往是针对一些特殊工程、抢险救灾等专业性和时效性要求很高，不适宜招标投标的项目。自寻门路是指施工企业根据自身的优势和信誉，对一些民营企业自有资金投资的项目或者不在招标投标法律法规中所规定的项目，采用非招标方式获取施工任务的方式。通过本项目的实务模拟，使学生能够研读招标文件和施工合同的主要条款，会编制招标文件的研读报告、编制投标工作计划、进行投标的一般工作以及施工子合同的签订。

单元 1

工程招标投标

1.1 研读招标文件

1.1.1 招标文件实例

（1）根据住房和城乡建设部《建设施工招标文件范本》的有关规定，对于公开招标的招标文件，一般包括下列内容：

第一章　招标公告及投标通知书 第二章　投标人须知 第三章　合同主要条款 第四章　技术条件和图纸 第五章　投标文件格式

（2）案例：

海牛市金牛城工程
（海牛　4号地块）

施工招标文件

公开招标（ √ ）

邀请招标（　　　　　　）

备　　案（　　　　　　）

招　　标　　人：海牛市金牛房地产开发有限公司（盖章）

招标代理单位：海牛市招投标代理有限公司（盖章）

项 目 负 责 人：____________________（签字）

编　制　日　期：2020年7月

第一章　招标公告及投标通知书

海牛市工程建设项目招标公告

<table>
<tr><td rowspan="3">招标人</td><td colspan="2">名称（盖章）</td><td colspan="2">海牛市大往圩置业有限公司</td></tr>
<tr><td colspan="2">联系地址</td><td colspan="2">海牛市境内</td></tr>
<tr><td>联系人</td><td>张三</td><td>联系电话</td><td>（0573）9467××××</td></tr>
<tr><td rowspan="3">招标代理</td><td colspan="2"></td><td>名称（盖章）</td><td>海牛市银建工程咨询评估有限公司</td></tr>
<tr><td colspan="2">联系地址</td><td colspan="2">海牛市阳光东路185号商会大厦1号（东）楼21层</td></tr>
<tr><td>联系人</td><td>王五</td><td>联系电话</td><td>（0573）9421××××</td></tr>
<tr><td rowspan="4">招标项目内容</td><td colspan="2">工程名称</td><td colspan="2">海牛市金牛城工程（海牛4号地块）</td></tr>
<tr><td colspan="2">工程地点</td><td colspan="2">海牛市高庄镇</td></tr>
<tr><td>工程类别</td><td>房建</td><td>投资批复</td><td>牛发改设计〔2020〕224号</td></tr>
<tr><td colspan="2">资金来源</td><td colspan="2">自筹</td></tr>
<tr><td>项目规模结构</td><td>总投资（万元）</td><td>15726.99</td><td>单项合同估算价（万元）</td><td>11478.6567</td></tr>
<tr><td colspan="2">其他说明</td><td colspan="3">项目主要新建建筑面积38715.44m^2，其中地下车库11223.2m^2，最高13层，最大高度39.9m，最大单跨约8.1m，最大单体建筑面积约22357.01m^2</td></tr>
<tr><td rowspan="3">项目招标要求</td><td>招标方式</td><td colspan="3">公开招标</td></tr>
<tr><td>资格要求</td><td colspan="3">对投标人的要求：具有建筑工程施工总承包三级及以上资质。未被“信用中国”（http://www.creditchina.gov.cn）列入失信惩戒记录。
项目经理资质要求：具有建筑工程二级及以上建造师执业资格（不含临时建造师），在有效期内（其中一级建造师可不在有效期内），注册在投标人单位，另外具备B类人员证书，且无在建工程。
市外投标人及项目经理的备案相关手续按牛建〔2015〕1号文件规定执行</td></tr>
<tr><td>质量要求</td><td>达到现行国家验收标准的合格等级（确保获得海牛市建筑安全文明施工标准化工地）</td><td>工期要求</td><td>720日历天</td></tr>
<tr><td>登记及招标文件的获取</td><td colspan="4">1. 本工程实行资格后审，不进行现场登记，凡有意参加投标者，请于2020年7月27日至2020年8月18日上午09：30时止，通过海牛市公共资源交易中心“管理系统（网址：http://js.jxzbtb.cn）”自主登记；
2. 招标文件（工程量清单、施工图纸、招标控制价及补充文件等）请各投标人使用CA加密锁登录海牛市公共资源交易中心管理系统（网址：http://js.jxzbtb.cn）自行下载，下载时间为2020年7月27日至2020年8月18日上午09：30时止；
3. 预中标单位要求在预中标公示结束前，进行刷IC卡确认，预中标单位IC卡失效或者不符合招标文件及有关规定的，取消中标资格</td></tr>
<tr><td colspan="2">其他</td><td colspan="3">如有电子招投标系统的疑问，请咨询：
投标人在制作过程中若遇问题可与海牛市公共资源交易中心管理系统新点公司联系（咨询电话：400-999-××××，（0573）9951××××）或海牛市公共资源交易中心建设工程窗口：许主任（0573）9412××××</td></tr>
<tr><td colspan="2">投标截止时间</td><td colspan="3">2020年8月18日上午09：30时止</td></tr>
<tr><td colspan="2">发布日期</td><td colspan="3">2020年7月27日</td></tr>
</table>

投标通知书

海牛市金牛城工程（海牛　4号地块）现委托海牛市银建工程咨询评估有限公司进行招标，现通知贵公司参加投标，请按招标文件的要求认真准备好投标文件，按时前来投标。

招标内容：项目主要新建建筑面积38715.44m^2，其中地下车库11223.2m^2，最高13层，最大高度39.9m，最大单跨约8.1m，最大单体建筑面积约22357.01m^2。具体以招标工程量

清单为准。

本次招标方式：公开招标

对投标人的要求：具有建筑工程施工总承包三级及以上资质。未被“信用中国”（http：www.creditchina.gov.cn）列入失信惩戒记录。

项目经理资质要求：具有建筑工程二级及以上建造师执业资格（不含临时建造师），在有效期内（其中一级建造师可不在有效期内），注册在投标人单位，另外具备B类人员证书，且无在建工程。

市外投标人及项目经理的备案相关手续按牛建〔2015〕1号文件规定执行。

招标文件（工程量清单、施工图纸、招标控制价及补充文件等）请各投标人使用CA加密锁登录海牛市公共资源交易中心管理系统（网址：http：//js.jxzbtb.cn）自行下载，下载时间：2020年7月27日至2020年8月18日上午09：30时止。

招标文件发售价：无。

本次招标投标保证金伍拾万元整，投标保证金缴纳形式为：现金（银行转账）或银行保函或专业担保公司的保证担保，由投标单位自行选择。具体详见投标人须知。

投标书送达地点：海牛市公共资源交易中心二楼交易六室（海牛市环北西路261-263号（电信大楼西侧））

投标截止时间：2020年8月18日上午09：30时止

开标时间：2020年8月18日上午09：30时整

开标地点：海牛市公共资源交易中心二楼交易六室（海牛市环北西路261-263号（电信大楼西侧））

招标代理机构：海牛市银建工程咨询评估有限公司

联系人：王五联系电话：（0573）9421×××× 传真：（0573）9921××××

海牛市银建工程咨询评估有限公司

2020年7月

第二章 投标人须知

投标人须知前附表

序号	工程综合说明	
1	工程名称	海牛市金牛城工程（海牛 4号地块）
	建设地点	海牛市高庄镇
	建筑规模	项目主要新建建筑面积38715.44m^2，其中地下车库11223.2m^2，最高13层，最大高度39.9m，最大单跨约8.1m，最大单体建筑面积约22357.01m^2。本次招标单项合同估算价为11478.6567万元。
	投资批复	牛发改设计〔2020〕224号
	承包方式	包工包料
	质量标准	达到现行国家验收标准的合格等级（确保获得海牛市建筑安全文明施工标准化工地）
	建设工期	720日历天
	设计单位	海牛工程设计集团股份有限公司
2	建设资金来源	自筹

续表

序号	工程综合说明	
3	投标人资格要求	对投标人的要求：具有建筑工程施工总承包三级及以上资质。未被“信用中国”（http：www.creditchina.gov.cn）列入失信惩戒记录。 项目经理资质要求：具有建筑工程二级及以上建造师执业资格（不含临时建造师），在有效期内（其中一级建造师可不在有效期内），注册在投标人单位，另外具备B类人员证书，且无在建工程。 市外投标人及项目经理的备案相关手续按牛建〔2015〕1号文件规定执行。
4	投标保证金金额及缴纳方式	投标保证金：人民币伍拾万元整，缴纳形式为：现金（银行转账）或银行保函或专业担保公司的保证担保，由投标单位自行选择。具体详见投标人须知
5	招标文件的下载	招标文件（工程量清单、施工图纸、招标控制价及补充文件等）请各投标人使用CA锁加密登录海牛市公共资源交易中心管理系统（网址：http：//js.jxzbtb.cn）自行下载，下载时间为2020年7月27日至2020年8月18日上午09：30时止
6	图纸押金	无
7	投标人对招标文件提出异议的时间及地点	潜在投标人或者其他利害关系人在下载招标文件后，若对招标文件有异议的，应当在投标截止时间10日前，在海牛市公共资源交易中心“管理系统（网址：http：//js.jxzbtb.cn）”内向招标人提出，招标人或招标代理机构将自收到异议之日起3日内在海牛市公共资源交易中心“管理系统（网址：http：//js.jxzbtb.cn）”内答复。招标代理机构地址：海牛市阳光东路185号商会大厦1号（东）楼21层，传真电话：（0573）9921××××
8	招标文件的澄清或者修改	在投标截止期15日前，招标人可以以补充通知的方式澄清或者修改招标文件。补充通知或答疑，将在海牛市公共资源交易中心“管理系统（网址：http：//js.jxzbtb.cn）”内发布，补充通知或答疑作为招标文件的组成部份，对投标人起约束作用。当招标文件、招标文件的或者修改澄清、修改、补充等在同一内容的表述上不一致时，以最后在海牛市公共资源交易中心“管理系统（网址：http：//js.jxzbtb.cn）”发布的文件为准
9	投标截止时间	2020年8月18日上午09：30时止
10	投标书送达地点	海牛市公共资源交易中心二楼交易六室（海牛市环北西路261-263号（电信大楼西侧））
11	开标时间	2020年8月18日上午09：30时
12	开标地点	海牛市公共资源交易中心二楼交易六室（海牛市环北西路261-263号（电信大楼西侧））
13	投标有效期	投标截止日后90日历天
14	资格审查方式	资格后审，拟派项目经理在投标时必须无在建项目，且必须在资格后审资料中提供项目经理无在建项目的承诺书，否则按资格后审不通过处理
15	评标标准及方法	本工程评标办法参照牛建〔2018〕10号文，评标采用综合评估法。具体详见第六章评标办法
16	其他	如有电子招投标系统的疑问，请咨询： 投标人在制作过程中若遇问题可与海牛市公共资源交易中心管理系统新点公司联系（咨询电话：400-999-××××，（0573）9251××××）或海牛市公共资源交易中心建设工程窗口：许主任（0573）9412××××
17	1. 本招标文件合同主要协议条款应严格按国家、省、市有关规定执行，在甲、乙双方正式签订合同和备案时，应符合有关管理部门的规定要求。 2. 投标人在投标过程中有弄虚作假行为的后果自负	
18	本工程参照牛建〔2018〕10号《海牛市建设工程施工与监理招标评标办法》、牛建〔2019〕6号文执行	
19	本工程属建筑工程（住宅）二类评标项目，技术分评分标准属房屋建筑工程A类	
20	招标文件中关于投标文件技术标编制要求、评标办法以及技术标相关表格若于牛建〔2018〕10号文不一致的，以牛建〔2018〕10号文、牛建〔2019〕6号文及相关补充解释和勘误文件等为准	

一、总则

（一）工程说明

本工程综合说明详见前附表。

（二）招标范围

项目主要新建建筑面积 38715.44m^2，其中地下车库 11223.2m^2，最高 13 层，最大高度 39.9m，最大单跨约 8.1m，最大单体建筑面积约 22357.01m^2。本工程总投资为 15726.99 万元，具体以招标工程量清单为准。

（三）施工工期

本工程计划施工工期参照国家现行工期定额、结合业主实际情况，确定为 720 日历天，计划于 2020 年 9 月开工，具体开工日期以开工令为准。投标人可根据此工期要求及本工程特点，结合自身施工经验、技术水平及管理能力，按工期要求确定具有竞争力的投标工期。一旦中标，该工期即为合同工期。

（四）质量及安全要求

本工程质量要求必须达到现行国家验收标准的合格等级。中标人必须严格按照施工图、审定的施工组织设计方案及有关的施工验收规范、国家和省市有关质量评定标准，精心组织施工，严格把好各道施工工序的质量关，杜绝质量事故，确保工程质量符合工程设计和现行规范要求。竣工验收必须达到一次性通过（合格），如验收不合格，除由中标承包人负责返工修补合格并承担返工费用和延误所造成的工期损失外，另按合同条款的有关规定计罚违约金。中标承包人对本工程所有分包工程的质量、进度控制负全部责任。对中间验收负有监督、组织、协调之义务，并对由建设单位组织的阶段验收或最终验收结果负有全部的直接责任。

文明施工和安全要求应满足国家和“善建安监〔2013〕7 号关于印发《海牛市数字化工地监督管理暂行办法的通知》”的要求。确保获得海牛市建筑安全文明施工标准化工地。

（五）招标方式

本工程按照牛建〔2018〕10 号文件的有关规定，已办理招标申请，并经海牛市相关行政管理职能部门批准，采用公开招标的方式。

（六）资金来源

建设单位的资金通过前附表所述的方式获得，并将部分资金用于本工程合同项下的合格支付。

（七）投标资格

参加投标的单位只有满足前附表序号 3 的要求，才能参加本工程的投标，另应按照招标文件要求缴纳投标保证金伍拾万元整，在定标前，投标人撤销其投标函的，其投标保证金不予退回。

（八）其他

1. 本工程必须由中标人按照合同约定履行义务，完成中标项目，中标人不得向他人转让中标项目，也不得将中标项目肢解后分别向他人转让。

2. 中标单位必须及时提供与投标文件相一致的相关材料给招标人，并协助招标人办理施工的有关手续。

（九）投标费用

投标人应自行承担编制投标文件与递交投标文件所涉及的一切费用。不管投标结果如何，招标人对上述费用不负任何责任。

（十）招标文件解释

本招标文件（含附件）解释权归海牛市金牛房地产开发有限公司（招标人），由招标人委托海牛市招投标代理有限公司（招标代理机构）统一对外作出解释。

二、招标文件

（一）招标文件的组成

1. 招标文件由海牛市工程建设项目招标公告、投标通知书、投标人须知、合同主要条款、投标文件格式（附件及附表）技术条款和图纸、评标标准和方法、本工程专项条款、工程量清单等组成。

2. 招标文件是投标人参加投标的依据。投标人应认真阅读招标文件中所有的内容。如果投标人编制的投标文件实质上不响应招标文件要求，评标委员会将对其作否决投标处理。

（二）招标文件存在异议的解释

潜在投标人或者其他利害关系人在下载招标文件及招标控制价后，若对招标文件及招标控制价有异议的，应当在投标截止时间10日前，在海牛市公共资源交易中心“管理系统（网址：http：//js.jxzbtb.cn）”内向招标人提出，招标人或招标代理机构将自收到异议之日起3日内在海牛市公共资源交易中心“管理系统（网址：http：//js.jxzbtb.cn）”内答复。招标代理机构地址：海牛市阳光东路185号商会大厦1号（东）楼21层，传真电话：（0573）9921××××。

（三）招标文件的澄清或者修改

1. 在投标截止期15日前，招标人可以以补充通知的方式澄清或者修改招标文件。

2. 补充通知或答疑，将在海牛市公共资源交易中心“管理系统（网址：http：//js.jxzbtb.cn）”内发布，补充通知或答疑作为招标文件的组成部分，对投标人起约束作用。

3. 对招标文件澄清或者修改的内容可能影响投标文件编制的，距离投标截止时间不足15日的，招标人应当顺延提交投标文件的截止时间。

4. 书面纪要、补充通知须接受县政务数据办、县建设局监督。

5. 当招标文件、招标文件的澄清、修改、补充等在同一内容的表述上不一致时，以最后在海牛市公共资源交易中心“管理系统（网址：http：//js.jxzbtb.cn）”发布的文件为准。

6. 补充通知或答疑一经在海牛市公共资源交易中心“管理系统（网址：http：//js.jxzbtb.cn）”中发布，即表示所有投标人都已收到该澄清或补充文件。

（四）除上述所列条款内容外，招标人（招标代理机构）的任何工作人员对投标人所作的任何口头解释，介绍答复，只能供投标人参考，对投标人无任何约束力，招标人（招标代理机构）也不承担任何责任。

三、投标报价

（一）投标报价

1. 投标单位应根据业主提供的图纸、工程量清单及有关技术资料，确定单价、合价，并承担计算差错责任。

2. 主要材料的材质必须满足图纸及招标文件要求进入总报价，规格以招标图纸标明的规格进入报价，中标后不得调整。

3. 投标报价应是招标文件所确定的招标范围内全部工作内容的价格表现。其应包括施工设备、劳务、管理、材料、安装、维护、规费（按牛建办〔2019〕34 号关于转发省住建厅、省发改委、省财政厅《关于颁发浙江省建设工程计价依据（2018 版）的通知》执行）、税金（9%）、利润等政策性文件上各项应有费用。投标人计算各项费用时，应按照招标人要求，根据工程特点并结合市场行情及投标人自身状况，考虑各项可能发生的风险费用。本工程为市区工程，本次报价采用“综合单价”，一般计税。

说明：(1) 投标人投标报价时取费必须符合《建设工程工程量清单计价规范》GB 50500—2013《浙江省建设工程计价规则》（2018 版）建发〔2018〕104 号《关于增值税调整后我省建设工程计价规则有关增值税税率计价系数调整的通知》、牛建办〔2019〕34 号关于转发省住建厅、省发改委、省财政厅《关于颁发浙江省建设工程计价依据（2018 版）的通知》及浙江省相关补充和调整管理规定，否则由评标委员会作否决投标处理。

(2) 不可预见费、风险系数等自行考虑，并计入报价内。凡施工中涉及的安全维护、行车干扰、土方运输、材料堆放、夜间施工、水电费用等均包含在本报价中。

其中土方运输及建筑垃圾因行政主管部门对运输车辆及方式有特殊要求，投标单位的土方、建筑垃圾运输费用将可能增加，故投标单位在本次报价中必须把相应增加的费用计入相关子目报价中，今后不得以此理由提出索赔。

(3) 凡涉及城建、城管、环保、工商、保险、水利等部门有可能发生的费用，需自行考虑，并进入总报价内。

(4) 中标人须按有关文件规定交纳相关费用，并及时办理相关许可证。

(5) 部分材料、设备及部分无价材料的价格，由招标人提供暂估价，此暂估价在报价时不得上下浮动，否则按不响应招标文件，由评标委员会作否决投标处理。暂估价部分材料具体招标方式按县相关文件确定。

(6) 各投标人应根据施工现场的现状，对可能发生的杂草清除费用、场地的平整费用、临时施工道路的铺设费用等在投标报价中综合考虑，今后不再另行计算。

(7) 施工用水、用电等各投标人须自行踏勘施工现场，相关费用须考虑在投标报价中，如未踏勘施工现场则算作已踏勘，今后不作签证。

(8) 人工价可按《海牛市造价管理综合信息 2020 年第 6 期》价格计取也可根据企业实力自定价格计取。

(9) 施工组织（总价）措施项目清单与计价表价格包干，工程结算不作调整。

(10) 本工程招标文件（含清单）中若有品牌（或厂家）名称只是招标引用的品牌（或厂家）。如投标人拟选用的是招标人引用的材料品牌（或厂家）则无须在投标文件中明确所选用的材料品牌（或厂家），但中标后实际采购时必须从招标文件（含清单）引用的品牌（或厂家）中择优选用其中品质（品牌）较高的一个品牌（或厂家）作为实际使用品牌（或厂家）；如投标人在选用的材料品牌（或厂家）为招标人推荐的材料品牌（或厂家）范围之外的，则其必须在投标文件中以单独章节附相关资料以证明其投标选用的材料品牌（或厂家）是相当于招标人引用的品牌（或厂家），否则由评标委员会作否决投标处理。

（11）本工程混凝土、砂浆必须使用预拌商品混凝土、砂浆且符合“牛发改〔2012〕214号”文件要求。

（12）投标人需自行踏勘现场，未踏勘的，招标人视为已踏勘，由此引起的后果由投标人自负，并不得以此理由提出任何异议及赔偿。

（13）投标人必须达到“牛建安监〔2013〕7号关于印发《海牛市数字化工地监督管理暂行办法的通知》”的要求，所产生的费用请考虑在报价中，结算时不再另行计取。

（14）本工程有业主单独发包的电梯等专业工程，专业发包项目总金额暂按120万元计算，各投标人计算“总承包服务费”时按此金额计算并把“总承包服务费”计入总报价内，今后结算时“总承包服务费”费率按投标费率（报价费率必须按国家规定范围之内报价），专业分包项目（园林景观、路灯以及自来水、电力、电信、移动、有线电视、天然气等行业单位自行实施的不得计费，但相关配合仍需提供）结算造价按实计算（电梯仅计安装费）。

注：总承包服务费指总承包人为配合协调招标人进行的工程单独专业发包部分自行采购的设备、材料等进行管理、服务以及施工现场管理、竣工资料汇总整理等服务所需的费用。

中标人除向招标人收取“总承包配合服务费”外，还可向业主单独发包的各专业分包（园林景观、路灯以及自来水、电力、电信、移动、有线电视、天然气等行业单位自行实施的不包含在内，但相关配合仍需提供）收取1%（计费基数为单项分包工程价格，电梯仅计安装费）的配合费（含水电费、机械上下运输费等相关费用），该项费用在各专业分包单位进场时向其收取，本次报价中无需计入，但除此费用外，总承包单位不得再以任何理由向各专业分包单位收取任何费用。

（15）所有总包范围内的专业暂定工程（若有），总包单位不得向专业工程施工单位收取任何费用。

4. 本工程报价采用B方式进行编制。

A. 价格固定：投标人所填写的单价在合同实施期间不因市场因素而变动；

B. 价格调整：投标人所填写的单价和合价在合同实施期间可因市场变化而变动。

本工程分部分项工程量清单与计价表和施工技术措施项目清单及计价表中人工材料调整方式如下：将施工合同工期前80%工期时间内海牛地方人工、材料除税后价格信息的平均价（按《海牛造价管理综合信息》或《浙江省建设工程造价信息》中价格计）与投标时海牛地方人工、材料除税后的价格信息（按《海牛造价管理综合信息2020年第6期》或《浙江省建设工程造价信息2020年第6期》中价格计）相比较，按两者差额相应调整。调整公式如下：

结算时分部分项工程量清单与计价表和施工技术措施项目清单及计价表中人工、材料价差＝施工合同工期前80%工期时间内海牛地方相应人工、材料除税后的价格信息的平均价（按《海牛造价管理综合信息》或《浙江省建设工程造价信息》中价格计）－投标时海牛地方相应人工、材料除税后的价格信息（按《海牛造价管理综合信息2020年第6期》或《浙江省建设工程造价信息2020年第6期》中价格计）

注：1）人工、材料消耗量依照浙江省预算（2018版）定额用量计量。差价部分只计税金，不计规费等。

2）人工基期价按《海牛市造价管理综合信息2020年第6期》价格。

3）调整的材料设备仅限《海牛市造价管理综合信息价》或《浙江造价信息》上列明的材料设备，否则不予调整。

5. 本招标工程投标报价参考的依据：

A.《建设工程工程量清单计价规范（GB 50500—2013）》《浙江省建设工程计价规则》（2018 版）《浙江省市政工程预算定额》（2018 版）《浙江省园林绿化及仿古建筑工程预算定额》（2018 版）《浙江省房屋建筑与装饰工程预算定额》（2018 版）《浙江省通用安装工程预算定额》（2018 版）《浙江省建设工程施工机械台班费用定额》（2018 版）以及浙江省工程造价管理机构发布的人工、材料、施工机械台班市场价格信息、工程造价指数等；

B. 2020 年第 6 期《海牛市造价管理》和 2020 年第 6 期《浙江省建设工程造价信息》；

C. 海牛市金牛城工程（海牛　4 号地块）工程图（详见第四章）；

D. 海牛市金牛城工程（海牛　4 号地块）工程量清单；

E. 海牛市金牛城工程（海牛　4 号地块）补充通知（如有）。

（二）投标货币

投标报价中的单价和合价全部采用人民币表示。

四、投标文件的编制

（一）投标文件的组成

投标人的投标文件应包括商务标正本一份（不包含“综合单价计算表（注：含综合单价及技术措施）”“综合单价工料机分析表（注：含综合单价及技术措施）”）（含电子标书 CD-R 一式三份）和技术标正本一份。

（二）投标文件格式要求

1. 投标人应使用招标文件中提供的附表（附件）格式。表格如不够用时，可以按同样格式扩展。

2. 在编制投标文件时，以招标人最后在海牛市公共资源交易中心管理系统（网址：http://js.jxzbtb.cn）上发布的招标文件和招标答疑（如有）为准进行投标报价。

3. 商务标书面投标文件编制规定

投标人必须把委托书、投标函、工程量清单报价表、全国注册造价工程师资格证书或全国建设工程造价员资格证书（建筑和安装）复印件等内容（正本一份）装袋密封，袋上标明商务标。

4. 技术标编制规定

投标人必须把总体施工部署、施工准备、施工进度计划、劳动力配备计划、材料配置计划、施工设备配置计划、施工方法、质量管理计划、职业健康安全管理计划、绿色施工管理计划等施工组织设计内容，以及资格后审所要求提供的资料等内容（正本一份）装袋密封，袋上标明技术标。

1. 根据本项目特点、工程规模和技术复杂程度，根据《海牛市建设工程招标评标适用施工项目评标类别划分标准表》（附件三）规定，评标办法采用综合评估法，技术标的类别为房屋建筑工程 A 二类，技术标编制要求及评分记录表如下：

1.1　技术标页数规定如下：A 二类正文不超过 50 页，不含封面、封底、目录和相关证书复印件。

1.2　纸张大小规定如下：除施工进度计划表、施工平面布置图可为 A3（297mm×420mm）纸外，其余为 A4（210mm×297mm）纸，纸质不大于 $70g/m^2$。技术标封面黑白打印，采用软封面，不得采用硬封面，纸质不大于 $120g/m^2$。

1.3　字体大小、行间距、页边距规定如下：①一般普通文本描述的内容，字体应使用Word文件形式，标题三号字，其他四号字，仿宋体，字间距为标准，行距为单倍，页边距：上2.5cm，其余为2.0cm。②表格内的文字要求：字体采用宋体，字间距为标准，行距根据表格大小在16～20磅间调整均可。

1.4　技术标编制形式规定如下：

1. 编制层次采用章、节、条、款、项、点表示，编号形式如下：

（1）章用1，2，3…表示

（2）节用1.1，1.2，1.3…表示

（3）条用1.1.1，1.1.2…表示

（4）款用（1）、（2）、（3）…表示

（5）项用①，②，③…表示

（6）点用—破折号表示

2. “章”对应于附表中的“大项”“节”对应于附表中的“子项”，投标人不得另行设置，并应写上名称，例如：1总施工部署，1.1工程概况等，条、款、项、点由投标人根据需要自行设置。

3. “章”另行起行，与上章最后一行空一行，字体加大1号，居中设置，章号与名称空一格。“节”也另行起行，与上、下行各空一行，字体为黑体字。

4. 各条、款、项、点均换行。

5. 除进度计划表和施工平面布置图可采用A3纸，可以作附页并计算页数外，其余表格均不作为附页，即与文字连续编版，如同一表格需换页，换页时表部头部分应重新设置。

6. 有关表格形式见附表。附表中，横向格以文字的间距的整倍数，竖向格的多少由投标人自行设置，但字体大小不变，每纸上下左右边距不变。

1.5　电子文档

（1）投标人必须把技术标与商务标内容制作成符合电子评标的格式，并刻录在电子光盘中（一式三份），商务标的Microsoft Excel格式文件和造价软件的源文件也必须同时刻录在CD-R光盘中。光盘上应当用不褪色墨水笔注明投标人名称、项目名称以及法定代表人或其委托代理人签名并与商务标投标文件一并密封包装，作为投标文件的组成部分，投标人应当确保电子文档能够打开运行并正常使用。纸质文件与电子文档不得有实质性差异。投标文件的电子文档在开标后由招标人（招标代理机构）交县公共资源交易中心保存。

（2）各投标人必须在投标截止日期和时间前在海牛市公共资源交易中心管理系统（ht-tp：//js. jxzbtb. cn）上传已签章和加密过的投标文件（CA锁加密），电子投标文件水印码须与纸质的投标文件的水印码一致。投标人上传至网站的加密投标文件和提交的投标文件（CD-R光盘）在开标现场均无法读取的或出现其他异常情况无法正常开启的，按无效投标文件处理。

（三）投标有效期

1. 投标有效期见本须知前附表所规定的期限，在此期限内，凡符合本招标文件要求的投标文件均保持有效。

2. 在招标人按规定延长递交投标文件的截止日期时，投标有效期相应延长，对此要求投

标人须以书面形式予以答复。投标人可以拒绝招标人这种要求，而不被不予退还投标保证金。同意延长投标有效期的投标人既不能要求也不允许修改其投标文件，但需要相应的延长投标有效期，在延长的投标有效期内，本招标文件关于投标保证金的退还与不予退还的规定仍然适用。

（四）投标保证金

1．本次招标投标保证金为伍拾万元整，投标保证金缴纳形式为：现金（银行转账）或银行保函或专业担保公司的保证担保，由投标单位自行选择。各种形式缴纳的投标保证金要求如下：

（1）以现金（银行转账）形式缴纳的投标保证金：

1）投标人应按照海牛市公共资源交易中心“管理系统（网址：http：//js.jxzbtb.cn）”内的要求从管理系统中注册的企业基本账户中以银行转账形式，在2020年8月18日上午09：30时之前存入海牛市公共资源交易中心设立的专户，提交的时间具体以系统确认时间为准。投标保证金有效期应当与投标有效期一致。投标保证金是投标文件的一个组成部分。

2）各投标人可在管理系统中查询自己的保证金提交是否成功（自保证金到海牛市公共资源交易中心设立的专户后2小时即可查询），若管理系统未确认提交成功的，将被视为不响应招标文件而放弃投标。

3）中标候选人公示结束后五日内，向中标候选人以外的所有投标人退还投标保证金。招标人与中标人签订合同后五日内，向中标候选人退还投标保证金。投标保证金退还时应当同时退还银行同期存款利息。

（2）以银行保函形式缴纳的投标保证金：

1）银行保函应当为在浙江省内各商业银行出具的保函。

2）银行保函形式的投标保证金担保具有同等的投标保证金效力。

3）所选用的银行的保函文本、投标保证金担保合同文本必须为已在海牛市公共资源交易网上（网址 http：//www.jszbw.com，栏目：公告通知）予以公开的保函文本、投标保证金担保合同文本。未经公开的不得参与投标保证金的担保。主要条款应涵盖保证的范围保证金额、保证的方式及保证期间、承担保证贵任的形式、索赔、保证责任的解除、免责条款、争议的解决等。

4）银行保函有效期为投标有效期届满后28日内继续有效。

5）在投标截止时间前，将对应所投项目（标段）的银行保函原件及加盖单位公章的二份复印件，随投标文件一起递交给招标人（招标代理机构）签收，招标人（招标代理机构）在收取银行保函原件后，在复印件上加盖原件收讫章，其中一份返回投标人作为保函收讫凭证，一份作为项目存档凭证。银行保函由评标委员会进行评审。评标结束后，招标人（招标代理机构）将所有收取的银行保函原件及投标人明细提交县公共资源交易中心财务窗口，在中标候选人公示结束后，中标候选人以外的投标人凭保函收讫凭证至县公共资源交易中心财务窗口办理银行保函退还手续。招标人与中标人签订合同后五日内，中标候选人凭保函收讫凭证至县公共资源交易中心财务窗口办理银行保函退还手续。办理退还手续时需携带法人委托书和被委托人身份证明。

（3）以专业担保公司的保证担保形式缴纳的投标保证金：

1）专业担保公司的保证担保应当为在浙江省内注册的融资性担保公司出具的保函。

2）融资性担保公司出具的保函形式的投标保证金担保具有同等的投标保证金效力。

3）融资性担保公司出具的保函应当不指定招标人和投标项目，不指定招标人和投标项目的保函可多次使用。投标人如使用不指定招标人和投标项目的保函，担保金额必须大于或等于所投标项目的保证金金额。

（4）所选用的融资性担保公司的保函文本、投标保证金担保合同文本必须为已在海牛市公共资源交易网上（网址 http：//www.jszbw.com，栏目：公告通知）予以公开的保函文本、投标保证金担保合同文本。未经公开的不得参与投标保证金的担保。主要条款应涵盖保证的范围保证金额、保证的方式及保证期间、承担保证责任的形式、索赔、保证责任的解除、免责条款、争议的解决等。

（5）投标保函有效期为投标有效期届满后 28 日内继续有效。

（6）投标人在投标截止前，将对应所投项目（标段）的投标保函原件及加盖单位公章的二份复印件，随投标文件一起递交给招标人（招标代理机构）签收，招标人（招标代理机构）在收取投标保函原件后，在原件复印件上加盖原件收讫章，其中一份返回投标人作为保函收讫凭证，一份作为项目存档凭证。投标保函由评标委员会进行评审。评标结束后，招标人（招标代理机构）将所有收取的投标保函原件及投标人明细提交县公共资源交易中心财务窗口，在中标候选人公示结束后，中标候选人以外的投标人凭保函收讫凭证至县公共资源交易中心财务窗口办理投标保函退还手续。招标人与中标人签订合同后五日内，中标候选人凭保函收讫凭证至县公共资源交易中心财务窗口办理投标保函退还手续。办理退还手续时需携带法人委托书和被委托人身份证明。

2. 投标保证金的效力

投标人提交的投标保证金无论采用何种形式，投标人存在下列任意一种情形时，应当承担投标保证金的保证责任：

（1）投标人在招标文件中规定的投标有效期内撤回其投标；

（2）投标人无故放弃中标资格；

（3）中标人在规定期限内不与招标人签订合同；

（4）中标人未根据招标文件规定提交履约保证金；

（5）投标人存在《中华人民共和国招标投标法实施条例》第六十七条、第六十八条规定的违法违规行为的。

采用银行保函、专业担保公司的保证担保形式的，投标人提交的投标保函应当载明上述保证责任。

3. 有关行政主管部门可以根据需要要求银行、融资性担保公司提供投标保证金担保情况。投标人严格遵守法律法规，确保所提交的投标保证金银行保函、融资性担保公司的投标保函真实有效。招标人、招标代理机构、监管部门发现投标人提供伪造银行保函、投标保函的，应及时向公安部门报案，追究相关责任人的法律责任。

（五）投标预备会及现场勘察

1. 本工程不设投标预备会。

2. 投标人自行对工程施工现场和周围环境进行勘察以获取编制投标文件和签署合同所需的资料。勘察现场所发生的费用及安全责任由投标人自己承担。

3. 招标人向投标人提供的有关施工现场的资料和数据，是现有的能供投标人使用的资料。招标人对投标人由此而作出的推论、理解、结论概不负责。

（六）投标文件的装订、份数和签署要求，如不按以下要求的由评标委员会作否决投标处理。

1. 投标文件（纸质文档）按如下要求装订：

投标文件（纸质文档）应分技术标和商务标两部分，在投标截止时间前分别提供正本一式一份。要求装订成册（不得采用活页形式装订），装袋密封。若商务标或技术标每份内容很多，每份装订时可分成上、下册或上、中、下册等形式，但在投标文件中应做相应的说明并且投标文件封面等有关内容也必须符合招标文件的相应规定。

（1）投标文件（纸质文档）技术标：按投标文件格式要求编制并装袋密封，袋上标明技术标。

（2）投标文件（纸质文档）商务标：投标人必须把授权委托书、总报价、预算书等装袋密封，袋上标明商务标。

中标通知书发出前，中标人须向招标人（招标代理机构）提供商务标及技术标副本一式五份，其中一份商务标副本中须包含“综合单价计算表（注：含综合单价及技术措施）”“综合单价工料机分析表（注：含综合单价及技术措施）”，以上商务标副本及“四表”水印码应与投标时提供的商务标正本相一致。

2. 纸质投标文件封面（封一），由投标人加盖法人公章和法定代表人印鉴或经法定代表人亲自签署。

3. 全套纸质投标文件应无涂改和行间插字，除非这些删改是根据招标人发布的招标答疑进行的，或者投标人造成的必须修改的错误，且修改处应由投标文件签字人签字证明并加盖单位公章。

4. 全套纸质投标文件应无撕页、粘页和活页等。

5. 电子文档

（1）投标人必须把技术标与商务标内容制作成符合电子评标的格式，并刻录在电子光盘中（一式三份），商务标的 Microsoft Excel 格式文件和造价软件的源文件也必须同时刻录在 CD-R 光盘中。光盘上应当用不褪色墨水笔注明投标人名称、项目名称以及法定代表人或其委托代理人签名并与商务标投标文件一并密封包装，作为投标文件的组成部分，投标人应当确保电子文档能够打开运行并正常使用。纸质文件与电子文档不得有实质性差异。投标文件的电子文档在开标后由招标人（招标代理机构）交县公共资源交易中心保存。

（2）各投标人必须在投标截止日期和时间前在海牛市公共资源交易中心管理系统（http：//js. jxzbtb. cn）上传已签章和加密过的投标文件（CA 锁加密），电子投标文件水印码须与纸质的投标文件的水印码一致。投标人上传至网站的加密投标文件和提交的投标文件（CD-R 光盘）在开标现场均无法读取的或出现其他异常情况无法正常开启的，按无效投标文件处理。

五、投标文件的递交

（一）投标文件的密封与标记

1. 投标人必须把投标文件的技术标和商务标分别用封套予以密封包装，并在封套接缝处骑缝加盖单位法人公章或法定代表人印鉴。

2. 技术标和商务标的封套上应分别载明“技术标”或“商务标”的字样，分别载明招标人名称、工程名称、投标人名称并加盖单位法人公章及法定代表人印鉴。

3. 不按以上要求密封与标记的，应被认定为无效的投标，其投标文件将被拒绝开启。

（二）投标文件递交的方式

1. 投标人将加密的电子投标文件上传至电子交易平台，作为投标文件正本。

2. 提交刻录非加密的电子投标文件的光盘三份与商务标投标文件一并密封包装递交。

3. 提交与上传加密的电子投标文件内容完全一致的纸质投标文件，正本一份（仅作为备用投标文件使用）。

（三）投标文件使用的顺序

1. 开标解密投标人上传的电子投标文件。

2. 在因电子交易系统原因造成投标人上传的投标文件解密失败时，使用其提交的光盘现场上传投标文件。

3. 在因投标人原因造成电子投标文件无法解密、读取时，视为撤销其投标文件，其他投标人的投标文件的开、评标继续进行。

4. 在因电子交易系统原因造成无法实施电子开、评标时，启用备用纸质投标文件开、评标。

备注：

（1）本工程评标采用电子评标方式，当电子评标系统发生故障时，则采用手工评标方式。

（2）投标时请务必携带 CA 解密锁。

（3）投标人在制作过程中若遇问题可与海牛市公共资源交易中心管理系统新点公司联系（咨询电话：400-999-××××，（0573）9251××××）或海牛市公共资源交易中心建设工程窗口：许主任（0573）9412××××。

（4）相关投标工具请各投标人自行到海牛市公共资源交易中心网站上下载。

（四）投标截止期

1. 投标人按前附表规定的日期、时间和地点送达并提交投标文件。逾期送达的投标文件招标人将拒绝接收。

2. 招标人可以补充通知的方式酌情延长递交投标文件的截止日期。上述情况下，招标人与投标人以投标截止期前方面的全部权力、责任和义务，将适用于延长后新的投标截止期。

（五）投标文件的补充、修改或者撤回

1. 投标人递交投标文件以后，在规定的投标截止时间之前，可以书面形式提出补充、修改或撤回其投标文件。在投标截止时间以后，不能更改投标文件。

2. 投标人的补充、修改，应按规定编制、密封、标志和递交，并在包封上标明“补充、修改”字样。

（六）随投标文件在投标截止时间前，必须单独提供以下原件（以下所有资料请装在文件袋内，但不须密封）。

1. 项目经理证书原件或也可用通过网络打印的带有二维码的电子证书打印件代替，其中扫描二维码可查询证书的相应信息情况（详见附表 3：强制性资格条件—主要施工管理人员资历要求表）；

2. 银行保函原件及加盖单位公章的两份复印件（保证金以银行保函缴纳的须提交）；

3. 投标保函原件及加盖单位公章的两份复印件（保证金以融资性担保公司保函缴纳的须提交）。

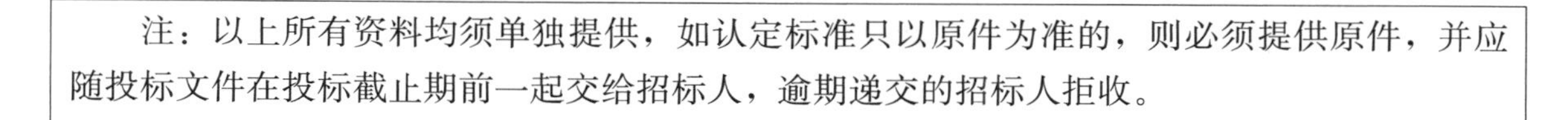

注：以上所有资料均须单独提供，如认定标准只以原件为准的，则必须提供原件，并应随投标文件在投标截止期前一起交给招标人，逾期递交的招标人拒收。

六、开标

（一）开标

1. 招标人将于前附表规定的时间和地点举行开标会议，投标人法定代表人（或委托代理人）应当携带各自身份证准时参加开标会议；法定代表人参加的携带法定代表人身份证明书，法定代表人授权委托代理人参加的须携带授权委托书。如未按上述规定参加开标会议或未在开标现场单独提供以上证件原件的，招标人将拒绝开启其投标文件。

2. 投标人法定代表人（或委托代理人）未准时参加开标会议迟到15分钟以上者，招标人将拒绝开启其投标文件。

（二）开标程序

1. 开标会议在县政务数据办、县建设局的监督及县公证处的公证下，由招标人委托的招标代理机构组织主持。

2. 主持人宣布开标会议开始，介绍参加开标会议的人员，并宣布开标人、记录人、监标人等有关人员姓名。

3. 主持人宣布开标会议会场纪律并介绍前期招标准备情况及投标人投标情况。

4. 由招标人委托的公证机构宣布投标人投标文件送达及标书密封情况，并作现场公证。

5. 监督部门对参加开标会议的投标人法定代表人（或委托代理人）携带法定代表人身份证明书（或授权委托书）及身份证原件等相关证件原件进行查验。

6. 投标人代表随机抽取相关权数。

7. 当众开启招标人设置的有关内容（如有）。

8. 经确认无误后，由开标工作人员对确认合格的投标人按后到先开的顺序当众拆封投标文件，公布所有商务报价、投标人名称、质量目标、工期及其他必要的数据。

9. 公布内容将做好记录，并由各投标人法定代表人或授权委托代理人签字确认。

10. 主持人宣布开标结束及其他有关事项。

（三）投标文件的有效性

1. 有下列情形之一的，其投标文件将被退回，不予开封：

（1）投标文件逾期送达的；

（2）投标文件未按招标文件要求密封和标志的；

（3）投标人递交两份或两份以上内容不同的投标文件，未书面声明哪一份有效的；

（4）投标人法定代表人（或委托代理人）未准时参加开标会议迟到15分钟以上者。

2. 有下列情形之一的，由评标委员会作否决投标处理：

（1）投标人提供两个或两个以上的投标报价，未书面声明哪一个有效的；

（2）投标文件未按招标文件要求编制或字迹模糊、辨认不清的；

（3）投标报价大写金额表达不清无法辨认、判断或无法表达一个确切数值的；

（4）投标人的投标文件未按招标文件要求装订和签署的；

（5）投标人的投标文件未按招标文件要求份数提交的。

七、评标与决标

（一）评标委员会

按照牛建〔2018〕10号文件执行：评标委员会由5名人员组成，其中业主代表1名作为技术专家参与评标，其他专家从浙江省综合评标专家库随机抽取评标专家4人。

为招标人编制工程量清单及招标控制价的单位的评标专家不得参加本项目的评标工作，为投标人编制商务标投标报价文件的单位中的评标专家均不得参加本项目的评标工作，须自觉回避。

（二）评标原则

应遵循公平、公正、合理、科学的原则。

（三）评标办法

本工程评标办法详见第六章。

（四）投标文件的澄清

为了有助于投标文件的审查、评价和比较，在县政务数据办、县建设局及县相关职能部门等监督下及公证处的公证下，评标小组可以个别要求投标人澄清其投标文件，有关澄清的要求和答复，应以书面形式进行，并不得超出投标文件的范围或者改变投标文件的实质性内容。

（五）投标文件的符合性

如果投标文件实质上不响应招标文件的要求，招标人将予以拒绝，并且不允许通过修正或撤销其不符合要求的差异或保留，使之成为具有响应性的投标。

（六）评标内容的保密

开标后，直到宣布授予中标人合同止，凡属于审查、澄清、评价和比较投标的所有资料，有关授予合同的信息，都不应向投标人或与评标无关的其他人泄露。招标人对评标结果不作解释。

八、授予合同

（一）中标人的确定

严格按照《中华人民共和国招标投标法》《中华人民共和国招标投标法实施条例》、国家九部委23号令修改后的《评标委员会和评标办法暂行规定》及相应的法律、法规执行。

（二）中标通知书

1. 招标人收到评标报告之日起3日内公示中标候选人（公示期为3天），公示期结束后海牛市公共资源交易中心在招标人确定中标人后向中标人发出中标通知书。招标人和中标人应当自中标通知书发出之日起30日内，按照招标文件和中标人的投标文件签订书面合同。

2. 中标人在收到中标通知书后，应在签订合同前向招标人交纳履约保证金，履约保证金为中标价的2%。若中标人未在规定期限内向招标人提交履约保证金，招标人将有充分理由废除已发出的中标通知书，并有权不予退还其投标保证金。

（1）业主发出开工令后3日内未开工，业主有权终止合同并扣除全部履约保证金，同时追究施工方违约责任。

（2）履约保证金按以下方式分配，业主并保留进一步追究施工方违约责任的权利。

内　容	所占比例或金额
质量保证金	履约保证金的 50%
工期保证金（规则调整及征迁等甲方不可预见的因素除外）	履约保证金的 30%
安全保证金	履约保证金的 20%
竣工验收未能一次性通过	暂扣留 50%的履约保证金并要求承包人在一个月内整改通过，待工程竣工验收合格后一周内退回
其他未履约行为，由业主和监理、跟踪审计共同确认	酌情扣除

3. 中标通知书将成为合同的组成部分。

（三）合同签订

招标人将根据《合同法》及海牛市建设工程施工合同管理的规定，依据招标文件、投标文件及相关法律法规与中标人签订工程施工合同。

中标单位须全力协助招标人办理施工许可证。

九、招标结束

招标人与中标人签订施工合同后，即为招标结束。招标人对中标结果不作任何解释。

第三章　合同主要条款

合同条件采用《建设工程施工合同（示范文本）》GF-2017-0201 的《合同条件》。

合同协议条款将由招标人（甲方）与中标人（乙方）结合本工程具体情况协商后签订。以下为招标人提出涉及投标人的主要条款，投标人应在投标文件中进行承诺。

第一部分　合同协议书

发包人（全称）：海牛市金牛城房地产开发有限公司

承包人（全称）：________________

根据《中华人民共和国合同法》《中华人民共和国建筑法》及有关法律规定，遵循平等、自愿、公平和诚实信用的原则，双方就海牛市金牛城工程（海牛 4 号地块）及有关事项协商一致，共同达成如下协议：

一、工程概况

1. 工程名称：海牛市金牛城工程（海牛 4 号地块）

2. 工程地点：海牛市高庄镇

3. 工程立项批准文号：牛发改设计〔2020〕224 号

4. 资金来源：自筹

5. 工程内容：海牛市金牛城工程（海牛 4 号地块），具体详见工程量清单

群体工程应附《承包人承揽工程项目一览表》（附件 1）。

6. 工程承包范围：

海牛市金牛城工程（海牛 4 号地块），包工包料，具体详见工程量清单。

二、合同工期

计划开工日期：暂定 2020 年________月________日。

计划竣工日期：暂定 2022 年________月________日。

工期总日历天数：720日历天。工期总日历天数与根据前述计划开竣工日期计算的工期天数不一致的，以工期总日历天数为准。

三、质量标准

工程质量达到现行国家验收标准的合格等级标准确保获得海牛市建筑安全文明施工标准化工地。

双方约定，工程质量由业主、监理、设计、施工共同评定。

四、签约合同价与合同价格形式

1. 签约合同价为：

人民币（大写）按中标价（¥按中标价元）；其中：

（1）安全文明施工费：

人民币（大写）__________（¥__________元）；

（2）材料和工程设备暂估价金额：

人民币（大写）__________（¥__________元）；

（3）专业工程暂估价金额：

人民币（大写）__________（¥__________元）；

（4）暂列金额：

人民币（大写）__________（¥__________元）。

2. 合同价格形式：采用单价合同。

五、项目经理

承包人项目经理：____________________。

六、合同文件构成

本协议书与下列文件一起构成合同文件：

（1）中标通知书（如果有）；

（2）投标函及其附录（如果有）；

（3）专用合同条款及其附件；

（4）通用合同条款；

（5）技术标准和要求；

（6）图纸；

（7）已标价工程量清单或预算书；

（8）其他合同文件。

在合同订立及履行过程中形成的与合同有关的文件均构成合同文件组成部分。

上述各项合同文件包括合同当事人就该项合同文件所作出的补充和修改，属于同一类内容的文件，应以最新签署的为准。专用合同条款及其附件须经合同当事人签字或盖章。

七、承诺

1. 发包人承诺按照法律规定履行项目审批手续、筹集工程建设资金并按照合同约定的期限和方式支付合同价款。

2. 承包人承诺按照法律规定及合同约定组织完成工程施工，确保工程质量和安全，不进行转包及违法分包，并在缺陷责任期及保修期内承担相应的工程维修责任。

3. 发包人和承包人通过招投标形式签订合同的，双方理解并承诺不再就同一工程另行签订与合同实质性内容相背离的协议。

八、词语含义

本协议书中词语含义与第二部分通用合同条款中赋予的含义相同。

九、签订时间

本合同于 2020 年　　月　　日签订。

十、签订地点

本合同在＿＿＿＿＿＿＿＿签订。

十一、补充协议

合同未尽事宜，合同当事人另行签订补充协议，补充协议是合同的组成部分。

十二、合同生效

本合同自法定代表人或委托代理人签字加盖公章生效。

十三、合同份数

本合同一式陆份，均具有同等法律效力，发包人执叁份，承包人执叁份。

发包人：（公章）	承包人：（公章）
法定代表人或其委托代理人：（签字）	法定代表人或其委托代理人：（签字）
组织机构代码：	组织机构代码：
地址：	地址：
邮政编码：	邮政编码：
法定代表人：	法定代表人：
委托代理人：	委托代理人：
电话：	电话：
传真：	传真：
电子信箱：	电子信箱：
开户银行：	开户银行：
账号：	账号：

第二部分　通用合同条款

本招标工程通用合同条款具体详见《建设工程施工合同（示范文本）》GF-2017-0201。

第三部分　专用合同条款

（略）

第四章　技术条款和图纸

一、现场自然条件

（包括：现场环境、地形、地貌、地质、水文、地震烈度及气温、雨雪量、风向、风力等）

二、现场施工条件

（包括：建设用地面积、建筑物占地面积、场地拆迁及平整情况、施工用水、电及有关勘探资料等）具备开工条件。

三、本工程采用的技术规范

按国家有关规定。

四、图纸

由招标人在海牛市公共资源交易中心"管理系统（网址：http：//js.jxzbtb.cn）"内提供的《海牛市金牛城工程（海牛4号地块）》电子版施工图。

第五章　投标文件格式（附件及附表）

（略）

1.1.2　招标文件研读要点及研读报告编写

（1）招标文件研读要点

在阅读工程项目招标文件时应着重研究以下几个方面的要点：

1）认真阅读前附表，深刻领会前附表中透露的各种信息

主要了解工程项目名称，建设单位，工程建设地点，建筑类型、建筑面积、结构形式，计划投资，资金来源。特别是对几个重要的时间必须记住。例如：购买标书的时间，交纳保证金的时间，答疑时间，现场踏勘的时间，标书递交时间，开标时间等。

2）熟悉投标须知中的有关内容

投标须知中除前附表所提示的信息外，还应该对其他内容作比较深的了解和理解：对联合体投标及主办人的规定；分包项目和分包单位的确认条件；过去三年企业合同履行情况和债权、债务情况；对拟派项目经理及项目管理班子的要求；对合同的授予要求等等。

3）对合同条款的理解

特别是对要约邀请的专用条款更要仔细阅读，主要是针对合同的标的承包范围、合同价款、计价方式、付款方式、现场签证、结算和决算以及违约责任进行重点摘录。

4）熟悉研究评标办法和评标细则

一般在招标文件中会对评标方式和实施细则进行公布，例如采用综合评分法或经评审最低价法等，因为这些方法直接牵涉到投标人的报价策略。

5）投标报名需要提供的文件资料情况

投标报名时间、需要提供的企业和项目经理的各种资料。

6）潜在竞争对手的了解

潜在竞争或竞争对手的数量、资质、业绩和在建项目情况。

7）投标文件的要求

投标文件是否需要将商务标和技术标的封装分开，投标文件各内容的程序有无规定和明确的格式，签章的规范性要求等。对投标文件的格式、装订、错误修改、封装、送达、评标的办法。

(2) 招标文件研读报告编写

作为投标人为了确保中标，备忘招标文件中的重要内容，有必要编写招标文件的研读报告，应该包含以下方面的内容。

1) 招标文件概述

介绍招标文件的前附表，本企业对该投标项目的要求和达到的目的。

2) 招标文件的组成

投标邀请函、投标人须知、报价要求、合同文本、评标办法、投标文件格式及相关要求等内容。

3) 投标文件的构成

本次投标必须提交哪些内容，如投标函、法定代表人授权委托书、投标报价表、服务承诺书及其他说明和资料等内容。

4) 对投标企业的资格要求

投标企业的资格证明文件应该包括的内容，需要提供的企业财务状况证明，拟任项目经理和项目组的基本状况证明。

5) 投标文件的编制要求

投标文件的编制格式要求、编排要求、字迹要求、内容要求，是否有商务和技术标之分。投标文件正本一份，副本几份，如何标记，投标文件对签署人的要求。

6) 投标文件的密封及递交要求

投标文件的密封要求，技术标和商务标是否分开封装，正、副本如何标记，封口的密封标记、封皮上的标记式样及不密封的后果。投标文件的送达时间、地点，签收人和递交人的要求。

7) 投标保证金的有关规定

投标保证金的交纳金额、交纳时间、交纳形式和退还方式。投标人如何在投标文件中或投标时予以体现，对没收投标保证金的有关规定等。

8) 招标文件的澄清修改

招标单位对已发出的招标文件有时需要进行必要澄清或者修改，明确通知招标文件所有收受人的时间和方式。该澄清或者修改的内容为招标文件的组成部分，对投标人具有约束力，有时会直接影响到项目的投标报价，因此必须明确由谁负责联络。

9) 投标文件的修改和澄清

投标文件的修改澄清的范围、递交方式、有效时间，对投标文件的修改澄清文件的规范性要求，以及对评标专家和建设单位对投标文件疑问的澄清解释要求。

1.2 投标工作的组织

1.2.1 投标项目的选择

(1) 选择因素

选择合适的项目进行投标，是多数企业关注的重点问题。投标项目选择是否合适，直接关系到企业能否中标、中标后企业的利益大小，更深层次的会影响到企业的生存和发展等诸多问题。因此投标项目的选择是投标工作中十分重要的环节，一般可以通过对以下项目选择的因素进行定性分析和定量的权衡打分，选取最有竞争优势和可持续发展的项目进行投标（表1-1）。

投标项目因素评价表　　表1-1

序号	项目选择因素	评价内容	得分
1	能够投入项目管理实力	能否抽出足够的、水平相当的管理人员参加该工程项目的实施和管理	
2	能够投入的技术、设备实力	本企业的技术水平和技术工人的工种、数量能否满足该工程项目对技术的要求，施工机械设备的品种、数量能否满足该工程项目对设备的要求	
3	企业的业绩、信誉实力	是否有同类工程的业绩、经验可供参考和借鉴，有完备的实际施工经验等。是否有适当的合作伙伴进行联合投标	
4	工程建设单位	建设单位的性质，资金的筹集情况。如果是政府出资或筹资的项目，应了解该项目所需资金是否已列入国家批准的预算计划；若是世行或其他国际金融机构贷款的项目，应了解外汇贷款和受贷国内配套资金的比例及落实情况；若是私营企业或合营公司的项目，就更要仔细地调查建设单位的资信情况、资金来源、筹资情况及担保银行情况等	
5	风险分析	对工程项目应该进行风险分析，主要包括组织、经济、技术、管理和环境等方面。要认真分析和研究合同的条件，逐条进行分析看是否苛刻等，以免中标后在合同实施过程中陷入被动	
6	竞争对手	竞争对手的分析，有哪些当地公司和外地公司参加该项目的竞标，这些公司过去几年的业绩，在建工程情况，在当地是否实施过项目、效果如何等。找出威胁最大的几家公司，并进行双方优劣势对比，这对决定自己的投标策略有一定的参考价值	

（2）投标项目选择的原则

要选择基本符合本企业的经营策略、经营能力、经营特长和建设环境良好的投标项目。不能见项目就投，而应全面考虑各种因素，进行客观详尽的分析研究，再选定投标项目。要使投标项目尽可能满足：项目可靠、项目环境好、项目中标有利润、项目符合企业经营目标和自身条件且有参与竞争的实力等原则。

1.2.2　投标工作实施计划编写

投标工作实施计划应该根据招标文件的相关内容进行编写，做到心中有数、有的放矢，具体可以按照下述要求进行编制。

（1）合理确定编标组织和人员。成立项目投标领导小组，下设商务组、技术组和综合组。确定领导小组负责人和各小组负责人。商务组负责商务标的编制工作，技术组负责技术标的编制工作，综合组负责项目信息的跟踪、沟通、协调和投标工作。做到各司其职，各负其责。

（2）根据招标文件所提供的节点时间，编制工作计划。在时间安排上要留有余地，留出修改、完善标书的时间和标书的打印、装订、递交时间，根据完成情况及时检查和调整编标进度，以确保在规定期限内参加投标。

（3）为了保证标书编制质量，要做好信息的收集和过滤。对投标书应作响应性检查；技术方案的先进性、科学性和适应性检查；报价合理性、准确性、技巧性和竞争性检查；标书的封装和外观检查。

1.3 投标文件的编制

1.3.1 施工投标文件编制要点

1. 及时掌握招标信息

全面、及时地掌握招标公告信息。利用现代化科技手段，通过各种媒体，时刻关注并及时了解发包人在指定媒体上发布的招标信息和更改信息，积极参与投标，赢得较充裕的编制投标文件的时间，以免准备不充分而仓促应“标”。充分认识现场踏勘和答疑的重要性，项目的具体实施要求，做到心中有数。

2. 熟读精研招标文件

招标文件对于投标人来说，就是“课本”，认真对待招标文件是投标人自身诚信经营的一种有效检验。因此对投标人须知、投标文件的编制、投标文件的组成部分、投标文件的递交、质量技术标准、计价、评标原则及方法、评标标准、分数权值分布等条款逐项逐句认真钻研，仔细阅读、领会，对项目的具体要求要一清二楚，不清楚的及时向招标人咨询或要求答疑。对招标文件作出实质性响应，是投标文件的核心内容。因此一是要对项目的质量、服务、施工保证、期限、付款等要求应作出“一对一”的实质性响应，周密设计科学合理的详细的实施方案，对优质服务作出诚信的承诺，不能有丝毫的疏忽和遗漏，或是在编制投标文件上“偷工减料”、东拼西凑，要做到结构严谨、说明透彻、表述确切、层次分明，简明扼要。二是要在把握质量技术标准的前提下，要保障多个项目的协调统一，不能顾此失彼，彼此分割，保证工程、服务一条龙实施，优化组合，流水作业，突出可操作性强的特点。三是报价要精确，在报价一览表中，要注明项目的名称、规格、单价、数量和总价，汇总金额，签名盖章，计算要准确，大小写金额要一致，不能有错漏，保证在报价上有竞争优势。

3. 精心编制投标文件

投标文件对于招标文件来说，就是“答卷”，是投标人对企业形象的最好展示，可以说重视投标文件就是重视自我。避免答非所问，要满足项目需求并突出体现自身的优势，业务操作程序，把握投标技巧，以公开、公平、公正和诚信的原则争取更多的中标机会。

4. 保证投标文件的有效性、完整性

一是资质证明要合法完备。各类证照、资质证书原件或加盖公章复印件要在投标文件中载明。二是备齐投标文件目录或开标一览表，注明页号，合理排序，使投标文件各组成部分一目了然，便于评标。三是要对照投标文件的组成部分，要指派专人整理装订成册，配备富有特色的外观封面，确保投标文件完整无缺。四是对照招标文件的要求，投标文件的份数要备足，正本和副本要注明，该签字盖章的必须签盖，该包装密封的要密封完好。五是按照招标文件的要求，及时足额向招标人交纳投标保证金。

5. 投标应遵纪守法

一是以《建筑法》《招标投标法》《民法典》等法律规定为准绳，自觉约束自身的行为，诚信合法经营，保证既得的合法利益，维护好企业的形象。二是依照《建筑法》规定，接受资格审查，履行公开的招标程序，在法律规定的范围内，以满足项目需求为前提展开公平竞争，争取合法利益。三是依照《招标投标法》规定，严格按法定程序投标，精心编制投标文件，规范运作，切忌发生行贿舞弊、串标围标、弄虚作假、欺诈隐瞒等不良行为，不走“歪门邪道”，维护企业奉公守法的好形象。

1.3.2 施工投标文件的框架示例

投标文件格式（附件及附表）

一、投标文件应包括商务标正本一式一份和技术标正本一式一份

二、商务标的组成

1. 授权委托书（附件 1.1）或法定代表人身份证明书（附件 1.2）
2. 投标函（附件 2.0）
3. 投标报价（附件 2.1）
4. 编制说明（附件 2.2）
5. 投标报价费用表（附件 2.3）
6. 单位（专业）工程投标报价计算表（附表 2.4）
7. 分部分项工程量清单与计价表（附件 2.5）
8. 施工技术措施项目清单与计价表（附件 2.6）
9. 综合单价计算表（注：含综合单价及技术措施）（附件 2.7）（仅在投标电子文档及中标后的一份商务标副本中提供）
10. 综合单价工料机分析表（注：含综合单价及技术措施）（附件 2.8）（仅在投标电子文档及中标后的一份商务标副本中提供）
11. 施工组织（总价）措施项目清单与计价表（附件 2.9）
12. 其他项目清单与计价汇总表（附件 2.10）
13. 暂列金额明细表（附件 2.11）
14. 材料（工程设备）暂估单价表（附件 2.12）
15. 专业工程暂估价表（附件 2.13）
16. 专项技术措施暂估价表（附件 2.14）
17. 计日工表（附件 2.15）
18. 总承包服务费计价表（附件 2.16）
19. 主要工日一览表（附件 2.17）
20. 发包人提供材料和工程设备一览表（附件 2.18）
21. 主要材料和工程设备一览表（附件 2.19）
22. 主要机械台班一览表（附件 2.20）
23. 在投标人或委托编制单位的养老保险复印件
24. 委托编制协议复印件（如工程量清单投标报价委托其他单位编制的需提供）

三、技术标的组成

1. 工程概况和承包范围　（表 A.1.1）
2. 施工重点、难点分析

3. 施工目标及风险分析	（表 A.1.3）
4. 项目管理组织机构形式和人员配备	（表 A.1.5）
5. 资金准备	
6. 民工工资发放计划和保证措施	（表 A.2.2）
7. 施工总进度计划	（表 A.3.2）
8. 保证进度措施	
9. 各施工阶段劳动力配置计划	（表 A.4.2）
10. 特种作业人员配置计划	（表 A.4.3）
11. 劳动力来源和管理措施	
12. 土建工程材料用量计划及采用品牌或供应商	（表 A.5.1）
13. 安装工程材料用量计划及采用品牌或供应商	（表 A.5.2）
14. 构配件、设备用量计划表及采用品牌或供应商	（表 A.5.3）
15. 周转材料用量计划	（表 A.5.4）
16. 垂直运输机械设备计划	（表 A.6.1）
17. 土建、安装施工设备计划	（表 A.6.2）
18. 测量、试验、检验设备器具计划	（表 A.6.3）
19. 临时用水用电工程	
20. 脚手架工程	
21. 主要分部分项工程施工方法	（表 A.7.3）
22. 质量管理机构及人员配备	（表 A.8.1）
23. 质量目标分解及采取的对策	（表 A.8.2）
24. 拟编制专项施工方案清单及管理措施	（表 A.8.3）
25. 保证质量措施和质量检验	（表 A.8.4-1～表 A.8.4-3）
26. 职业健康安全管理机构及人员配备	（表 A.9.1）
27. 危险性较大的分部分项工程清单及管理措施	（表 A.9.2）
28. 拟编制安全专项方案清单及管理措施	（表 A.9.3）
29. 现场环境条件分析	
30. 节约资源措施	
31. 环境保护措施（围挡，硬化、绿化、固化，冲洗、排放、密闭、覆盖）	
32. 文明施工措施（土方运输，沉淀池设置，清扫制度等）	
33. 拟建临时设施计划	（表 A.10.5）
34. 施工总平面布置图	（图 A.10.6）
35. 资格后审资料	
（1）投标单位概况表	（附表 1）
（2）强制性资格条件—企业资质要求表	（附表 2）
（3）强制性资格条件—主要施工管理人员资历要求表	（附表 3）
（4）项目经理无在建项目承诺函（格式）	（附表 4）
36. 投标人认为需要提供的其他资料	

授权委托书

________（本人即授权人姓名）系________________________（投标人名称）的法定代表人，现授权委托__________（被授权人所在单位名称、所任职务、被授权人姓名）为投标人的代理人，以投标人的名义参加______________（招标工程名称）的投标活动。代理人在开标、评标、合同谈判过程中所签署的一切文件和处理与之有关的一切事务，本人均予以承认。但代理人无转委托权。特此声明。

附　　代理人签名：

代理人性别：　　　　年龄：　　　　身份证号码：

投标人：（盖章）

授权人（法定代表人）：（签字或盖章）

年　　月　　日

被授权人身份证复印件（正、反面）

附件 1.2

法定代表人身份证明书

单位名称：________________________

地　　址：________________________

成立时间：______年______月______日

姓　　名：______性别：______年龄：______职务：______

身份证号码：__________系（投标人单位名称）的法定代表人。

特此证明。

投标人：__________（盖章）

日　期：　　　年　　月　　日

法定代表人身份证复印件（正、反面）

投 标 函

________：

我方已全面阅读和研究了________工程施工招标文件和招标补充文件，并经过现场踏勘，澄清疑问，充分理解并掌握了本工程招标的全部有关情况。现经我方认真分析研究，同意接受招标文件的全部要约条件，并按此确定本工程投标的各项承诺内容，以本投标书向你方发包的________工程全部内容进行投标。总投标价人民币________元，（大写）________；工期为________，质量目标为________，建造师________。

我方将严格按照有关工程招标投标法规及招标文件规定参加投标，并理解贵方不一定接受最低价的投标，对决标结果也没有解释的义务。如由我方中标，在接到你方发出的中标通知书之日起____天内，按中标通知书、招标文件和本投标书的约定与你方签订承包合同，履行规定的一切责任和义务。

本投标书自递交你方起____天有效期内，全部条款内容对我方具有约束力。在此有效期内，我方如出现以下行为之一者，即无条件同意招标单位没收我单位已交纳的投标保证金人民币____元。（1）撤还投标书；（2）擅自修改或拒绝接受已经承诺确认的条款；（3）在规定的时间内拒签合同。

联系地址：________
邮　　编：________
联 系 人：________
电　　话：________
开户银行：________
账　　号：________
投标单位（章）________
法定代表人或其授权代表（签字或盖章）：________

附件 2.1

投 标 报 价

招 标 人：________
工程名称：________
投标总价(小写)：________
(大写)：________
投标人：________
(单位盖章)
法定代表人
或其授权人：________
(签字或盖章)
编 制 人：________
(造价人员签字盖专用章)
编制时间：　　年　　月　　日

附件 2.2

编制说明

工程名称：　　　　　　　　　　　　　　　　　　　　　　　　　　　第　页　共　页

附件 2.3

投标报价费用表

工程名称：　　　　　　　　　　　　　　　　　　　　　　　　　　　第　页　共　页

序号	工程名称	金额（元）	其中：（元）				备注
			暂估价	安全文明施工基本费	规费	税金	
1	单位工程						
1.1	专业工程						
1.2	专业工程						
	…						
合计							

附件 2.4

单位（专业）工程投标报价计算表

单位工程名称：　　　　　　　　　　　　标段：　　　　　　　　　　　　第　页　共　页

序号	费用名称		计算公式	金额（元）	备注
1	分部分项工程费		Σ（分部分项工程量×综合单价）		
	其中	1.1　人工费+机械费	Σ分部分项（人工费+机械费）		
2	措施项目费		(2.1+2.2)		
2.1	施工技术措施项目费		Σ（技措项目工程量×综合单价）		
	其中	2.1.1　人工费+机械费	Σ技措项目（人工费+机械费）		
2.2	施工组织措施项目费		(1.1+2.1.1)×费率		
	其中	安全文明施工基本费	(1.1+2.1.1)×费率		
3	其他项目费		(3.1+3.2+3.3+3.4)		
3.1	暂列金额		3.1.1+3.1.2+3.1.3		
3.1.1	其中	标化工地增加费	按招标文件规定额度列计		
3.1.2		优质工程增加费	按招标文件规定额度列计		
3.1.3		其他暂列金额	按招标文件规定额度列计		
3.2	暂估价		3.2.1+3.2.2+3.2.3		
3.2.1	其中	材料（工程设备）暂估价	按招标文件规定额度列计（或计入综合单价）		
3.2.2		专业工程暂估价	按招标文件规定额度列计		
3.2.3		专项技术措施暂估价	按招标文件规定额度列计		
3.3	计日工		Σ计日工（暂估数量×综合单价）		
3.4	施工总承包服务费		3.4.1+3.4.2		
3.4.1	其中	专业发包工程管理费	Σ专业发包工程（暂估金额×费率）		
3.4.2		甲供材料设备管理费	甲供材料暂估金额×费率+甲供设备暂估金额×费率		
4	规费		(1.1+2.1.1)×费率		
5	税金		(1+2+3+4+计税不计费)×费率		
投标报价合计			1+2+3+4+5		

附件 2.5

分部分项工程量清单与计价表

单位（专业）工程名称：　　　　　　　　　　标段：　　　　　　　　　　　　第　页　共　页

序号	项目编码	项目名称	计量单位	工程量	金额（元）					备注
					综合单价	合价	其中			
							人工费	机械费	暂估价	
本页小计										
合计										

附件 2.6

施工技术措施项目清单与计价表

单位（专业）工程名称：　　　　　　　　　　标段：　　　　　　　　　　第　页　共　页

序号	项目编码	项目名称	计量单位	工程量	金额（元）					备注
					综合单价	合价	其中			
							人工费	机械费	暂估价	
本页小计										
合计										

附件 2.7

综合单价计算表

单位（专业）工程名称：　　　　　　　　　　标段：　　　　　　　　　　第　页　共　页

清单序号	项目编码（定额编码）	清单（定额）项目名称	计量单位	数量	综合单价（元）						合计（元）
					人工费	材料（设备）费	机械费	管理费	利润	小计	
合计											

附件 2.8

综合单价工料机分析表

单位（专业）工程名称：　　　　　　　　　　标段：　　　　　　　　　　第　页　共　页

子目综合单价组成明细							
序号	名称及规格、型号	单位	数量	单价（元）	其中	合价（元）	其中
					暂估单价（元）		暂估合价（元）
1	人工费小计						
2	材料（工程设备）费小计						
3	机械费小计						
4	工料机费用合计（1+2+3）						—
5	管理费（人工费+机械费）×%						—
6	利润（人工费+机械费）×%						—
7	综合单价（4+5+6）						—

附件 2.9

施工组织（总价）措施项目清单与计价表

工程名称： 标段： 第 页 共1页

序号	项目编号	项目名称	计算基础	费率（%）	金额（元）	备注
合计						

附件 2.10

其他项目清单与计价汇总表

工程名称： 标段： 第 页 共 页

序号	项目名称	金额（元）	备注
1	暂列金额		
1.1	标化工地增加费		
1.2	优质工程增加费		
1.3	其他暂列金额		
2	暂估价		
2.1	材料（设备）暂估价		
2.2	专业工程暂估价		
2.3	专项技术措施暂估价		
3	计日工		
4	总承包服务费		
合计			

附件 2.11

暂列金额明细表

工程名称：　　　　　　　　　　　　　　标段：　　　　　　　　　　　　　第　页　共　页

序号	项目名称	计量单位	暂定金额（元）	备注
1	标化工地增加费	项		
2	优质工程增加费	项		
3	其他暂列金额	项		
3.1	其他暂列金额	项		
合计				—

附件 2.12

材料（工程设备）暂估单价表

单位（专业）工程名称：　　　　　　　　　　标段：　　　　　　　　　　　第　页　共　页

序号	材料（工程设备）名称、规格、型号	计量单位	数量	单价	合价	备注
合计						

附件 2.13

专业工程暂估价表

单位（专业）工程名称：　　　　　　　　　　标段：　　　　　　　　　　　第　页　共　页

序号	工程名称	工程内容	暂估金额（元）	备注
合计				

附件 2.14

专项技术措施暂估价表

单位（专业）工程名称：　　　　标段：　　　　第　页　共　页

序号	工程名称	工程内容	暂估金额（元）	备注
合计				

附件 2.15

计 日 工 表

单位（专业）工程名称：　　　　标段：　　　　第　页　共　页

编号	项 目 名 称	单位	数量	综合单价（元）	合价（元）
一	人　工	元			
1					
2					
人 工 小 计					
二	材　料	元			
1					
2					
材 料 小 计					
三	施 工 机 械	元			
1					
2					
施工机械小计					
总　计					

附件 2.16

总承包服务费计价表

单位（专业）工程名称：　　　　标段：　　　　第　页　共　页

序号	项目名称	项目价值（元）	服务内容	费率（%）	金额（元）
1	发包人单独发包的专业工程				
1.1	专业发包工程管理费				
2	发包人提供材料（设备）				
2.1	甲供材料设备保管费				
	合计	—	—	—	

附件 2.17

主要工日一览表

工程名称：　　　　　　　　　　　　　标段：　　　　　　　　　　　　　第　页　共　页

序号	工日名称（类别）	单位	数量	单价（元）	合价（元）	备注

附件 2.18

发包人提供材料和工程设备一览表

工程名称：　　　　　　　　　　　　　标段：　　　　　　　　　　　　　第　页　共　页

序号	材料（设备）名称、规格、型号	单位	数量	单价（元）	交货方式	送达地点	备注

附件 2.19

主要材料和工程设备一览表

工程名称：　　　　　　　　　　　　　标段：　　　　　　　　　　　　　第　页　共　页

序号	名称、规格、型号	单位	数量	单价（元）	合价（元）	备注

附件 2.20

主要机械台班一览表

工程名称：　　　　　　　　　　　　标段：　　　　　　　　　　第　页　共　页

序号	机械名称、规格、型号	单位	数量	单价（元）	合价（元）	备注

工程概况表

表 A.1.1

工程项目名称：					总建筑面积	m^2	
序号	单位工程/子单位工程名称	建筑面积（m^2）	层数地上/地下	总高度（m）	基础类型	结构形式	其他
1							
2							
…							

施工目标表

表 A.1.2

序号	目标名称	招标文件要求	投标人目标/承诺	备注
1				
2				
…				

项目管理组织机构人员配备表

表 A.1.3

序号	姓名	学历	职称	岗位/职务	主要职责
1					
2					
…					

民工工资发放计划表

表 A.2.2

单位：万元

序号	施工阶段 / 工种/专业				…		合计
1							
2							
…							

里程碑节点时间表 表 A.3.1

序号	工程内容	计划完成时间	备注
1			
2			
…			

施工总进度计划表 表 A.3.2

序号	工程名称	工程量	工日数	计划天数	进度计划（天、周、日）			
							…	
1								
2								
…								

主要单位工程/子单位工程进度计划表 表 A.3.3

序号	工程名称	工程量	工日数	计划天数	进度计划（天、周、日）				
								…	
1									
2									
…									

各单位工程/子单位工程用工量表 表 A.4.1

单位：工日

单位工程/子单位工程名称					…		合计
用工量							

各施工阶段劳动力配置计划表 表 A.4.2

单位：人

序号	施工阶段 工种/专业				…		合计
1							
2							
…							
合计							

特种作业人员配置计划表 表 A.4.3

单位：人

工种				…		合计
人数						

土建工程材料用量计划及采用品牌或厂商表 **表 A.5.1**

序号	名称	规格/型号	单位	数量	采用的品牌或厂商	备注
1						
2						
…						

安装工程材料用量计划及采用品牌或厂商表 **表 A.5.2**

序号	名称	规格/型号	单位	数量	采用的品牌或厂商	备注
1						
2						
…						

构配件、设备用量计划及采用品牌或厂商表 **表 A.5.3**

序号	名称	规格/型号	单位	数量	采用的品牌或厂商	备注
1						
2						
…						

周转材料用量计划表 **表 A.5.4**

序号	材料名称	规格型号	单位	数量	进退场时间	备注
1						
2						
…						

垂直运输机械设备计划表 **表 A.6.1**

序号	设备名称	型号	单位	数量	主要参数	施工阶段/进退场时间	备注
1							
2							
…							

土建、安装施工设备计划表 **表 A.6.2**

序号	专业名称	施工阶段	设备名称	型号	单位	数量	备注
1							
2							
…							

测量、试验、检验设备器具计划表 **表 A.6.3**

序号	专业名称	施工阶段	名称	型号	单位	数量	主要用途	备注
1								
2								
…								

主要分部分项工程施工方法表　　表 A. 7. 3

序号	工程名称	施工方法	备注
1			
2			
…			

质量管理机构及人员配备表　　表 A. 8. 1

机构名称：

序号	姓名	项目部岗位职务	机构职务	主要职责	备注
1					
2					
…					

质量目标分解及采取的对策表　　表 A. 8. 2

序号	工程/专业名称	计划目标	采取的对策
1			
2			
…			

拟编制专项施工方案清单　　表 A. 8. 3

序号	专项施工方案名称	拟编制的主要内容/提纲	编制完成时间
1			
2			
…			

原材料、设备进场复验项目表　　表 A. 8. 4-1

序号	原材料、设备名称	复验项目	执行标准
1			
2			
…			

施工过程试验项目表　　表 A. 8. 4-2

序号	分项工程名称	试件/试验名称	试验项目	执行标准
1				
2				
…				

施工完成后试验、检测项目表　　表 A. 8. 4-3

序号	分项/分部工程名称	试验、检测项目	执行标准
1			
2			
…			

职业健康安全管理机构及人员配备表 **表 A.9.1**

机构名称：

序号	姓名	项目部岗位职务	机构职务	主要职责	备注
1					
2					
…					

危险性较大的分部分项工程清单 **表 A.9.2**

序号	工程名称/工程范围	所在部位	编制完成时间	是否论证
1				
2				
…				

拟编制安全专项方案清单 **表 A.9.3**

序号	专项施工方案名称	拟编制的主要内容/提纲	编制完成时间
1			
2			
…			

拟建临时设施计划表 **表 A.10.5**

序号	临设名称	数量/规模	主要材料和做法	备注
1				
2				
…				

图 A.10.6　施工总平面布置图

资格后审资料

（装入技术标）

一、资格后审须知

1. 投标人必须按本须知要求认真填写招标文件规定的所有表格，并对其真实性负责，招标人有权对其进行质疑和调查。

2. 资格后审按通过和不通过方式进行评定，投标人的资质、主要施工人员资历作为资格审查通过与否的强制性资格条件，经核查有一项不符合要求，则投标人的资格审查不通过，资格审查未通过的投标文件不再进行后续评审。

3. 投标时，投标人必须按本资格后审资料文件格式填写。

二、资格后审资料表格式

1. 基本情况表（附表 1）

2. 强制性资格条件—企业资质要求表（附表 2）

3. 强制性资格条件—主要施工管理人员资历要求表（附表 3）

4. 项目经理无在建项目承诺函（格式）（附表 4）

______________工程资格后审申请表

申请人名称：

我声明：作为申请人，对以下填写的申请表负责，并保证所有填写的申请资料的真实性。如果资格后审通过，我将承担投标文件承诺的全部责任和义务。

申请人：　　　　　　　　　　　　　　法定代表人：

（单位盖章）　　　　　　　　　　　　或其授权的代理人：（签字或盖章）

日期：　　年　　月　　日

注：如是授权的代理人签字，则需附由法定代表人签名或盖章并加盖单位公章的授权书。

附表 1

投标单位概况表

<table>
<tr><td>投标人名称</td><td colspan="6"></td></tr>
<tr><td>企业资质</td><td colspan="6">1. 等级；2. 证书号；3. 发证机关；4. 业务范围</td></tr>
<tr><td>营业执照</td><td colspan="6">1. 编号；2. 发照机关；3. 营业范围</td></tr>
<tr><td>成立日期</td><td></td><td>现有职工总人数（人）</td><td></td><td>技术人员人数（人）</td><td></td></tr>
<tr><td>法定代表人</td><td colspan="6">1. 姓名；2. 职务；3. 职称；4. 联系电话</td></tr>
<tr><td>企业负责人</td><td colspan="6">1. 姓名；2. 职务；3. 职称；4. 联系电话</td></tr>
<tr><td>技术负责人</td><td colspan="6">1. 姓名；2. 职务；3. 职称；4. 联系电话</td></tr>
<tr><td>联系方式</td><td colspan="6">1. 地址；2. 邮编；3. 联系人；4. 电话；5. 传真；6. E-mail</td></tr>
<tr><td>开户银行</td><td colspan="6">1. 名称；2. 账号</td></tr>
<tr><td>投标人资历简介</td><td colspan="6"></td></tr>
</table>

说明：1. 投标人资历简介是指投标人的成立、改名、改制等演变和法定代表人变更、人员增减以及单位资质变化等情况，该内容可填入表内，也可单独撰写附于表后。

2. 本表后应附上加盖公章的营业执照副本、资质证书副本和其他资质类证书的清晰复印件。

附表 2

强制性资格条件—企业资质要求表

序号	施工企业资质等级	投标人达到的程度（投标人填写）	要求提供的证明文件
1	具有建筑工程施工总承包三级及以上资质		有效期内的企业营业执照（复印件加盖单位公章）及资质证书（复印件加盖单位公章）
2	具有安全生产许可证		有效期内的安全生产许可证（复印件加盖单位公章）
3	未被“信用中国”（http：//www.creditchina.gov.cn）列入失信惩戒记录		
4	市外企业备案相关手续按牛建〔2015〕1号文件规定执行		省外企业提供进浙备案证（复印件加盖单位公章）

注：1. 本表投标人必须认真填写，其中序号 1、序号 2 按要求提供上述证明文件（要求清晰可辨），且应将上述证明文件的复印件加盖公章后放入技术标内，未按要求提供上述证明文件的，资格后审将不予通过。公证书均不予认可。其中序号 3 投标人未被“信用中国”（http：//www.creditchina.gov.cn）列入失信惩戒记录，以投标截止时间查询结果为准。

2. 若投标人提供虚假资料，一经查实，如若中标，取消其中标资格，并报主管部门予以通报。

3. 以上材料也可用通过网络打印的带有二维码的电子证书打印件代替，其中扫描二维码可查询企业或者证书的相应信息情况。

附表 3

强制性资格条件—主要施工管理人员资历要求表

资 历 要 求		投标人达到的程度（投标人填写）	要求提供的证明文件
项目经理	1. 具有建筑工程二级及以上建造师执业资格（不含临时建造师），在有效期内（其中一级建造师可不在有效期内）		建造师执业资格证书原件或也可用通过网络打印的带有二维码的电子证书打印件代替，其中扫描二维码可查询证书的相应信息情况
	2. 具有项目经理三类人员 B 类证书，且在有效期内		三类人员 B 类证书或也可用通过网络打印的带有二维码的电子证书打印件代替，其中扫描二维码可查询证书的相应信息情况
	3. 注册单位和养老保险参保单位与投标人或其分支机构名称一致的参保证明		项目经理开标截止期前半年内任何连续三个月由养老保险机构出具的缴费证明材料，社保部门盖章的项目经理参保证明复印件加盖标人公章，或者经由社保系统自助拉取的项目经理参保证明加盖投标人公章即可，且缴费证明材料所示单位应是投标人或其分支机构
	4. 拟派项目经理在投标截止时无在建项目承诺书		项目经理在投标时无在建项目承诺书（详见附表 4）

注：1. 本表投标人必须填写，资格后审时上述证明文件各企业仅需提供加盖公章的复印件（除注明需要提供原件外），未按要求提供上述证明文件的，资格后审将不予通过。公证书均不予认可。技术标内要求提供加盖公章的复印件。
2. 如建造师注册证书延续注册，则提供建造师注册证书复印件及建设管理部门证明并核实可视作原件。
3. 项目经理证书所在单位与投标人名称一致。资格后审时的项目经理应与投标登记时的项目经理一致，未经同意不得擅自更换，否则资格审查不予通过。
4. 三类人员证书正在办理延期（复审）手续的，须提供开标前三个月内所属地建设行政主管部门出具的三类人员办理延期（复审）手续证明原件，否则审查不予通过。
5. 若投标人提供虚假资料，一经查实，如若中标，取消其中标资格，并报主管部门予以通报。

附表 4

拟派项目经理在投标时无在建项目承诺书

____招标人名称____：

我（法定代表人姓名）代表公司（投标人名称）郑重承诺，在贵单位（合同名称）项目的投标截止日期前，我公司拟派项目经理（项目经理姓名），身份证号码________________在投标截止日时无在建项目。

特此承诺！

投标人（盖章）：________________

法定代表人（签字或盖章）：__________

________年____月____日

1.4 熟悉投标过程

1.4.1 投标报名及资料准备

1. 招标公告

招标公告示例

<table>
<tr><th colspan="6">海牛市工程建设项目招标公告</th></tr>
<tr><td rowspan="3">招标人</td><td>名称（盖章）</td><td colspan="4">海牛市金牛房地产开发有限公司</td></tr>
<tr><td>联系地址</td><td colspan="4">海牛市境内</td></tr>
<tr><td>联 系 人</td><td>张三</td><td colspan="2">联 系 电 话</td><td>（0573）9967××××</td></tr>
<tr><td rowspan="3">招标代理</td><td>名称（盖章）</td><td colspan="4">海牛市招投标代理有限公司</td></tr>
<tr><td>联系地址</td><td colspan="4">海牛市阳光东路185号商会大厦1号（东）楼21层</td></tr>
<tr><td>联 系 人</td><td>王五</td><td colspan="2">联 系 电 话</td><td>（0573）9421××××</td></tr>
<tr><td rowspan="4">招标项目内容</td><td>工程名称</td><td colspan="4">海牛市金牛城工程（海牛4号地块）</td></tr>
<tr><td>工程地点</td><td colspan="4">海牛市高庄镇</td></tr>
<tr><td>工程类别</td><td>房建</td><td>投资批复</td><td colspan="2">牛发改设计〔2020〕224号</td></tr>
<tr><td>资金来源</td><td colspan="4">自筹</td></tr>
<tr><td rowspan="2">项目规模结构</td><td>总投资</td><td>15726.99万元</td><td colspan="2">单项合同估算价</td><td>11478.6567万元</td></tr>
<tr><td>其他说明</td><td colspan="4">项目主要新建建筑面积38715.44m^2，其中地下车库11223.2m^2，最高13层，最大高度39.9m，最大单跨约8.1m，最大单体建筑面积约22357.01m^2。</td></tr>
<tr><td rowspan="3">项目招标要求</td><td>招标方式</td><td colspan="4">公开招标</td></tr>
<tr><td>资格要求</td><td colspan="4">对投标人的要求：具有建筑工程施工总承包三级及以上资质。未被“信用中国”（http：//www.creditchina.gov.cn）列入失信惩戒记录。
项目经理资质要求：具有建筑工程二级及以上建造师执业资格（不含临时建造师），在有效期内（其中一级建造师可不在有效期内），注册在投标人单位，另外具备B类人员证书，且无在建工程。
市外投标人及项目经理的备案相关手续按牛建〔2015〕1号文件规定执行。</td></tr>
<tr><td>质量要求</td><td colspan="2">达到现行国家验收标准的合格等级（确保获得海牛市建筑安全文明施工标准化工地）</td><td>工 期 要 求</td><td>720日历天</td></tr>
<tr><td>登记及招标文件的获取</td><td colspan="5">1. 本工程实行资格后审，不进行现场登记，凡有意参加投标者，请于2020年7月27日至2020年8月18日上午09：30时止，通过海牛市公共资源交易中心“管理系统（网址：http：//js.jxzbtb.cn）”自主登记；
2. 招标文件（工程量清单、施工图纸、招标控制价及补充文件等）请各投标人使用CA加密锁登录海牛市公共资源交易中心管理系统（网址：http：//js.jxzbtb.cn）自行下载，下载时间为2020年7月27日至2020年8月18日上午09：30时止；
3. 预中标单位要求在预中标公示结束前，进行刷IC卡确认，预中标单位IC卡失效或者不符合招标文件及有关规定的，取消中标资格。</td></tr>
<tr><td colspan="2">其他</td><td colspan="4">如有电子招投标系统的疑问，请咨询：
投标人在制作过程中若遇问题可与海牛市公共资源交易中心管理系统新点公司联系（咨询电话：400-999-××××，（0573）9251××××）或海牛市公共资源交易中心建设工程窗口：许主任（0573）9412××××</td></tr>
<tr><td colspan="2">投标截止时间</td><td colspan="4">2020年8月18日上午09：30时止</td></tr>
<tr><td colspan="2">发 布 日 期</td><td colspan="4">2020年7月27日</td></tr>
</table>

投标通知书

______________________：

海牛市金牛城工程（海牛 4 号地块）现委托海牛市招投标代理有限公司进行招标，现通知贵公司参加投标，请按招标文件的要求认真准备好投标文件，按时前来投标。

招标内容：项目主要新建建筑面积 38715.44m^2，其中地下车库 11223.2m^2，最高 13 层，最大高度 39.9m，最大单跨约 8.1m，最大单体建筑面积约 22357.01m^2。具体以招标工程量清单为准。

本次招标方式：公开招标

对投标人的要求：具有建筑工程施工总承包三级及以上资质。未被“信用中国”（http：//www.creditchina.gov.cn）列入失信惩戒记录。

项目经理资质要求：具有建筑工程二级及以上建造师执业资格（不含临时建造师），在有效期内（其中一级建造师可不在有效期内），注册在投标人单位，另外具备 B 类人员证书，且无在建工程。

市外投标人及项目经理的备案相关手续按牛建〔2015〕1 号文件规定执行。

招标文件（工程量清单、施工图纸、招标控制价及补充文件等）请各投标人使用 CA 加密锁登录海牛市公共资源交易中心管理系统（网址：http：//js.jxzbtb.cn）自行下载，下载时间：2020 年 7 月 27 日至 2020 年 8 月 18 日上午 09：30 时止。

招标文件发售价：无。

本次招标投标保证金伍拾万元整，投标保证金缴纳形式为：现金（银行转账）或银行保函或专业担保公司的保证担保，由投标单位自行选择。具体详见投标人须知。

投标书送达地点：海牛市公共资源交易中心二楼交易六室（海牛市环北西路 261-263 号（电信大楼西侧））

投标截止时间：2020 年 8 月 18 日上午 09：30 时止

开标时间：2020 年 8 月 18 日上午 09：30 时整

开标地点：海牛市公共资源交易中心二楼交易六室（海牛市环北西路 261-263 号（电信大楼西侧））

招标代理机构：海牛市银建工程咨询评估有限公司

联系人：王五　　联系电话：（0573）9421××××　　传真：（0573）9921××××

海牛市招投标代理有限公司

2020 年 7 月

2. 投标报名

投标报名去项目当地的招投标交易中心，有些地方也可以去招标单位或其代理公司报名。

3. 报名应该提供的资料

根据招标公告准备相应资料，如果有中标强烈要求的，可以提供更为详细的资料。

1.4.2 投标文件的组卷与封装

根据投标须知准备投标文件，并进行组卷和封装。

1.4.3 评标基本原则与中标通知

1. 评标的基本原则

（1）竞争择优原则；

（2）公正、公平、公开、科学合理、合法原则；

（3）质量措施好、信誉高、价格合理、工期适当、施工方案先进可行原则；

（4）有利于工程顺利施工原则；

（5）诚实信用原则。

2. 评标的方法

评标的方法有很多，一般常用的有综合评分法和经评审最低报价法。

3. 中标通知

中标通知一般在开标后，经过公示无异议后由招标单位发出，大致内容是由谁中标，多少标的，在什么期限内签订施工合同等。

单元 2

施工合同管理

2.1 施工合同的签订与保证

2.1.1 施工合同文件的组成及解释顺序

采用住房和城乡建设部、国家工商行政管理总局印发的《建设工程施工合同（示范文本）》GF-2017-0201。

合同文件的组成及解释顺序。

（1）合同协议书；

（2）中标通知书（如果有）；

（3）投标函及其附录（如果有）；

（4）专用合同条款及其附件；

（5）通用合同条款；

（6）技术标准和要求；

（7）图纸；

（8）已标价工程量清单或预算书；

（9）其他合同文件。

2.1.2 施工合同专用条款的要约与承诺

1. 施工合同专用条款的要约一般在招标文件中体现。如节选：

> 1. 一般约定
>
> 1.1　词语定义
>
> 1.1.1　合同
>
> 1.1.1.10　其他合同文件包括：招标文件、履行合同过程中双方项目负责人以上管理者（或双方工地代表人）书面确认的对合同内容有实质性影响的会议纪要、签证、设计变更等资料。
>
> 1.1.2　合同当事人及其他相关方
>
> 1.1.2.4　监理人：
>
> 名　　称：______________________________；
>
> 资质类别和等级：________________________；
>
> 联系电话：______________________________；
>
> 电子信箱：______________________________；
>
> 通信地址：______________________________。

1.1.2.5 设计人：

名　　称：海牛工程设计集团股份有限公司；

资质类别和等级：________；

联系电话：________；

电子信箱：________；

通信地址：________。

1.1.3 工程和设备

1.1.3.7 作为施工现场组成部分的其他场所包括：/。

1.1.3.9 永久占地包括：本工程红线范围内。

1.1.3.10 临时占地包括：/。

1.3 法律

适用于合同的其他规范性文件：国家、省、市、县发布的有关合同和招投标管理以及建筑安全、质量、文明施工、保修的相关规范性文件。

1.4 标准和规范

1.4.1 适用于工程的标准规范包括：以施工图明确的标准、规范为准。包括国家现行的设计规范、国家现行的施工规范、国家现行的验收规范、国家现行的质量验评标准及国家及地方现行施工验收及施工安全技术规范等。

1.4.2 发包人提供国外标准、规范的名称：/；

发包人提供国外标准、规范的份数：/；

发包人提供国外标准、规范的名称：/。

1.4.3 发包人对工程的技术标准和功能要求的特殊要求：无特殊要求。

1.5 合同文件的优先顺序

合同文件组成及优先顺序为：按通用条款。

1.6 图纸和承包人文件

1.6.1 图纸的提供

发包人向承包人提供图纸的期限：合同协议书确定开工日期前14天向承包人提供施工图纸，由双方办理移交手续；

发包人向承包人提供图纸的数量：提供3套图纸（不含竣工图）；如承包人另外需要，承包人自行扩晒。

发包人向承包人提供图纸的内容：承包范围内的全部内容。

1.6.4 承包人文件

需要由承包人提供的文件，包括：施工组织设计及详细的工期、质量、安全文明保证措施方案等；

承包人提供的文件的期限为：图纸会审后7天内；

承包人提供的文件的数量为：贰份；

承包人提供的文件的形式为：纸质文件，提交给发包人和监理人现场代表；

发包人审批承包人文件的期限：发包人从收到之日起7个有效工作日内会同监理人共同给予确认或提出修改意见。

1.6.5 现场图纸准备

关于现场图纸准备的约定：执行通用条款1.6.5条，开工前由发包人现场负责人或工程师提前一周组织进行图纸会审。如发包人提供的施工图纸未经主管部门审核同意使用的，由此所造成质量及安全问题由发包人承担全部责任并赔偿承包人的经济损失。

1.7 联络

1.7.1 发包人和承包人应当在7天内将与合同有关的通知、批准、证明、证书、指示、指令、要求、请求、同意、意见、确定和决定等书面函件送达对方当事人。

1.7.2 发包人接收文件的地点：项目所在地发包人项目部；

发包人指定的接收人为：发包人代表。

承包人接收文件的地点：项目所在地承包人项目部；

承包人指定的接收人为：项目经理、项目负责人及相关管理人员。

监理人接收文件的地点：项目所在地监理办公室；

监理人指定的接收人为：总监或总监代表。

1.10 交通运输

1.10.1 出入现场的权利

关于出入现场的权利的约定：执行通用条款1.10.1条

发包人负责协调办理临时用地和占道许可，开工前确保通往施工现场的公共道路畅通。

1.10.3 场内交通

关于场外交通和场内交通的边界的约定：/。

关于发包人向承包人免费提供满足工程施工需要的场内道路和交通设施的约定：发包人为承包人提供目前场地现状。

1.10.4 超大件和超重件的运输

运输超大件或超重件所需的道路和桥梁临时加固改造费用和其他有关费用：由承包人承担，该部分费用承包人已考虑并包含在投标报价中，结算时不再另行计取。

1.11 知识产权

1.11.1 关于发包人提供给承包人的图纸、发包人为实施工程自行编制或委托编制的技术规范以及反映发包人关于合同要求或其他类似性质的文件的著作权的归属：发包人。

关于发包人提供的上述文件的使用限制的要求：执行通用条款1.11。

1.11.2 关于承包人为实施工程所编制文件的著作权的归属：发包人。

关于承包人提供的上述文件的使用限制的要求：/。

1.11.4 承包人在施工过程中所采用的专利、专有技术、技术秘密的使用费的承担方式：承包人为履行本合同确定采用的所有专利、专有技术、技术秘密的使用费由承包人承担，该部分费用承包人已考虑并包含在投标报价中，结算时不另行计取。

1.13 工程量清单错误的修正

出现工程量清单错误时，是否调整合同价格：是。

允许调整合同价格的工程量偏差范围：偏差范围为0，工程量按规定计算。

2. 发包人

2.2 发包人代表

发包人代表：

姓　　名：______________________________；

身份证号：______________________________；

职　　务：______________________________；

联系电话：______________________________；

电子信箱：______________________________；

通信地址：______________________________。

发包人对发包人代表的授权范围如下：负责对本工程质量、进度、安全，文明施工进行监督检查，办理设计变更、技术核定（洽商）及收方签证。

涉及对工期延长、工程价款及变更、已完成工程量报告、竣工结算报告、索赔等事项的办理及确认，必须经发包人代表签字确认，否则一律不产生法律效力，即便加盖有发包人公章，亦不例外。

发包人代表对其他事项的指令或通知等，按合同通用条款执行。

发包人代表可以委托书的形式委派有关具体管理人员，承担自己的部分权利和职责，委托书应载明受托人员、委托事项、委托期限。如需在期限届满前撤回的，应以书面形式撤回。

2.4　施工现场、施工条件和基础资料的提供

2.4.1　提供施工现场

关于发包人移交施工现场的期限要求：发包人应最迟于开工日期 7 天前向承包人移交施工现场。

2.4.2　提供施工条件

关于发包人应负责提供施工所需要的条件，

包括：（1）施工场地具备施工条件的要求及完成的时间：发包人提供承包人为目前场地现状。

（2）将施工所需的水、电接至施工场地的时间、地点和供应要求：水、电已接至施工场地，施工场地内水、电由承包人自行解决并承担费用，水、电容量及费用均由投标单位自行考虑接驳并缴纳相关费用，涉及费用已考虑计入投标总价中，结算时不再另行计取。

（3）施工场地与公共道路的通道开通时间和要求：已满足。

（4）工程地质和地下管线资料的提供时间：工程地质报告在招标时已提供给承包人，地下管线资料在签订合同后七天内提供。

（5）由发包人办理的施工所需证件、批件的名称和完成时间：在开工前七天完成，其他施工所需证件、批件根据工程需要办理。

（6）水准点与坐标控制点交验要求：提供新版海牛测量标高数据后，由双方办理水准点与坐标控制点交验确认书。

（7）图纸会审和设计交底时间：提供图纸后七天内。

（8）协调处理施工场地周围地下管线和邻近建筑物、构筑物（含文物保护建筑）、古树名木的保护工作：发包人将协助承包人对上述事项的保护工作，除文物保护、建筑古树名木的保护发生费用由发包人承担外，其余保护费用、赔偿费用均由承包人承担。

（9）双方约定发包人应做的其他工作：发生时另行协商。

2.5　资金来源证明及支付担保

发包人提供资金来源证明的期限要求：＿＿/＿＿。

发包人是否提供支付担保：＿＿/＿＿。

发包人提供支付担保的形式：＿＿/＿＿。

3. 承包人

3.1　承包人的一般义务

（5）承包人提交的竣工资料的内容：必须提供符合海牛市质监站及城建档案馆验收要求的施工资料、技术资料、竣工图纸、结算书及完整结算资料、电子文本等竣工资料以及施工中用的水泥、砖、商品混凝土送货单及发票复印件和原材料单位的营业执照资质证明。

承包人需要提交的竣工资料套数：四套。

承包人提交的竣工资料的费用承担：由承包人承担，如果发包人要求提供超出合同约定的资料及数量的费用由发包人承担。

承包人提交的竣工资料移交时间：竣工验收前十天内。

承包人提交的竣工资料形式要求：书面形式和电子文件现场交验给发包人代表人，由发包人代表与承包人人员共同移交海牛市质监站及城建档案馆审查竣工资料是否完备并符合要求。

（6）承包人应履行的其他义务：

1）承担施工安全保卫工作及非夜间施工照明的责任和要求：按有关规定执行。

2）向发包人提供的办公和生活房屋及设施的要求：承包人应免费提供现场办公室3间给发包人代表及工作人员办公，不小于50m^2的会议室1间，其费用由承包人承担。

3）需承包人办理的有关施工场地交通、环卫和施工噪声管理等手续：遵守地方政府和有关部门对施工场地交通、环卫和施工噪声等管理规定，并办理相关审批手续。所有手续的费用由承包人承担。承包人应采取有效措施尽量减小尘土和噪音污染，需要进行夜间作业时应经发包人批准。按监理要求标化管理及环保要求实施施工管理并承担相关费用。

4）完工工程成品保护的特殊要求及费用承担：在工程竣工验收交付前，由承包人对已完工程成品保护，并承担施工交叉作业所需要的成品保护费用。

5）施工场地周围地下管线和邻近建筑物、构筑物（含文物保护建筑）、古树名木的保护要求及费用承担：对已知的由承包方负责保护，并承担相应费用，如有发现事先未知的，承包人应及时与发包人联系，费用由发包人承担。

6）施工现场清洁卫生的要求：承包人按海牛市建筑工地文明管理规定有关条款，承包人施工范围内的场地清洁卫生由承包人负责，并要求做到“工完、料净、场地清”。工程全部交付使用后7日内承包人拆除所有临建、撤走机具、人员，并按发包人要求清理现场。

7）双方约定承包人应做的其他工作：双方另行协商。

3.2　项目经理

3.2.1　项目经理：

姓　　名：＿＿＿＿＿＿＿＿；

身份证号：＿＿＿＿＿＿＿＿；

建造师执业资格等级：＿＿＿＿＿＿＿＿；

建造师注册证书号：______________________；

建造师执业印章号：______________________；

安全生产考核合格证书号：________________；

联系电话：____________________________；

电子信箱：____________________________；

通信地址：____________________________；

承包人对项目经理的授权范围如下：代表承包人履行合同，并常驻现场，直接负责本工程施工过程中的各项职责。

关于项目经理每月在施工现场的时间要求：每月到位率必须达80%以上（每月暂按30天计），达不到要求的，承包人向发包方支付5000元/(人·天）的违约金。累计3个月及以上项目经理到位率未达80%，将予以清退，同时将此不良行为上报至上级行政主管部门予以处罚。

承包人未提交劳动合同，以及没有为项目经理缴纳社会保险证明的违约责任：承包人不提交上述文件的，项目经理无权履行职责，发包人有权要求更换项目经理，由此增加的费用和（或）延误的工期由承包人承担。

项目经理未经批准，擅自离开施工现场的违约责任：达不到要求的，承包人向发包方支付5000元/(人·天）的违约金。

3.2.3 承包人擅自更换项目经理的违约责任：项目经理如更换须经发包人同意后，报相关部门办理有关手续，同时发包人扣除承包人50万元作为违约金。

3.2.4 承包人无正当理由拒绝更换项目经理的违约责任：进行停工处理，直到更换符合岗位要求的项目经理。由此对发包人造成的工期延误和经济损失由承包人承担。

3.2.5 承包人项目经理必须参加每次的监理例会，每缺席一次（以签到簿上签字为准），承包人应向发包人支付违约金人民币5000元。

3.3 承包人人员

3.3.1 承包人提交项目管理机构及施工现场管理人员安排报告的期限：承包人收到开工通知或指令后7日内。

3.3.3 承包人无正当理由拒绝撤换主要施工管理人员的违约责任：停工整改，更换符合要求的施工人员后再进行施工。由此对发包人造成的工期延误和经济损失由承包人承担。

3.3.4 承包人主要施工管理人员离开施工现场的批准要求：同时承包人还需要遵守以下规定：

（1）承包人派驻人员的到位率必须达80%以上（每月暂按30天计），达不到要求的，承包人向发包人支付违约金3000元/(人·天）。

（2）发包人会同监理建立考勤制度，对项目经理及主要管理人员现场到位率进行考核。

（3）承包人按发包人认可的施工组织设计和发包人派驻现场的工程师的指令组织施工。

在情况紧急且无法与发包人派驻现场的工程师联系时，承包人项目经理应当采取保证人员生命和本工程、财产安全的紧急措施，并在采取措施后24小时内向发包人派驻的现场工程师送交报告。若此等情况的发生责任在发包人的，由发包人承担由此发生的追加合同价款和/或顺延工期的责任；若该情况的发生责任在承包人或第三人的，由承包人承担责任和费用，不顺延工期。

3.3.5　承包人擅自更换主要施工管理人员的违约责任：至本工程竣工之日止，承包人不得擅自更换派驻人员。确因特殊需要须更换派驻人员时，须事先征得发包人书面同意。因此而延误工期的，工期不予顺延。如发生承包人擅自变更派驻人员情形的，需视被变更人员的身份向发包人支付违约金，从履约保证金中扣除：

其他人员变更累计次数超过投标人员总人数的 30%时，也将按合同约定进行扣款处理，项目主要管理人员更换扣 5000 元/(人·次)，项目其他管理人员更换扣 3000 元/(人·次)。

施工单位管理人员累计扣罚不超过施工合同价的 5%。

3.3.6　承包人主要施工管理人员擅自离开施工现场的违约责任：第一次警告处理，三次以上的该名管理人员清退出场。

3.5　分包

3.5.1　分包的一般约定

禁止分包的工程包括：合同范围内所有工程（业主书面同意的除外）。

主体结构、关键性工作的范围：按国家文件规定。

3.5.2　分包的确定

允许分包的专业工程包括：在涉及国家禁止之外的由业主书面同意方可分包。

其他关于分包的约定：分包人确定承包人需事先征得发包人的同意。

3.5.4　分包合同价款

关于分包合同价款支付的约定：一般按通用条款执行，特殊情况下发包人有权直接向分包人支付分包合同价款并有权从应付承包人工程款中扣除该部分款项。

3.6　工程照管与成品、半成品保护

承包人负责照管工程及工程相关的材料、工程设备的起始时间：按通用条款执行。

3.7　履约担保

承包人是否提供履约担保：是。

承包人提供履约担保的形式、金额及期限的：履约担保的形式按国家相关规定执行。中标人在收到中标通知书后，应在签订合同前向招标人交纳履约保证金，履约保证金为中标价的 2%。在承包人无违约情况下，在工程竣工验收合格后 10 日内退还 80%的履约保证金，在获得海牛市建筑安全文明施工标准化工地正式获奖文件后 1 个月内归还（无息）履约保证金的 20%。

4. 监理人

4.1　监理人的一般规定

关于监理人的监理内容：以发包人和监理单位签订的委托合同条款为准。

关于监理人的监理权限：发包人委托监理单位根据双方签署的《建设工程委托监理合同》的约定对本工程实施监理。发包人应在工程实施前将监理内容及权限书面通知承包人，如监理单位委派工程师与发包人派驻的现场工程师的职权交叉或不明确时，由发包人给予明确，并书面通知承包人。

需要取得发包人批准才能行使的职权：（1）涉及全局工程进度的工程暂停；（2）设计变更涉及工程投资或承包合同造价的变化；（3）索赔；（4）涉及改变原设计意图或影响设计结构的补充图纸和指示等；（5）涉及工期延长；（6）已完成工程量报告；（7）竣工结算报告等事项，由监理单位会同发包人办理，并交发包人最终确认。上述事项仅有监理单位及总监理工程师签认而无发包人代表签认的，对发包人不具法律拘束力。

关于监理人在施工现场的办公场所、生活场所的提供和费用承担的约定：承包人免费提供现场临时办公室2间给监理使用，办公室内的办公设施监理人自理。

4.2 监理人员

总监理工程师：

姓　　名：________________；

职　　务：________________；

监理工程师执业资格证书号：________；

联系电话：________________；

电子信箱：________________；

通信地址：________________；

关于监理人的其他约定：发包人委托监理人的权限以书面形式在工程实施前告知承包人。

4.4 商定或确定

在发包人和承包人不能通过协商达成一致意见时，发包人授权监理人对以下事项进行确定：

（1）施工现场安全是否符合规范要求；

（2）分部分项工程质量是否符合验收规范；

（3）施工进度是否符合发包人进度计划要求；

（4）发包人的其他授权。

5. 工程质量

5.1 质量要求

5.1.1 特殊质量标准和要求：确保获得海牛市建筑安全文明施工标准化工地。

关于工程奖项的约定：如因承包人原因不能获得“海牛市建筑安全文明施工标准化工地”的，其建设工程文明标化工地费用按规定调整并罚履约保证金金额的20%，确保“海牛市建筑安全文明施工标准化工地”的费用考虑在报价中，不再奖励。

5.3 隐蔽工程检查

5.3.2 承包人提前通知监理人隐蔽工程检查期限的约定：

工程隐蔽部位经承包人自检确认具备覆盖条件后，承包人应在共同检查前8小时通知监理人检查，检查合格后方能进入下道工序施工。由于赶工期、抢工期等特殊要求，如果出现工程返工整改的，整改完毕后监理人尽量配合承包人进行验收。

监理人不能按时进行检查时，应提前__24__小时提交书面延期要求。

关于延期最长不得超过：__48__小时。

6. 安全文明施工与环境保护

6.1 安全文明施工

6.1.1 项目安全生产的达标目标及相应事项的约定：（1）投标人必须遵守工程建设安全文明施工的有关规定且必须达到“牛建安监〔2013〕7号关于印发《海牛市数字化工地监督管理暂行办法的通知》”的要求，认真落实各项安全保护措施，并随时接受甲方或监理工程师及有关部门的监督检查。如未达到要求，则招标人扣除相应的履约保证金并由其承担相应的损失。确保获得海牛市建筑安全文明施工标准化工地。

（2）承包人应对进入施工现场的所有人员进行安全文明施工教育，配备必要的劳动保护用具，保证工程的施工安全和人身安全。

（3）承包人应注意保护施工现场已完成建筑物的安全，施工荷载必须满足结构要求，并采取必要措施，防止因施工不当造成工程事故。

（4）如由于承包人安全措施不力造成事故的责任和由此发生的费用，由承包人承担。

（5）安全文明施工费（含施工扬尘污染防治增加费）应按国家和省有关规定计算，包含在签约合同价内，不得作为竞争性费用。

6.1.4 关于治安保卫的特别约定：执行通用条款 6.1.4 条。

关于编制施工场地治安管理计划的约定：发包人和承包人应在工程开工后 7 天内共同编制施工场地治安管理计划，并制定应对突发治安事件的紧急预案。

6.1.5 文明施工

合同当事人对文明施工的要求：遵守工程建设安全文明施工的有关规定，认真落实各项措施，并随时接受甲方或监理工程师及有关部门的监督检查。安全文明施工未达到投标承诺要求，承包人应承担违约责任。发包人可从承包人履约保证金中扣除相应费用，扣款最高不超过履约保证金的 20%。

6.1.6 关于安全文明施工费支付比例和支付期限的约定：同进度款比例支付。

7. 工期和进度

7.1 施工组织设计

7.1.1 合同当事人约定的施工组织设计应包括的其他内容：

执行通用条款 7.1.1 条。

7.1.2 施工组织设计的提交和修改

承包人提交详细施工组织设计的期限的约定：合同签订后 3 天内，承包人提交施工组织设计（施工方案）和进度计划一式二份。要求签订合同后 3 天内进场。

发包人和监理人在收到详细的施工组织设计后确认或提出修改意见的期限：

发包人收到后 7 个有效工作日会同监理人共同审核，如不符合本工程施工要求的，发包人可以提出修改意见，承包人应予以修改，最终以发包人审核确定的施工组织设计作为施工的依据之一。

7.2 施工进度计划

7.2.2 施工进度计划的修订

发包人和监理人在收到修订的施工进度计划后确认或提出修改意见的期限：

执行通用条款 7.2.2 条。

7.3 开工

7.3.1 开工准备

关于承包人提交工程开工报审表的期限：执行通用条款 7.3.1 条。

关于发包人应完成的其他开工准备工作及期限：在开工前办好施工许可证（承包人应当予以配合），并提供给承包人证件扫描件一套。

关于承包人应完成的其他开工准备工作及期限：按相关行政主管及发包人要求。

7.3.2 开工通知

因发包人原因造成监理人未能在计划开工日期之日起90天内发出开工通知的，承包人有权提出价格调整要求，或者解除合同。

7.4 测量放线

7.4.1 发包人通过监理人向承包人提供测量基准点、基准线和水准点及其书面资料的期限：（开工通知）载明的开工日期前7天。

7.5 工期延误

双方约定工期顺延的其他情况：

（1）招标范围以外增加的工程量超过合同工程总量15%以上，且属于关键线路工程以致影响施工进度的（由发包人代表会同监理工程师认定，最终以发包人代表确认为准）；

（2）不可抗力；

（3）发包人要求的暂停施工或者停工；

7.5.1 因发包人原因导致工期延误

因发包人原因导致工期延误的其他情形：

（1）由于建设前期手续开工前发包人未办理完成，造成开工后被有关行政主理部门责令停工的，工期顺延；

（2）由于发包人原因造成工期延误8小时（不含）以上的，工期顺延。

7.5.2 因承包人原因导致工期延误

因承包人原因造成工期延误，逾期竣工违约金的计算方法为：

延误工期扣款：延误工期10天内，每延误一天扣人民币10000元；延误工期20天内，每延误一天（自第一天开始起算）扣人民币20000元；延误工期20天及以上，每延误一天（自第一天开始起算）扣人民币30000元。

因承包人原因造成工期延误，逾期竣工违约金的上限：扣款最高不超过履约保证金的30%。

7.6 不利物质条件

不利物质条件的其他情形和有关约定：执行通用条款7.6条，无其他约定。

7.7 异常恶劣的气候条件

发包人和承包人同意以下情形视为异常恶劣的气候条件：

（1）连续3天气温低于−5℃；

（2）8级以上大风；

（3）6小时内降雨量将达50mm以上，或者已达50mm以上且降雨持续。

（4）/。

7.9 提前竣工的奖励

乙方根据招标工期，在投标书中自行确定的赶工措施费，作为合同造价的一部分（具体在合同中明确）。

7.9.2 提前竣工的奖励：由双方另行协商。

8. 材料与设备

8.4 材料与工程设备的保管与使用

8.4.1 发包人供应的材料设备的保管费用的承担：由承包人承担，并已计入合同价格中。

8.6　样品

8.6.1　样品的报送与封存

需要承包人报送样品的材料或工程设备，样品的种类、名称、规格、数量要求：

执行通用条款 8.6.1，由承包人采购的材料、设备，承包人应在规定的时间内，按照工期进度计划向监理工程师报送材料、设备的使用计划，需要认价的材料、设备必须符合国家标准、施工合同或图纸及规范要求的质量标准，认质认价时承包人需提供类似档次的至少 3 个品牌，并提供参考市场价格。发包人在收到承包人的材料报价单后在 7 日内给予确认或提出修改意见。

8.8　施工设备和临时设施

8.8.1　承包人提供的施工设备和临时设施

关于修建临时设施费用承担的约定：(1) 施工现场建筑红线内工程施工需要的临时宿舍、仓库、办公室、主要道路、水、电、管线等临时设施的搭设、维护、拆除的费用由承包人承担，承包人按规定计取临时设施费用；(2) 建筑红线内、外道路及周围民居的安全防护搭设和高压线安全防护费用已考虑在投标报价中，发生安全事故的由承包人自行承担。

9. 试验与检验

9.1　试验设备与试验人员

9.1.2　试验设备

施工现场需要配置的试验场所：按国家或相关行政主管部门规定。

施工现场需要配备的试验设备：按国家或相关行政主管部门规定。

施工现场需要具备的其他试验条件：按国家或相关行政主管部门规定。

9.4　现场工艺试验

现场工艺试验的有关约定：__________/__________。

10. 变更

10.1　变更的范围

关于变更的范围的约定：(1) 执行通用条款 10.1 条，超出 10.1 条范围的现场变更，双方商定并按海牛市人民政府相关管理办理签证。(2) 工程联系单、设计变更等工程量及费用签证的结算方式同合同专用条款 12.1 条约定，工程变更款经审批后随工程进度款一起支付。

10.4　变更估价

10.4.1　变更估价原则

关于变更估价的约定：分部分项工程量与计价表和施工技术措施项目清单及计价表中工程量按照竣工图结合变更联系单并按照《建设工程工程量清单计价规范》GB 50500—2013《浙江省建设工程计价规则》(2018 版) 规定计算。

以上部分综合单价具体调整方法如下：① 合同中已有适用的价格，按合同已有的价格。但合价金额占合同总价 2%及以上的分部分项清单项目，其工程量增加或减少超过本项工程数量 15%及以上时，或合价金额占合同总价不到 2%的分部分项清单项目，但其工程量增加或减少超过本项工程数量 25%及以上时，其增加部分工程量或减少后剩余部分工程量的相应单价由承包人参照投标时的报价分析表对原单价重新组价，并根据《浙江省建设工程计价规则》(2018 版)《浙江省市政工程预算定额》(2018 版)《浙江省园林绿化及仿古建筑工程预算

定额》(2018 版)《浙江省房屋建筑与装饰工程预算定额》(2018 版)《浙江省通用安装工程预算定额》(2018 版)《浙江省建设工程施工机械台班费用定额》(2018 版)及定额标准，按通用条款第 4.4 款与建设单位商定或合理的成本与利润构成的原则进行计价。

② 合同中只有类似的价格，如仅涉及面层、基层、标号变化等局部项目特征变化的项目，根据“分部分项工程量清单综合单价计算表”对不同部分的人、材、机根据《浙江省建设工程计价规则》(2018 版)、《浙江省市政工程预算定额》(2018 版)、《浙江省园林绿化及仿古建筑工程预算定额》(2018 版)、《浙江省房屋建筑与装饰工程预算定额》(2018 版)、《浙江省通用安装工程预算定额》(2018 版)、《浙江省建设工程施工机械台班费用定额》(2018 版)及定额标准并参照投标费率进行基价换算调整，其余费用不变，并计算出变更后的国标综合单价。

③ 合同中无相同项目及类似项目单价的，则根据《建设工程工程量清单计价规范》GB 50500—2013、《浙江省建设工程计价规则》(2018 版)、《浙江省市政工程预算定额》(2018 版)、《浙江省园林绿化及仿古建筑工程预算定额》(2018 版)、《浙江省房屋建筑与装饰工程预算定额》(2018 版)、《浙江省通用安装工程预算定额》(2018 版)、《浙江省建设工程施工机械台班费用定额》(2018 版)以及浙江省工程造价管理机构发布的人工、材料、施工机械台班市场价格信息、工程造价指数，由施工单位重新组价，经建设单位审批同意后计价。

④ 组价方式：A. 综合费率（含企业管理费、利润、风险费用）按投标文件；B. 人工、机械、材料单价：有投标价的按投标价，无投标价的按信息价，无信息价的按业主签证价。

⑤ 上述人、材、机消耗量依照浙江省预算（2018 版）定额用量计量。

⑥ 施工组织（总价）措施项目清单与计价表价格包干，工程结算不作调整。

⑦ 税金按规定计取，规费按规定计取。

10.5　承包人的合理化建议

监理人审查承包人合理化建议的期限：二个有效工作日。

发包人审批承包人合理化建议的期限：二个有效工作日。

承包人提出的合理化建议降低了合同价格或者提高了工程经济效益的奖励的方法和金额为：承包人按照该建议施工发生的额外费用由发包人承担，降低的合同价或提高的经济效益由发包人受益。

10.7　暂估价

暂估价材料和工程设备的明细详见附件 11：《暂估价一览表》。

10.7.1　依法必须招标的暂估价项目

对于依法必须招标的暂估价项目的确认和批准采取第 2 种方式确定。

10.7.2　不属于依法必须招标的暂估价项目

对于不属于依法必须招标的暂估价项目的确认和批准采取第 1 种方式确定。第 3 种方式：承包人直接实施的暂估价项目

承包人直接实施的暂估价项目的约定：无。

10.8　暂列金额

合同当事人关于暂列金额使用的约定：按照发包人要求，需由发包人代表书面意见。

11. 价格调整

11.1　市场价格波动引起的调整

市场价格波动是否调整合同价格的约定：调整。

因市场价格波动调整合同价格，采用以下第 3 种方式对合同价格进行调整：

第 1 种方式：采用价格指数进行价格调整。

关于各可调因子、定值和变值权重，以及基本价格指数及其来源的约定：/；

第 2 种方式：采用造价信息进行价格调整。

关于基准价格的约定：/。

专用合同条款① 承包人在已标价工程量清单或预算书中载明的材料单价低于基准价格的：专用合同条款合同履行期间材料单价涨幅以基准价格为基础超过 / %时，或材料单价跌幅以已标价工程量清单或预算书中载明材料单价为基础超过 / %时，其超过部分据实调整。

② 承包人在已标价工程量清单或预算书中载明的材料单价高于基准价格的：专用合同条款合同履行期间材料单价跌幅以基准价格为基础超过 / %时，材料单价涨幅以已标价工程量清单或预算书中载明材料单价为基础超过 / %时，其超过部分据实调整。

③ 承包人在已标价工程量清单或预算书中载明的材料单价等于基准单价的：专用合同条款合同履行期间材料单价涨跌幅以基准单价为基础超过± / %时，其超过部分据实调整。

第 3 种方式：其他价格调整方式：本工程分部分项工程量清单与计价表和施工技术措施项目清单及计价表中人工材料调整方式如下：将施工合同工期前 80%工期时间内海牛地方人工、材料除税后价格信息的平均价（按《海牛市造价管理综合信息》或《浙江省建设工程造价信息》中价格计）与投标时海牛地方人工、材料除税后的价格信息（按《海牛市造价管理综合信息 2020 年第 6 期》或《浙江省建设工程造价信息 2020 年第 6 期》中价格计）相比较，按两者差额相应调整。调整公式如下：

结算时分部分项工程量清单与计价表和施工技术措施项目清单及计价表中人工、材料价差=施工合同工期前 80%工期时间内海牛地方相应人工、材料除税后的价格信息的平均价（按《海牛造价管理综合信息》或《浙江省建设工程造价信息》中价格计）—投标时海牛地方相应人工、材料除税后的价格信息（按《海牛市造价管理综合信息 2020 年第 6 期》或《浙江省建设工程造价信息 2020 年第 6 期》中价格计）

注：1）人工、材料消耗量依照浙江省预算（2018 版）定额用量计量。差价部分只计税金，不计规费等。

2）人工基期价按《海牛造价管理综合信息 2020 年第 6 期》价格。

3）调整的材料设备仅限《海牛造价管理综合信息价》或《浙江造价信息》上列明的材料设备，否则不予调整。

12. 合同价格、计量与支付

12.1 合同价格形式

1. 单价合同。

综合单价包含的风险范围：

1）施工期间停水、停电一周内不超过 8 小时引起的费用增加；

2）专用条款中约定不予调整的条款和承包人承担应计入投标总价的费用；

3）质量和安全的风险包括在风险费中；

4）人材价差中除已按 11.1 中调整之外部分。

风险费用的计算方法：计入各清单项目投标单价中。

风险范围以外合同价格的调整方法：

（1）工程量的偏差按专用条款第1.13条调整。

（2）施工内容变更或是工程数量变化引起的综合单价价格变化按照专用条款10.4.1条调整。

（3）人材价格变化引起的调整按11.1条调整。

2. 总价合同。

总价包含的风险范围：　　　　　/　　　　　。

风险费用的计算方法：　　　　　/　　　　　。

风险范围以外合同价格的调整方法：　　　　　/　　　　　。

3. 其他价格方式：　　　　　/　　　　　。

12.2　预付款

12.2.1　预付款的支付

预付款支付比例或金额：预付款支付总额为合同价扣除工资性工程款（合同价的25%）的10%。

预付款支付期限：支付时间为开工令发出后15天内。

预付款扣回的方式：本工程预付款不扣回，抵作进度款。

12.2.2　预付款担保

承包人提交预付款担保的期限：　　　　　/　　　　　。

预付款担保的形式为：　　　　　/　　　　　。

12.3　计量

12.3.1　计量原则

工程量计算规则：按照《建设工程工程量清单计价规范》GB 50500—2013及《浙江省市政工程预算定额》（2018版）、《浙江省园林绿化及仿古建筑工程预算定额》（2018版）、《浙江省房屋建筑与装饰工程预算定额》（2018版）、《浙江省通用安装工程预算定额》（2018版）中相关工程量计算规则、图纸、批准的施工组织设计、签证及变更等进行计量。

12.3.2　计量周期

关于计量周期的约定：　　按月进行计量　　。

12.3.3　单价合同的计量

关于单价合同计量的约定：承包人应于每月20日向监理人报送上月15日至当月14日已完成的工程量报告，并附具进度付款申请单、已完成工程量报表和有关资料，监理、跟踪审计应在收到承包人提交的工程量报告后7天内完成对承包人提交的工程量报表的审核并报送发包人。在当月25日前未提交月进度报表至业主的，本月不再审批支付进度款，延期至下一期进度款报送。

12.3.4　总价合同的计量

关于总价合同计量的约定：　　　　　/　　　　　。

12.3.5　总价合同采用支付分解表计量支付的，是否适用第12.3.4项〔总价合同的计量〕约定进行计量：　　　　　/　　　　　。

12.3.6　其他价格形式合同的计量

其他价格形式的计量方式和程序：　　　　/　　　　。

12.4　工程进度款支付

12.4.1　付款周期双方约定的工程款（进度款）支付的方式和时间：

1）预付款支付当月不支付进度款；以后每月支付进度款，当月 20 日承包人上报的进度款申请，经监理单位、跟踪审计和业主审核后，按审核产值的 75%的 70%（不含预付款）支付，其中措施项目费用按分部分项款项比例分摊支付。

2）工程竣工验收合格（含消防验收）后一个月内支付至审核产值的 75%的 80%（含预付款）。

3）工程结算审计完毕后一个月内支付至审定工程总价款的 96%（含预付款、工资性工程款及全部已支付的各种款项）。

4）本工程结算总价的 2.5%待国家审计后根据国家审计结果多退少补，若工程在结算审计后三年内未国家审计完毕的，则发包人可按中介审计结果在三年满后的一个月内付清余款（无息）。

5）工资性工程款的支付和管理等按善建建〔2019〕34 号文件的相关规定执行。

注：① 支付工程款时，建筑业企业须提供上次工程预付款缴纳增值税及相关税费的原件和复印件。

② 海牛市以外建筑服务企业需依法在建筑项目发生地缴纳增值税及相关税费。

12.4.2　进度付款申请单的编制

关于进度付款申请单编制的约定：　按发包人规定　。

12.4.3　进度付款申请单的提交

（1）单价合同进度付款申请单提交的约定：按 12.3.3 条。

（2）总价合同进度付款申请单提交的约定：　　/　　。

（3）其他价格形式合同进度付款申请单提交的约定：　　/　　。

12.4.4　进度款审核和支付

（1）监理人审查并报送发包人的期限：　按 12.3.3 条　。

发包人完成审批并签发进度款支付证书的期限：　按通用条款　。

（2）发包人支付进度款的期限：　按通用条款　。

发包人逾期支付进度款的违约金的计算方式：无。

12.4.6　支付分解表的编制

总价合同支付分解表的编制与审批：　不采用　。

单价合同的总价项目支付分解表的编制与审批：不采用。

13. 验收和工程试车

13.1　分部分项工程验收

13.1.2　监理人不能按时进行验收时，应提前　24　小时提交书面延期要求。

关于延期最长不得超过：　48　小时。

13.2　竣工验收

13.2.2　竣工验收程序

关于竣工验收程序的约定：按通用条款及行政主管部门规定。

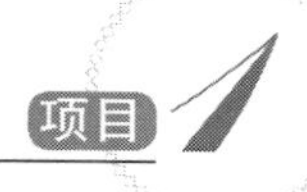

同时需满足以下要求：承包人在竣工验收后三十天内提交发包方满足海牛市建设局质监站及城建档案馆验收要求的有关施工资料、技术资料、竣工图纸、结算书及完整的书面结算资料和电子文本等竣工资料。其中完整标准的竣工图和技术资料各四套，结算书及完整的书面结算资料三套和电子文本两套。

发包人不按照本项约定组织竣工验收、颁发工程接收证书的违约金的计算方法：无。

13.2.5 移交、接收全部与部分工程

承包人向发包人移交工程的期限：在颁发工程接收证书后7个工作日内完成工程的移交。

发包人未按本合同约定接收全部或部分工程的，违约金的计算方法为：无。

承包人未按时移交工程的，违约金的计算方法为：逾期移交10天内，每逾期移交一天扣人民币10000元；逾期移交20天内，每逾期移交一天（自第一天开始起算）扣人民币20000元；逾期移交20天及以上，每逾期移交一天（自第一天开始起算）扣人民币30000元，此项扣款最高不超过履约保证金的30%。

13.3 工程试车

13.3.1 试车程序

工程试车内容：_____/_____。

（1）单机无负荷试车费用由_____/_____承担；

（2）无负荷联动试车费用由_____/_____承担。

13.3.3 投料试车

关于投料试车相关事项的约定：_____/_____。

13.6 竣工退场

13.6.1 竣工退场

承包人完成竣工退场的期限：颁发工程接收证书之日起7日内退场，退场要求按通用条款13.6条执行。

14. 竣工结算

14.1 竣工付款申请

承包人提交竣工付款申请单的期限：竣工结算审定后30日内提交。

竣工付款申请单应包括的内容：按通用条款14.1条规定并按海牛市工程结算审核相关规定提交完整的结算资料。

14.2 竣工结算审核

发包人审批竣工付款申请单的期限：双方就竣工结算审核及竣工付款申请单审批协商一致同意以下内容：

（1）承包人在工程竣工验收合格后30天内向发包人提交竣工付款申请单和完整的工程竣工结算资料发包人应在28日内对资料的有效性和完整性进行核对。双方核对完成后，签署《竣工结算资料有效和完整移交确认书》。

（2）发包人应自签署《竣工资料有效和完整移交确认书》之日起180日内对工程造价审核完毕并签发竣工付款证书。

（3）送审的结算由业主委托中介咨询机构审核，工程结算审核基本收费（5%以内的核减额）由发包人支付，超过5%以外的核减核增额及全部核增额的追加费用（按浙江省建设工程造价咨询服务基准收费标准计算）由承包人支付，如承包人在中介咨询机构出具审核报告前未支付此费用给咨询机构，承包人则同意由发包人从应支付给承包人的工程款中扣除直接支付给咨询机构。

发包人完成竣工付款的期限：30天。

关于竣工付款证书异议部分复核的方式和程序：____/____。

14.4 最终结清

14.4.1 最终结清申请单

承包人提交最终结清申请单的份数：____三份____。

承包人提交最终结算申请单的期限：__缺陷责任期终止证书颁发后7天内__。

14.4.2 最终结清证书和支付

（1）发包人完成最终结清申请单的审批并颁发最终结清证书的期限：30天。

（2）发包人完成支付的期限：30天。

15. 缺陷责任期与保修

15.2 缺陷责任期

缺陷责任期的具体期限：24个月。

15.3 质量保证金

关于是否扣留质量保证金的约定：________。

15.3.1 承包人提供质量保证金的方式

质量保证金采用以下第（1）或（2）种方式：

（1）质量保证金保函，保证金额为：同（2）；

（2）1.5%的工程款；

（3）其他方式：____/____。

15.3.2 质量保证金的扣留

质量保证金的扣留采取以下第__（2）或（3）__种方式：

（1）在支付工程进度款时逐次扣留，在此情形下，质量保证金的计算基数不包括预付款的支付、扣回以及价格调整的金额；

（2）工程竣工结算时一次性扣留质量保证金；

（3）其他扣留方式：____质量保证金保函____。

关于质量保证金的补充约定：____/____。

15.4 保修

15.4.1 保修责任

工程保修期为：双方根据《建设工程质量管理条例》及有关规定，约定本工程的质量保修期如下：

1. 地基基础工程和主体结构工程为设计文件规定的该工程合理使用年限；

2. 屋面防水工程、有防水要求的卫生间、房间和外墙面的防渗漏为__8__年；

3. 装修工程为__5__年；

4. 电气管线、给排水管道、设备安装工程为__5__年；

5. 供热与供冷系统为__5__个采暖期、供冷期；

6. 住宅小区内的给排水设施、道路等配套工程为 5 年；

7. 其他项目保修期限约定如下：其余所有工程均为5年。

质量保修期自工程竣工验收合格之日起计算。

15.4.3 修复通知

承包人收到保修通知并到达工程现场的合理时间：在接到修理书面通知单之日当天最迟不超过48小时派人到现场维修。

16. 违约

16.1 本合同中关于发包人违约的具体责任如下，

16.1.1 发包人违约的情形

发包人违约的其他情形： / 。

16.1.2 发包人违约的责任

发包人违约责任的承担方式和计算方法：

（1）因发包人原因未能在计划开工日期前7天内下达开工通知的违约责任：每逾期一天，应以签约合同价为基数，按照中国人民银行发布的同期同类贷款基准利率支付违约金。

（2）因发包人原因未能按合同约定支付合同价款的违约责任：每逾期一天，应以逾期付款金额为基数，按照中国人民银行发布的同期同类贷款基准利率标准支付违约金。

（3）发包人违反第10.1款〔变更的范围〕第（2）项约定，自行实施被取消的工作或转由他人实施的违约责任：发包人将承包人合同范围内的分项工程未经过承包人同意发包给其他单位施工，导致承包人经济损失的由发包人来承担。

（4）发包人提供的材料、工程设备的规格、数量或质量不符合合同约定，或因发包人原因导致交货日期延误或交货地点变更等情况的违约责任：导致承包人无法正常施工的，延误工期顺延。

（5）因发包人违反合同约定造成暂停施工的违约责任：工期顺延。

（6）发包人无正当理由没有在约定期限内发出复工指示，导致承包人无法复工的违约责任：工期顺延。

（7）其他： 发生时双方另行协商 。

16.1.3 因发包人违约解除合同

承包人按16.1.1项〔发包人违约的情形〕约定暂停施工满90天后发包人仍不纠正其违约行为并致使合同目的不能实现的，承包人有权解除合同。

16.2 承包人违约

16.2.1 承包人违约的情形

承包人违约的其他情形：因承包人的原因，工程质量达不到合同约定的等级，经县质监站及更上一级的质量检测部门最终鉴定，工程质量达不到合格标准的，承包人无偿修复到合格标准，并承担由此给发包人造成的实际损失。

16.2.2 承包人违约的责任

16.2.2.1 承包人违约责任的承担方式和计算方法：承包人违约责任的承担方式和计算方法：1、延误工期扣款：延误工期10天内，每延误一天扣人民币10000元；延误工期20天内，每延误一天（自第一天开始起算）扣人民币20000元；延误工期20天及以上，每延误一天（自第一天开始起算）扣人民币30000元，此项扣款最高不超过履约保证金的30%。2、质量违约：从承包人履约保证金中扣除质量保证金，同时保留索赔的权利。此项扣款最高不超过履约保证金的50%。3、安全文明生产：安全文明施工未达到投标承诺要求，承包人应承担违约责任。发包人可从承包人履约保证金中扣除相应费用，扣款最高不超过履约保证金的20%。如因承包人原因不能获得“海牛市建筑安全文明施工标准化工地”的罚履约保证金金额的20%，确保“海牛市建筑安全文明施工标准化工地”的费用考虑在报价中，不再奖励。

16.2.3 因承包人违约解除合同

关于承包人违约解除合同的特别约定：

16.2.3.1 除专用条款中已有约定外，承包人存在以下情形的，发包人有权单方解除合同。

(1) 承包人将应由其承建的工程转包或肢解分包的；

(2) 如果承包人在本补充协议执行中工程质量、进度、配合严重违反国家有关规定或本补充协议约定的条款，并经书面要求改正后，15天内仍无实质性改进的；

(3) 因承包人原因致工程关键节点工期延期30天以上的；

(4) 承包人劳动力或者机械设备没有按照批准的施工组织设计到位，经发包人催告后，在限期内仍未达标的；

(5) 承包人未经发包人同意擅自变更项目经理或工程技术负责人；

(6) 如因承包人原因出现承包人民工向发包人或当地政府、主管部门集体讨薪事件两次及两次以上的（一次十人以上为集体讨薪事件）；

(7) 如因承包人原因出现重大安全事故或质量事故，未在主管部门限期内整改的。

16.2.3.2 发包人单方面提出解除合同的，应以书面形式向承包人发出解除通知，通知到达对方时合同解除。

16.2.3.3 因承包人原因引起合同解除的，承包人除承担发包人所有损失外，还须按合同总价的10%向发包人支付违约金。

16.2.3.4 合同解除后，承包人应：

A妥善做好已完工程的保护和移交工作，按发包人的要求将施工用机械设备、已购材料设备和人员撤出施工场地，承包人未完善移交手续擅自撤场的，应该赔偿由此给发包人造成的一切损失，发包人应为承包人的撤出提供必要条件。

B将已完工程的所有资料移交给发包人。

发包人在承包人完成上述两项工作后，可就已完工程价款与承包人进行结算并办理结算支付，具体已完工程量的确定和支付参照“14.2竣工结算”约定执行。

16.2.3.5 根据16.2.3.1以及16.2.3.2款解除合同后，发包人不承担承包人因撤出施工现场所发生的支出、费用，已经订货的材料、设备由订货方负责退货和解除订货合同并承担有关费用和损失。

发包人继续使用承包人在施工现场的材料、设备、临时工程、承包人文件和由承包人或以其名义编制的其他文件的费用承担方式：本合同不考虑，如有需要另行协商。

17. 不可抗力

17.1 不可抗力的确认双方关于不可抗力的约定：7.7条异常恶劣的气候条件中规定的内容。不可抗力的自然灾害认定标准按国家规定。不可抗力发生后，承包人应迅速采取措施，尽

力减少损失，并在24小时内向发包人代表及监理工程师通报受害情况，向发包人报告损失情况和清理、修复的费用。发包人应对实施处理提供必要条件的。

17.4 因不可抗力解除合同

合同解除后，发包人应在商定或确定发包人应支付款项后 30 天内完成款项的支付。

18. 保险

关于工程保险的特别约定：承包人必须办理建筑工程保险（含人身意外伤害险、建筑工程一切险及第三者责任险等），保险期限从开工之日到工程竣工验收合格且质保期满止。享受意外伤害保险的范围是施工现场从事施工作业、施工管理的人员及第三者，其费用由承包人承担，同时必须符合相关行政主管部门规定。

18.3 其他保险

关于其他保险的约定：按相关行政主管部门规定。

承包人是否应为其施工设备等办理财产保险：按通用条款规定。

18.7 通知义务

关于变更保险合同时的通知义务的约定：执行通用条款18.7。

20. 争议解决

20.1 争议评审双方约定，在履行合同过程中产生争议时，由双方当事人协商解决，协商不成的，依法向工程所在地人民法院提起诉讼.

合同当事人是否同意将工程争议提交争议评审小组决定：由发包人确定。

20.3.1 争议评审小组的确定

争议评审小组成员的确定：双方协商确定。

选定争议评审员的期限：双方协商确定。

争议评审小组成员的报酬承担方式：双方协商确定。

其他事项的约定：双方协商确定。

20.3.2 争议评审小组的决定

合同当事人关于本项的约定：双方协商确定。

20.4 仲裁或诉讼

因合同及合同有关事项发生的争议，按下列第 2 种方式解决：

（1）向____________仲裁委员会申请仲裁；

（2）向 海牛市 人民法院起诉。

21. 补充条款：另行商定。

2. 施工合同的承诺一般在正式合同中予以说明

施工单位响应招标文件进行投标，招标文件一般视为招标人对投标单位的要约邀请，而投标则视为对合同专用条款的要约。在中标后双方对一些细节问题的进一步探讨称为再要约，正式签订合同则为承诺。

2.1.3 施工合同的签订与保证

1. 施工合同的签订条件

（1）初步设计已经批准。

（2）工程项目已经列入年度建设计划。

（3）有能够满足施工需要的设计文件和有关技术资料。

（4）建设资金和主要建筑材料设备来源已经落实。

（5）招投标工程中标通知书已经下达。

2. 承包人签订施工合同应注意的问题

（1）符合企业的经营战略。

（2）积极合理地争取自己的正当权益。

（3）双方达成的一致意见要形成书面文件。

（4）认真审查合同和进行风险分析。

（5）尽可能采用标准的合同范本。

（6）加强沟通和了解。

3. 施工合同的内容

订立施工合同通常按所选定的合同示范文本或双方约定的合同条件协商签订以下主要内容：合同的法律基础；合同语言；合同文本的范围；双方当事人的权利及义务（包括工程师的权力及工作内容）；合同价格；工期与进度控制；质量检查、验收和工程保修；工程变更；风险、双方的违约责任和合同的终止；索赔和争议的解决等。

4. 施工合同的保证

合同保证实际就是保证合同充分履行。担保方式一般有：保证、抵押、质押、留置和定金，其中后四种方式属于物的担保，而保证属于人的担保。设定担保的主要目的是保障债权的实现。物的担保中，债务方以自己的财产为担保，作为向债权人还款或履约的保障。当物的担保不足以达到这一目标时，往往需要保证——来自第三方的信用担保，以保障债权人的利益。因此，保证合同是一种三方关系的合同，它建立在基础合同之上。在订立保证合同时应注意：

（1）保证人应具备保证资格，根据有关法律规定，可以充当经济合同保证人的是具有代偿能力的企业事业法人、其他组织、个体工商户和农村承包经营户；

（2）保证人必须具有相应的经济赔偿能力。这是履行保证义务的必备条件。无相应的经济赔偿能力，即无保证能力。在订立保证合同时，特别要防止那些表面上具有保证资格，实际上无代偿能力的充当保证人，以免造成经济损失；

（3）保证责任必须明确，保证的方式、范围、期限等必须表达清楚，便于承担保证责任；

（4）要件应完备，保证合同应采用书面形式设立。可单独订立，也可以订立在主合同中，保证人要签名盖章；

（5）国家机关不能作经济合同保证人。

2.2 施工过程中施工合同子合同的谈判与签订

2.2.1 施工分包合同

（1）施工分包合同是承包商为更好的履行工程施工合同，在征得发包人同意和符合国家相关法规的情况下，将部分具有分包条件的分项分部工程发包给具有承担该项资质的承包人而明

确的双方权利与义务关系的契约。

（2）分包合同示例：网络查找最新版 GF-20××-0213

2.2.2 建设工程施工劳务分包合同

1. 劳务与劳动合同

劳动合同与劳务合同是极易混淆的两种合同，都是以活劳动为给付标的的合同，但二者有着本质的不同，在实践中很难将之正确区分开来，因此正确区分这两种合同无论在理论上还是在实践上都有着重要的意义。所谓劳动合同，是劳动者与用人单位确立劳动关系，明确双方权利义务的协议。建立劳动关系应当订立劳动合同，劳动合同应当采用书面形式。而建筑劳务分包合同，应当是建筑业企业之间确立建筑劳务承发包关系、明确双方权利义务的协议。区分两者的关键是看合同双方当事人：双方均为建筑业企业的，为劳务分包合同；双方有一方是自然人的，为劳动合同。对两者实施行政管理的主体也不一样：建筑劳务分包合同应当由建筑市场管理部门进行监督管理，而劳动合同则由劳动管理部门进行监督管理。

2. 建设工程施工劳务分包合同

建设部和国家工商行政管理总局于 2018 年发布了《建设工程施工劳务分包合同（示范文本）》(GF-2018-0214)，其规范了劳务分包合同的主要内容。

在劳务分包合同签订中应该着重注意以下问题：

（1）劳务分包合同中应当明确约定劳务工程款结算方式、支付时间、工程进度、工程质量、验收标准、保障劳务工程款支付的措施以及争议解决方式等内容。

（2）劳务作业发包人应当按照分包合同约定，按时足额向劳务作业承包人支付劳务分包工程款。

（3）劳务作业发包人应当在施工现场显著位置明示劳务作业承发包人名称，劳务作业施工现场负责人姓名，分包工程范围，分包工程开工、完工日期等劳务作业分包信息，接受相关管理部门和社会的监督。

（4）劳务作业承包人应当委派项目负责人，负责劳务作业施工现场的管理。

（5）一名劳务作业项目负责人不得同时负责两个以上劳务作业项目施工现场的管理工作。

（6）劳务作业发包人应当督促劳务作业承包人按要求落实管理人员，建立健全劳动用工管理制度，并加强对劳务作业承包人与劳动者签订劳动合同、按时发放工资、作业人员持证上岗等情况的检查，发现未与劳务作业承包人签订劳动合同、未经过培训的人员，应当禁止其在施工现场从事施工活动。

3. 劳务分包合同备案

办理劳务分包合同备案手续的目的是为了加强对劳务分包行为的监管，规范劳务分包行为，同时也为劳务纠纷的处理提供依据。

劳务作业承发包双方在建筑业劳务交易中心完成劳务作业承发包交易后，劳务作业承发包双方应当按照国家规定的示范文本订立劳务分包合同，并在分包合同签订后 7 日内，持《建设工程施工劳务分包合同》《劳务分包工程中标通知书》或《劳务分包工程交易登记单》，由发包人到建筑企业管理站办理合同备案手续，见图 1-1 和表 1-2。

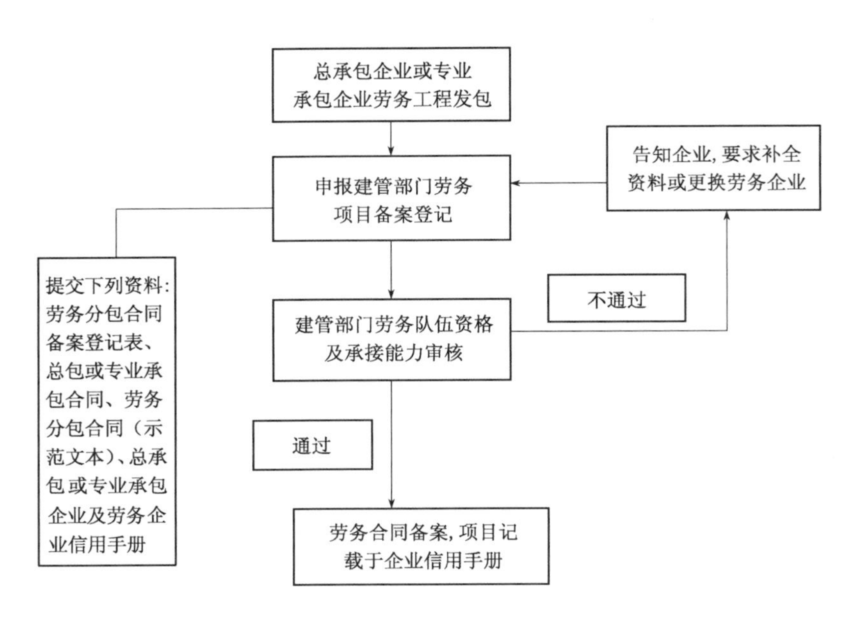

图 1-1　劳务分包合同备案流程图

建筑劳务作业分包合同备案表　　　　**表 1-2**

填表日期：　　年　　月　　日

建设单位名称（盖章）		联　系　人		电　话	
建设工程名称					
建设工程地址					
工程造价（万元）		建筑面积（m^2）		结构层数	
监理单位名称（盖章）		总　监		电　话	
施工单位名称（盖章）					
施工单位法定代表人		联系电话		手　机	
施工单位项目经理		联系电话		手　机	
建筑劳务企业名称（盖章）			注册资金		
建筑劳务分包合同编号			合同价		
建筑劳务企业法定代表人		联系人		联系电话	
建筑劳务作业负责人		电　话		手　机	
建筑劳务作业监督员		电　话		手　机	
建筑业企业资质证书可承接的建筑劳务作业质量、类别、等级	序号	备案的建筑劳务作业类别		等　　级	

续表

<table>
<tr><td rowspan="2"></td><td rowspan="2">作业名称</td><td rowspan="2">工程量</td><td rowspan="2">单价</td><td rowspan="2">造价</td><td rowspan="2">工期</td><td colspan="3">使用劳务工人数</td><td colspan="2">平安卡</td></tr>
<tr><td>高级</td><td>中级</td><td>初级</td><td>总数</td><td>比例</td></tr>
<tr><td rowspan="6">本次备案的建筑劳务作业情况</td><td></td><td></td><td></td><td></td><td></td><td></td><td></td><td></td><td></td><td></td></tr>
<tr><td></td><td></td><td></td><td></td><td></td><td></td><td></td><td></td><td></td><td></td></tr>
<tr><td></td><td></td><td></td><td></td><td></td><td></td><td></td><td></td><td></td><td></td></tr>
<tr><td></td><td></td><td></td><td></td><td></td><td></td><td></td><td></td><td></td><td></td></tr>
<tr><td></td><td></td><td></td><td></td><td></td><td></td><td></td><td></td><td></td><td></td></tr>
<tr><td></td><td></td><td></td><td></td><td></td><td></td><td></td><td></td><td></td><td></td></tr>
<tr><td>总计</td><td></td><td></td><td></td><td></td><td></td><td></td><td></td><td></td><td></td><td></td></tr>
<tr><td colspan="11">企业承诺：
本企业已经严格按照《建设部关于建立和完善劳务分包制度发展建筑劳务企业的意见》的有关规定，与劳务工签订劳动合同，并为劳务工办理相应的社会保险。若事实与承诺不符，本企业愿意接受建设行政主管部门给予的相应处罚。
（盖章）
年 月 日</td></tr>
</table>

4. 建设工程施工劳务分包合同（网络查找最新版 GF-20××-0214）

2.2.3 租赁合同

1. 租赁合同的概念与特征

租赁合同是出租人将租赁物交付承租人使用、收益，承租人向出租人支付租金的合同。其特征是：租赁合同是诺成的、双务的、有偿的合同；租赁合同的标的物是特定的非消耗物；租赁合同转移的是租赁物的用益权，而非所有权；租赁合同具有期限性和连续性，时间是租赁合同的基本要素。

2. 租赁合同的内容和形式

租赁合同的内容包括租赁物的名称、数量、用途、租赁期限、租金以及其支付期限和方式、租赁物维修等条款。

租赁期限 6 个月以下的，可以由当事人自由选择合同的形式。无论采用书面形式还是口头形式，都不影响合同的效力。租赁期限 6 个月以上的，应当采用书面形式。未采用书面形式的，不论当事人对期限是否作了约定，都视为不定期租赁。

3. 租赁合同（网络查找最新版案例）

塔式起重机租赁协议

出租方：海牛众力设备租赁有限公司

承租方：海牛第二建筑公司（广电综合楼工程项目部）

根据《中华人民共和国民法典》及有关法律规定，为明确出租人与承租人的权利义务，经双方协商一致，就海牛广播电视综合楼工程的塔式起重机租赁事宜达成如下协议，双方共同遵守。

1. 工程概况

1.1 工程名称：海牛广播电视综合业务楼工程

1.2　工程地点：海牛青年东路7号

2. 现场代表

出租方指派张三、承租方指派韩章堂为驻现场代表，负责租赁机械设备进出场相关文件的签收、结算等资料的最终确认。

3. 租赁机械设备的品名、规格、数量、设备状况

序　号	机械设备名称	规　格	数　量	购买原值	设备现状
1	塔式起重机	FH6015	1	100万元	新购

4. 出租方资质要求和租赁机械设备资料

4.1　出租方应具有相应的国家和地方政府授予的租赁资质、安装资质。

4.2　租赁机械设备应符合国家和当地政府市场准入要求，并出示相应的证明文件。

5. 租赁期限

5.1　租赁期暂按18个月，从设备安装调试完毕即2007年7月28日开始计算租费。

5.2　承租方因工程需要延长租期，应在合同届满前10日内，向出租方提出书面续租请求，出租方应同意按本合同条件续租。

6. 合同价款及计价方式

6.1　本合同价款包括进出场费（含安拆费、地脚螺栓等埋件、报验费等）、租金（含使用、维护维修费、税金、塔式起重机司机工资），出租方为履行本合同义务所需发生的一切费用都包含在进出场费及租金中。

序号	机械设备名称	规格	数量	租金（元/台×月）	租赁时间（月）	进出场费（元/台）	金额（万元）
1	塔式起重机	FH6015	1	30000	18	40000	58
合计：伍拾捌万元整（￥580000）							

承租方根据工程需要提出不定期续租时，租金按实际使用天数计算，计算公式为月租金/30.5天×实际使用天数。

6.2　本合同暂定金额为人民币：伍拾捌万元整（￥580000），以实际租用天数计算总价款。

7. 租赁价款支付方式

7.1　进出场费支付：承租方在2007年9月份向出租方支付进场费2万元，在设备退场完毕30日内支付出场费2万元。

7.2　租金支付

7.2.1　每月10日对上月租赁费情况结算，承租方当于月底前向出租方支付上月租赁费的70%，即2.1万元。

7.2.2　30%的余款在设备退场后一年内付清，否则承租方每天按余款的3‰支付滞纳金。

7.2.3　因不可抗力事件造成设备停用的，费用损失由出租方自行承担；若因非出租方原因造成停工，承租方应按月租金的70%支付设备停滞费。

7.2.4　春节报停：根据项目部实际放假情况，双方确认春节报停天数，报停时间不超过30天。

8. 租赁机械设备交付的时间、地点及验收方法

8.1 开始租赁：设备进场后，出租方将设备安装调试至正常运转并报地方安监部门验收通过后，以书面形式向承租方进行交接，并作为租赁日期的开始。

8.2 结束租赁：承租方不再使用此设备时，需提前7天通知出租方，并将设备清扫干净，办理书面移交手续，作为租赁日期的结束。

9. 出租方义务

9.1 提供设备调试人员，并至少配备2名操作人员，操作人员必须服从承租方的管理，承租方认为出租方派驻现场工作人员不合格的，有权通知出租方更换不合格人员，出租方应在承租方通知后2日内派合格人员到场工作。

9.2 按照承租方要求如期完成租赁机械设备的进场、安装、调试、使用、拆除出场等工作，因出租方上述工作造成安全生产责任事故的，责任由出租方承担。

9.3 保证设备按设计参数正常运转，并根据承租方要求保证机械设备的运转满足工程需要。非设备自身故障原因，出租方不得擅自停机。

9.4 根据承租方要求提供合格的维修、操作人员，保证持证上岗。操作和维修人员的薪酬由出租方自行支付。

9.5 负责租赁期间租赁机械设备的检查，并将检查结果及时反馈给承租方。

9.6 与承租方共同负责现场安全管理和租赁机械设备操作人员的安全教育和任务交底。

9.7 向承租方提供相关的租赁资质证明文件、安装资质证明文件和特种作业操作人员的操作证。

9.8 负责租赁机械设备在现场的财产保管和办理人员意外伤害及财产保险。因不可抗力事件导致租赁机械设备损毁、丢失的，由此产生的损失和费用由出租方承担。

9.9 在承租方施工现场的企业形象宣传，必须遵守承租方的有关规定。

9.10 除上述工作以外本合同虽无约定，但出租方作为有相应资质、经验的专业公司为实现本合同目的，应当预料和给予充分的注意，而进行的尽量减少承租方损失所应做的全部工作，并承担相应的费用。

9.11 出租方负责同海牛市有关部门办理塔吊检验检测工作（含检测费用），并保证不能影响承租方使用。

9.12 因出租方设备维护不及时、操作未按规范等自身原因而引起的一切安全事故，由出租方承担一切责任与经济损失。出租方擅自停机给承租方造成损失均由出租方承担。

10. 承租方义务

10.1 按合同约定及时向出租人支付本合同约定价款。

10.2 负责租赁机械设备进出场的道路通畅，设备出场时若因承租方原因造成设备无法出场，承租方应按月租金的70%支付停滞费。

10.3 与出租方共同负责现场安全管理和租赁机械设备操作人员的安全教育和任务交底。

10.4 提供租赁机械设备维修人员和操作人员的食宿条件，费用由出租方承担。

10.5 按合同约定返还租赁机械设备。

10.6 提供有上岗证的信号工。

11. 出租方负责租赁机械设备进场、安装、调试、拆除和检验

11.1　租赁机械设备进入承租方现场前，管理方应向承租方提供租赁机械设备的履历卡复印件和以往维修与保养记录。

11.2　租赁机械设备安装前，出租方应向承租方提供经承租方授权代表确认同意的安装任务书和设备安装方案后，方可实施。

11.3　出租方应根据承租方出具的书面通知实施租赁机械设备的拆除出场工作。租赁机械设备拆除出场前，应向承租方提供经承租方授权代表确认同意的拆除施工方案。

11.4　上述11.1～11.3条所要求出租方提供的资料作为质量记录，出租方应保证其真实性，在每项工作进行完毕后1日内，提交承租方存档备查。

11.5　租赁机械设备的安装、调试、拆除等项工作，出租方需根据国家有关部门规定和承租方的要求出具检验报告。有关记录需交与承租方存档备查。

11.6　出租方负责组织租赁机械设备的验收。

12. 出租方对设备的保养

12.1　出租方负责租赁期间租赁机械设备的保养，并承担全部费用。

12.2　出租方应编制在设备租赁期间的维修保养计划，按计划和租赁机械设备保养规程进行租赁机械设备的保养，并作好保养进行过程的质量记录。

12.3　出租方应及时进行租赁机械设备的保养，出租方如需保养设备必须提前通知承租方，且尽量安排在休息日或施工空闲时间。

12.4　承租方同意出租方按照租赁机械设备的保养规程安排租赁机械设备保养的时间，并经承租方确认。

13. 出租方对设备的维修

13.1　出租方应保证有足够的设备配件库存，以便及时修复或更换不合格的机械设备配件，保证租赁机械设备能够正常运转。

13.2　施工过程中，租赁机械设备发生重大故障时，停用时间不得超过合同规定24小时，且每月不得超过一次；发生一般故障时，停用时间不得超过12小时。

13.3　出租方应如实填报租赁机械设备维修记录交与承租方存档备查。

14. 争议解决

14.1　本协议在履行过程中发生的争议，由合同双方协商解决。

15. 其他约定事项

15.1　双方往来均以书面形式（指合同书、函件、传真）为准。

15.2　本合同一式四份，出租方、承租方各执二份。

15.3　本合同自双方签字盖章之日起生效，至承租方向出租方支付完全部价款时终止。

本合同以上内容皆为电脑打印格式，手写无效。

（以下无正文）

出租方（盖章）：	承租方（盖章）：
法定代表人：	法定代表人：
委托代理人：	委托代理人：
日期：______年______月______日	日期：______年______月______日

2.2.4 材料采购及运输合同

1. 材料采购合同

材料采购合同，是指平等主体的自然人、法人、其他组织之间，以工程项目所需材料为标的、以材料买卖为目的，出卖人（简称卖方）转移材料的所有权于买受人（简称买方），买受人支付材料价款的合同。

2. 材料采购合同的订立可采用以下几种方式

（1）公开招标。

即由招标单位通过新闻媒介公开发布招标广告。采用公开招标方式进行材料采购，适用于大宗材料采购合同。

（2）邀请招标（略）。

（3）询价、报价、签订合同。

物资买方向若干建材厂商或建材经营公司发出询价函，要求他们在规定的期限内作出报价，在收到厂商的报价后，通过比较，选定报价合理的厂商与其签订合同。

（4）直接定购。

由材料买方直接向材料生产厂商或材料经营公司报价，生产厂商或材料经营公司接受报价、签订合同。

3. 材料采购合同（网络查找最新版案例）

建筑材料购销合同

合同编号：××××-01

甲方：××××有限公司______（以下简称甲方）

乙方：××××有限公司______（以下简称乙方）

依照《中华人民共和国民法典》和《中华人民共和国建筑法》及其他有关法律法规，遵循平等、自愿、公平和诚实信用的原则，双方就本工程施工事项协商一致，订立如下条款，以资共同遵守。

第1条　材料名称

1.1　材料（产品或设备）名称：详见材料清单

1.2　规格型号：详见材料清单

1.3　质量标准（或技术指标）：符合国家相应产品质量标准

1.4　所购材料附送服务项目还包括第3、4项。

1.4.1　可就所购材料、设备的安装及其使用功能和方法向乙方咨询。

1.4.2　可派技术人员到场指导甲方施工。

1.4.3　乙方负责安装到位，并指导甲方或材料、设备使用者正确使用及一般维护。

1.4.4　乙方负责所购材料的售后服务及维修工作。（保修时间按所购材料或设备的保修单规定或依甲方与建设单位所签承包合同的相关规定）

1.4.5　其他：______________________________

第2条　材料包装

2.1　包装标准：一般

2.2　包装费用：由乙方承担

2.3　包装物的处理方法：选择以下第1、3种处理方法。

1. 甲方负责自行回收。

2. 包装物随产品归乙方所有。

3. 其他方法：现场所产生的其他与产品包装有关的垃圾及其相关的清理工作由乙方负责。

第3条　材料数量

3.1　采购数量：详见材料清单

3.2　计量单位：详见材料清单

3.3　合同数量确认方法：以甲方材料入库耗用单所确认数量为准

第4条　收货规定

4.1　交货单位：××××有限公司

4.2　收货单位：××××有限公司

4.3　收货地点：××××

4.4　收货方法：以甲方相关人员确认为准

4.5　运输方式：汽运

4.6　运输费用的承担：由乙方承担

4.7　收货时间：以甲方通知为准确性

第5条　收货时间

5.1　本合同起止时间：20××年××月××日至20××年××月××日止。期间具体节点，见甲方提供的相关文件。

5.2　若属乙方原因而使合同逾期，则每逾期一天按乙方材料总价款的万分之二在采购结算时扣除。

5.3　如遇下列情况乙方用书面形式通知甲方，经甲方认可后，材料供应可作相应顺延。

5.3.1　按施工准备规定，不能提供施工场地，水、电源道路未能接通、障碍物未能清除影响进场施工。

5.3.2　甲方提出重大设计变更；新增项目或材料供应量大幅增加。

5.3.3　施工期间遇到不可抗力（台风、地震等自然灾害）。

5.3.4　乙方在上述情况发生后三天内，将延误内容向甲方提交书面报告，需甲方签证认可，逾期不予确认。

5.4　乙方若违反合同及其附件对材料供应时间及附加服务进度的规定，甲方有权对合同范围内的材料及服务范围进行调整。

第6条　合同价款

6.1　本合同总价款为×××××元（大写××××元整）。作为支付材料预付款和逐批材料的每批货款的依据。

6.2　以上合同价款中含税。

本工程竣工前，乙方收取的预付款和进度款总额，达已完成工程量的80%。

6.3　本合同价款为固定价格合同。材料采购总价包干，如因甲方要求更改造成材料采购的增减，则纳入最终结算，其他原因甲方一律不予增减采购量及价格。

第7条 货款支付

7.1 材料预付款：按合同的30%支付，发货前________________清。

7.2 材料采购进度款：按每月甲方公司审核完毕后的乙方当月提供材料及完成附加服务的实际量支付80%的进度款。待甲方办理好审计后，累计资金支付至最终结算价的80%。留20%作为材料质保金，一年后无息返还。

7.3 乙方施工和生活用水、电及机械台班、测量，由双方按定额规定或按实结算。

7.4 乙方在单位工程竣工验收后一个月内，将工程竣工结算书送交甲方，若因乙方自身原因使结算拖延，责任由乙方自行承担。

7.5 乙方的预决算人员应有该单位的授权委托书，明确授权结算的工程项目、时间、金额、转账的银行账户、账号。没有授权委托书的，不得与甲方办理预决算。

7.6 工程完工验收后，乙方报送的工程预决算书（一式三份）只能作为支付进度款的依据，甲方收到乙方预算书一个月内审核完毕。

7.7 结算书必须由双方负责人签字（乙方签字人员应有法人授权书）并盖单位公章。

7.8 工程结算书不得涂改，如有涂改必须有双方负责人签字，并盖双方修正章，否则为无效结算。

7.9 付款依据。

7.9.1 合同、普通发票。

7.9.2 材料入库耗用单、材料耗用汇总表、资金分配单（各种单证要求项目经理、主管工长等相关人员签字俱全）。

7.9.3 甲方收到建设单位当月进度款后，甲方按不高于甲方自身收款比例同比例支付乙方货款。最高不得高于总价款的80%。

7.10 支付方式：转账支票，不支付现金，乙方支领进度款所用印鉴与签定本合同所使用的印鉴单位相符。

第8条 工程质量与竣工验收

8.1 本工程质量应根据设计施工图、修改图、变更通知、施工说明及有关技术文件资料，遵照国家现行《建筑电气工程施工质量验收规范》GB 50303—2015和有关工程质量的规定，由乙方确保其提供的材料及其相应的安装等符合工程质量要求。

8.2 本工程质量等级：合格，若未达到本合同要求的质量等级，甲方将在乙方的最终结算中扣罚2%的质量保证金。

8.3 乙方应认真按照标准、规范和设计要求以及甲方代表依据合同发出的指令施工，随时接受甲方代表的检查检验，并按甲方代表要求返工、修改，承担由自身原因导致返工、修改的费用，同时向甲方提供工程事故报告。因甲方代表不正确纠正或其他非乙方原因引起的经济支出，由甲方承担。

8.4 隐蔽工程验收。隐蔽工程在隐蔽前由乙方自检合格后，填写《隐蔽工程验收单》，通知甲方代表检查验收。乙方方可进行下一道工序施工。

8.5 工程竣工验收，应以设计施工图、修改图、变更通知、施工说明、施工验收规范为依据。

8.6 工程竣工验收必须具备下列条件：

8.6.1　达到国家《建筑工程质量检验评定标准》中规定的合格以上标准。

8.6.2　提交齐全的工程竣工资料和竣工图 2 套。

8.6.3　已签署工程保修证书。

8.7　工程保修期限为壹年。

第 9 条　文明施工与安全保卫

9.1　乙方应严格遵守国家和当地有关文明施工、现场安全和保卫的各项规定，并制定相应的管理制度，采取严格的安全防护设施，承担因安全措施不力造成事故的责任和因此发生的费用。

9.2　乙方施工区域现场应达到文明工地合格标准。若被有关部门评为不合格工地，乙方应在两天内按要求整改完毕，并承担经济处罚。

9.3　乙方应建立完善的安全管理制度，乙方现场负责人应是安全负责人。乙方施工区域内发生的安全事故，应由乙方按照国家有关规定进行处理、上报。安全事故发生后应在 2 小时内通知甲方。

9.4　乙方的施工机具、材料、周转材料、临时设施均应放在甲方划定的区域内，并自行承担消防工作。如发生公、私财物被盗及火灾均由乙方负责。

9.5　甲、乙双方签订的安全、保卫、治安协议是本合同的附件，具有同等效力。

9.6　工程完工后，乙方应在甲方限定期限内将设施、材料、周转材料全部清退出场。超过期限不作清理，甲方将按废弃物清理出场，所发生的清理费用由乙方承担。

第 10 条　争议、违约

10.1　发生争议后，除甲、乙双方协商一致同意停止施工外，乙方都应保护施工进度，保护好已完工程。

10.2　凡乙方出现或发生下列情况，甲方有权决定终止协议的履行。

10.2.1　工程发生重大事故，或在质量检查中被质监部门评为不合格。

10.2.2　工期达不到已确定的节点考核要求。

10.2.3　发生重大安全事故，且现场管理混乱。

10.2.4　甲方依据上述情况的发生终止协议后，乙方有义务保护好已完工程移交甲方，并在三天内将人员、机具，周转材料撤除现场，逾期则按 9.6 条处理。

10.3　甲方不能履行义务，应承担违约责任，相应顺延工期。

10.4　因乙方不能履行义务，应承担违约责任。

10.5　双方因合同执行发生争议，应协商解决。协商不成，双方同意向××区法院提请诉讼。

第 11 条　其他

11.1　本合同未明确事项均按《民法典》《建筑法》等有关规定和条款执行。

11.2　合同文件范围：

11.2.1　工程施工总承包合同及其附件（含安全协议、治安防火协议、廉政协议）。

11.2.2　中标书、投标文件、招标文件。

11.2.3　关于工程协商、变更等。

11.2.4　甲方代表的书面指令。

11.2.5　施工图纸及说明书。

11.2.6 国家、本（省、市、区）关于工程建设标准、规范、规定和技术资料、技术要求。

11.3 本合同经双方代表签字后生效，至合同工程竣工验收，结清工程尾款，保修期满后自动失效。

11.4 本合同正本二份，双方各执一份；副本四份，甲执二份，乙执二份。

甲　方（签章）：　　　　乙　方（签章）：

法定代表人：　　　　法定代表人：

（或委托代理人）：　　　　（或委托代理人）：

经　办　人：　　　　经　办　人：

签订日期：　年　月　日　　　　签约地点：

工程采购标单

工程名称：××××项目

序　号	项目名称、规格及说明	单位	项目数量	项目单价	项目合价	备　注
1	×××	××	×××	×××××	×××××	含运费、装卸费
2						
3						
4						
5						

承包商：

负责人：

地址：

电话：

4. 运输合同

土方运输合同

甲方：某海牛轨道交通 2 号线工程（南站）项目经理部

乙方：某土石方工程运输有限公司

经双方友好协商，现甲方将南站地铁工程部分土方工程工地土方运输交给乙方承运，为明确责任，特定协议如下：

一、甲方责任：

1. 负责办理余泥排放证，夜间施工证。

2. 负责水电照明，洗车槽。

3. 负责搞好工地周边关系，保障乙方进场顺利施工。

4. 派出专人洗车、清扫马路，如因卫生问题引起有关的罚款，由甲方负责。

二、乙方责任：

1. 听从甲方现场施工人员指挥，做到文明安全施工。

2. 负责办理车辆准运证，无资质车辆不准进场运输。

3. 如乙方车辆撒漏引至罚款，由乙方负责。

三、乙方土石方运输工程量由甲方决定分包工作量。

四、付款方式：

甲方根据乙方每车或每立方米计算，每车或（每立方米）按 40 元/m^3 计算，按进度80%每月付款一次，余下款项在工程完工验收后 30 天内付清。

以上条款系双方共同遵守，双方签名盖章后生效。

甲方：　　　　　　　　　　　　　　　　　　　　乙方：

年　　月　　日　　　　　　　　　　　　　　　　年　　月　　日

思　考　题

1. 招标文件的主要内容分成哪几部分？
2. 招标文件前附表应该表述哪些方面的内容？
3. 投标项目选择的基本条件有哪些？
4. 投标文件编制的要点是什么？
5. 施工合同的组成及解释程序如何？
6. 承包人在签订施工合同时应该注意哪些问题？
7. 劳务分包合同在签订时应注意的问题是什么？
8. 什么是租赁合同？租赁合同的基本条款有哪些？
9. 施工设备和材料采购的方式有哪几种？

实　　训

训练 1：

根据单元 1 提供的招标文件案例写出招标文件研读报告，并编写投标工作计划。

训练 2：

施工合同签订后，由于劳动力原因需要海牛劳务公司在装修阶段进行劳务配合；又由于机械设备原因需要向海牛建筑设备租赁公司租赁 QTZ-63 塔式起重机 1 台、斗容量 1m^3 反铲挖土机 2 台。按照标准合同文本及相关的价格信息签订劳务分包合同和机械租赁合同。

XIANGMU

项目 2

施工准备工作实务

通过本项目的实务模拟，使学生能够理解项目管理规划大纲的编制程序和内容；对施工准备工作应具有深刻的印象并能够编制施工准备工作计划；会编制单位工程施工组织设计，并对施工方案、施工进度和施工平面布置图有一定感性认识。

单元 1

项目管理规划大纲的编写

1.1 项目管理规划大纲案例

1.1.1 项目管理规划大纲基本概念

项目管理规划大纲是项目管理工作中具有战略性、全局性和宏观性的指导文件，由企业管理层在投标之前编制的，旨在作为投标依据，满足招标文件要求及签订合同要求的文件。应由组织的管理层或组织委托的项目管理单位编制。

项目管理规划大纲具有战略性、全局性和宏观性，显示投标人的技术和管理方案的可行性与先进性，利于投标竞争，因此需要依靠组织的管理层的智慧与经验，取得充分依据，发挥综合优势进行编制。

1.1.2 项目管理规划大纲的作用

项目管理规划大纲是整个施工项目管理的纲要文件，具有以下作用：

（1）作为投标人的项目管理总体构想或项目管理宏观方案；

（2）为编制投标文件提供资料和战略指导；

（3）为签订施工合同提供依据；

（4）为中标后编制项目管理实施规划提供依据。

1.1.3 项目管理规划大纲案例

1. 项目概况

本工程是集现代管理和先进技术装备于一体的智能型建筑，位于省府所在地。东临将军路，西遥市府大院，南对科协办公楼，北接中医院。本工程由主楼和辅房两部分组成，建筑面积 13779m^2，投资约五千多万元。主楼为九层、十一层，局部十二层。坐北朝南，南侧有突出的门厅；东侧辅房是三层的沿街餐厅、轿车库和门卫用房，与主楼垂直衔接；主楼地下室是人防、500t 水池和机房；广场硬地下是地下车库；北面是消防通道；南面是 7m 宽的规划道路及主要出入口。室内±0.00，相当于黄海高程 4.7m。现场地面平均高程约 3.7m。

主楼是 7 度抗震设防的框架剪力墙结构，柱网分 7.2m×5.4m、7.2m×5.7m 两种；ϕ800、ϕ1100、ϕ1200 大孔径钻孔灌注桩基础，混凝土强度等级 C25；地下室底板厚 600mm，外围墙厚 400mm，层高有 3.45m 和 4.05m；一层层高有 2.10m、2.60m、3.50m。标准层层高 3.30m，十一层层高 5.00m；外围框架墙用混凝土小型砌块填充，内框架墙用轻质泰柏板分隔；楼、屋面板除现浇混凝土外，其余均采用预应力薄板上现浇厚度不同的钢筋混凝土的叠合板。

辅房采用 ϕ500 水泥搅拌桩复合地基，于主楼衔接处，设宽 150mm 沉降缝。

设备情况：给水排水、消防、电气均按一类高层建筑设计，水源采用了市政和省府行政二路供水，二个消防给水系统，大楼采用顶喷、侧喷和地下室满堂喷方式的自动喷淋系统；双向电源供电，配变电所设在主楼底层；冷暖两用中央空调；接地、防雷利用基础主筋并与大楼接地系统融为一体。

室外管线：水源从东北和西南角，分别从市政给水管和省府行政供水管接入，同雨水管一样绕建筑四周埋设。污水管经化粪池沿北侧东西向敷设。雨水、污水均在东北角引入市政管道网。

2. 项目管理目标

1）质量目标：分部分项工程合格率 100%，工程质量合格，确保市级优质工程，争创省级优质工程。

2）工期目标：工期控制在 580 天以内。

3）成本目标：严格按合同价控制成本，竣工决算增量控制在＋10%内。

4）安全目标：杜绝安全隐患，重大事故为零。

3. 项目管理组织机构

（1）组织机构，见图 2-1。

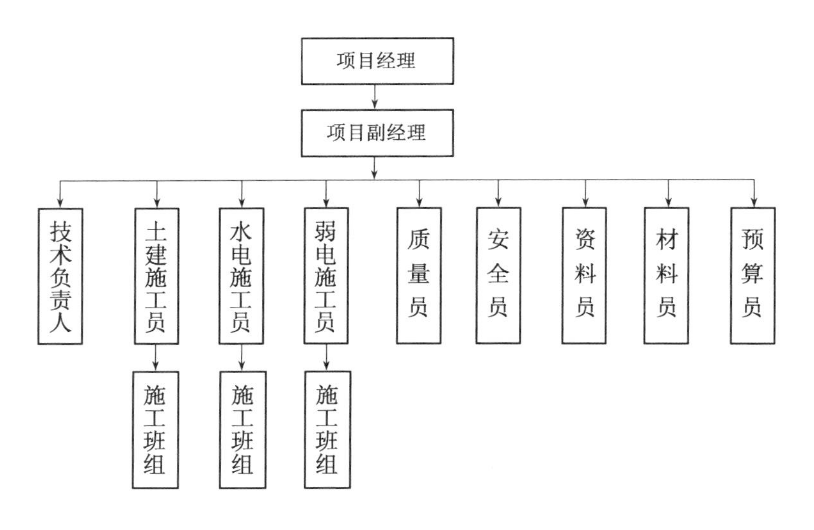

图 2-1　组织机构图

（2）岗位职责：

1）项目经理、项目副经理。

① 项目经理是建筑业企业法人代表的代理人，代表企业对工程项目全面负责，全面主持各项工作，完善经营管理机制，主管人事、财务、行政工作。制订经营目标，组织完成经营工作任务。

② 遵守国家和地方政府的政策、法规，执行有关规章制度和上级指令，代表企业履行与业主签订的工程承包合同。

③ 组织和调配精干高效的项目管理班子，确定项目经理部各部门和机构的职责权限。

④ 主持制定项目的施工组织设计和质量保证体系，主持制定项目总体进度计划和季、月度

施工进度计划。

⑤ 按照合同要求和上级的指令，保证施工人员、机械设备按时进场，做好材料供应工作。

⑥ 主持制订项目费用开支计划，审批项目财务开支并制订项目有关人员的收入分配方案。

⑦ 深入施工现场，处理出现的重大施工事故，解决施工中出现的重大问题。

⑧ 及时处理债权、债务，搞好资产清算，保证资产不流失。

⑨ 搞好项目的精神文明建设，加强民主管理和思想政治工作。

⑩ 按有关规定对优秀职工进行奖励，对违纪职工进行处罚。

2）施工员（土建、水电、弱电）。

① 负责施工现场的总体部署、总平面布置。

② 协调劳务层的施工进度、质量、安全。执行总的施工方案。

③ 对劳务层进行考核、评价。

④ 监督劳务层按规范施工，确保安全生产，文明施工。全面合理、有效实施方案，保持施工现场安全有效。

⑤ 提出保证施工、安全、质量的措施并组织实施。

⑥ 督促施工材料、设备按时进场，并处于合格状态，确保工程顺利进行。

⑦ 参加工程竣工交验，负责工程完好保护。

⑧ 按时准确记录施工日志。

⑨ 合理调配生产要素，严密组织施工确保工程进度和质量。

⑩ 组织隐蔽工程验收，参加分部分项工程的质量评定。

⑪ 参加图纸会审和工程进度计划的编制。

3）质量员。

① 做好日常督促检查，发现不按设计图纸、规范和标准施工的现象及时制止和提出整改意见，并有权停止施工。

② 加强隐蔽工程验收和技术复核等各个环节的检查验收，把好工序质量关。

③负责工程技术资料收集和整理，做到资料正确、真实、齐全、同步。

④ 负责分项工程的质量评定，参加分部、单位工程的验收核定。

⑤ 对质量通病调查分析原因，提出解决的办法，逐步减少质量通病的发生。

⑥ 与施工员、项目材料员等一起配合项目经理，做好工程质量的管理工作，确保项目工程质量目标的实现。

4）安全员。

① 认真学习国家、政府和集团公司安全生产的各项规章制度及法律、法规，并积极配合项目经理制订项目安全管理目标。

② 负责项目施工中的危险源辨识工作，并积极配合项目经理和项目技术主管作好风险评价和风险控制策划。

③ 参与项目安全生产、文明施工专项施工方案的制定，专项施工方案必须落实项目安全目标的有关要求，并在实施过程中督促落实各项安全措施。

④ 积极开展项目安全检查工作，督促项目各级人员认真履行安全职责，保证项目安全设施的齐全有效，对不符合安全生产要求的人和事有权给予处罚，直至责令项目停工整改，配合项目经理搞好项目安全考核工作。

⑤ 搞好安全生产宣传教育工作，组织新进场工人的安全教育，教育时间必须符合有关规定要求。按工程分部分项组织项目安全交底会，对项目管理人员进行安全技术交底，交底必须有针对性，且履行签字手续。

⑥ 定期召开项目安全会议，总结前一阶段安全生产情况，分析、提出下阶段安全生产措施，明确各项措施责任人，安全会议必须有书面记录。

⑦ 做好项目各类安全验收或预验收，作好书面记录。

⑧ 及时收集、整理项目安全技术资料，保证资料的真实、正确、完整、及时和可追溯性。

⑨ 及时报告，妥善处理安全事故；发生重大伤亡事故应立即组织抢救，迅速上报，并保护好现场，配合调查处理。

5）资料员。

① 负责本工程项目相关资料收集、整理、汇总的管理；并及时编制成电子文档和书面资料两类管理；

② 负责各种与工程有关的法律、法规、政策、信息的收集与管理；

③ 负责与相关单位的日常联络工作；

④ 负责工程相关会议纪要的记录、打印、编辑、整理、分发工作；

⑤ 负责部门内有关文件资料、图纸的收发并记录；

⑥ 负责部门内月办公用品的收集、统计、申领、发放工作；

⑦ 负责部门考勤、内务工作（同时负责奖惩基金的管理）；

⑧ 对所掌握的公司秘密负责；

⑨ 负责完成上级交办的其他工作并定期向上级述职。

6）预算员。

① 编制各工程的材料总计划，包括材料的规格、型号、材质。在材料总计划中，主材应按部位编制，耗材按工程编制。

② 负责编制工程的施工图预、结算及工料分析，编审工程分包、劳务层的结算。

③ 编制每月工程进度预算及材料调差（根据材料员提供市场价格或财务提供实际价格）并及时上报有关部门审批。

④ 审核分包、劳务层的工程进度预算（技术员认可工程量）。

⑤ 协助财务进行成本核算。

⑥ 根据现场设计变更和签证及时调整预算。

⑦ 在工程投标阶段，及时、准确做出预算，提供报价依据。

⑧ 掌握准确的市场价格和预算价格，及时调整预、结算。

⑨ 对各劳务层的工作内容及时提供价格，作为决策的依据。

⑩ 参与投标文件、标书编制和合同评审，收集各工程项目的造价资料，为投标提供依据。

⑪ 熟悉图纸、参加图纸会审，提出问题，对遗漏未发现问题负责。

⑫ 参与劳务及分承包合同的评审，并提出意见。

⑬ 建好单位工程预、结算及进度报表台账，填报有关报表。

4. 项目建设时间安排（略）

5. 设计变更管理办法（并附工程变更签证样表）（略）

6. 招标与合同管理（略）

7. “××”现场工作奖惩条例（略）

8. 图纸会审流程（略）

9. 施工期间项目部控制性工作安排

（1）施工测量放线。

（2）第一次工地会议。

（3）其他控制性工作。

10. 工程质量控制办法

（1）工程质量的事前控制。

（2）工程质量的事中控制。

（3）工程质量的事后控制（质量问题和质量事故处理）。

11. 工程例会（履约各方沟通情况，交流信息，协调处理，研究解决合同履行中存在的各方面问题的例行工程会议）。

12. 专题工地会议（是为解决专门问题而召开的会议）。

13. 项目管理部资料的管理：

（1）工程资料分类：

1）合同文件。

① 招投标文件；

② 建设工程施工合同、分包合同，各类订货合同以及有关合同等。

2）设计及监理文件。

① 施工图纸；

② 工程地质勘察报告；

③ 测量基础资料；

④ 项目监理部编制的总控制计划等其他资料；

⑤ 设计变更、洽商；

⑥ 审图汇总资料；

⑦ 设计交底记录、纪要；

⑧ 设计变更、洽商记录；

⑨ 监理月报（监理合同内约定或由监理公司完成）；

⑩ 会议纪要。

3）施工组织设计（施工方案）。

① 施工组织设计（总体设计或分阶段设计）；

② 分部施工方案；

③ 季节施工方案；

④ 其他专项施工方案等。

4）分包资质。

① 分包单位资质资料；

② 合格供货单位资质资料；

③ 见证试验室等单位的资质资料等（依需要）。

5）进度控制。

① 工程开工报审表（含必要的附件）；
② 年、季、月进度计划；
③ 月工、料、机动态表；
④ 停、复工资料。
6）质量控制。
① 各类工程材料、构配件、设备报验；
② 施工测量放线报验；
③ 施工试验报验；
④ 分项（工序）、分部工程质量报验与认可；
⑤ 不合格工程项目通知；
⑥ 质量事故报告及处理等资料。
7）成本控制。
① 概预算或工程量清单；
② 工程量报审与签认；
③ 预付款报审与支付证书；
④ 月付款报审与支付证书；
⑤ 设计变更、洽商费用报审与签认；
⑥ 月付款汇总表；
⑦ 工程竣工结算等。
8）整改通知。
① 有关进度控制的整改通知；
② 有关质量控制的整改通知；
③ 有关造价控制的整改通知；
④ 有关安全控制的整改通知。
9）合同其他事项管理。
① 工程延期报告、审批等资料；
② 费用索赔报告、审批等资料；
③ 合同争议、违约报告、处理资料；
④ 合同变更资料等。
10）工程验收资料。
① 工程基础、主体结构等中间验收资料；
② 设备安装专项验收资料；
③ 竣工验收资料；
④ 竣工移交证书等；
⑤ 其他往来函件；
⑥ 工程管理台账及施工管理日记；
⑦ 工作总结（专题、阶段和竣工总结和报告等）。

1.2　项目管理规划大纲编写

1.2.1　项目管理规划大纲编制基本要求

为了实现项目管理规划大纲的作用，编制项目管理规划大纲应符合以下基本要求：

（1）响应招标文件；

（2）具有科学性和可行性，能符合实际；

（3）符合合同条件以及招标对工程的要求；

（4）符合有关法律、法规、规范、规程、标准；

（5）符合现代项目管理理论，采用先进的、科学的管理方法、手段和工具；

（6）应是系统的、优化的。

1.2.2　项目管理规划大纲的编制依据

（1）可行性研究报告：

在编制项目管理规划大纲前，企业管理层应进行招标文件分析研究。通过对投标人须知的分析研究，熟悉投标条件、招标程序；通过对技术文件的分析研究，以确定招标人的工程要求，界定工程范围；通过对整个招标文件的分析研究，确定对工程投标和进行工程施工的总体战略。

对在招标文件分析研究中发现的问题和不理解的地方应及早向招标人提出，以求得招标人的答复。这对投标人正确编制项目管理规划大纲和投标文件是非常重要的。

（2）设计文件、标准、规范与有关规定：

按照合同条件的规定招标人应对提供设计文件及有关技术资料的正确性承担责任，但投标人应对它们作基本分析，在一定程度上检查它们的正确性，为编制项目管理规划大纲、投标文件和采取的投标策略提供依据，发现有明显错误的，应及时通知投标人。同时要熟悉项目管理中使用的标准、规范和有关规定。

（3）招标文件及有关合同文件：

项目管理大纲应与招标文件的要求相一致，因此招标文件是编制项目管理规划大纲的最重要的依据。在投标过程中，招标人常常会以补充、说明的形式修改、补充招标文件的内容；在标前会议上招标人也会对投标人提出的招标文件中的问题，以及对招标文件不理解的地方进行统一的解释。在编制项目管理规划大纲时一定要重视这些修改、变更和解释。同时，通过对有关合同文件的分析研究，分析它的完备性、合法性、单方面约束性和合同风险性，确定投标人总体的合同责任。

（4）相关市场信息与环境信息：

相关市场信息主要是指参与本项目投标人的基本情况以及数量，本企业与这些投标人在本项目上竞争能力分析比较等。环境信息主要是指对项目的环境调查。

1.2.3　项目管理规划大纲的编制程序

编制项目管理规划大纲应遵循下列程序：

（1）明确项目需求和项目管理范围；

（2）明确项目管理目标；

（3）分析项目实施条件，进行项目工作结构分解；

（4）确定项目管理组织模式、组织结构和职责分工；

（5）规定项目管理措施；

（6）编制项目资源计划；

（7）报送审批。

1.2.4 项目管理规划大纲的内容

项目管理规划大纲的内容主要有：

（1）项目概况：

应包括项目的功能、投资、设计、环境、建设要求、实施条件（合同条件、现场条件、法规条件、资源条件）等，不同的项目管理者可根据各自管理的要求确定内容。

（2）项目范围管理规划：

应对项目的过程范围和最终可交付工程的范围进行描述。

（3）项目管理目标规划：

应明确质量、成本、进度和职业健康安全的总目标并进行可能的目标分解。

（4）项目管理组织规划：

应包括组织结构形式、组织构架、确定项目经理和职能部门、主要成员人选及拟建立的规章制度等。

（5）项目采购与投标管理

应包括管理依据、程序、计划、实施、控制和协调等方面。

（6）项目进度管理规划：

应包括管理依据、程序、计划、实施、控制和协调等方面。

（7）项目质量管理规划：

应包括管理依据、程序、计划、实施、控制和协调等方面。

（8）项目成本管理规划：

应包括管理依据、程序、计划、实施、控制和协调等方面。

（9）项目安全生产管理：

应包括管理依据、程序、计划、实施、控制和协调等方面。

（10）绿色建造与环境管理

应包括管理依据、程序、计划、实施、控制和协调等方面。

（11）项目资源管理

应包括管理依据、程序、计划、实施、控制和协调等方面。

（12）项目信息管理规划：

应明确信息管理体系的总体思路、内容框架和信息流设计等规划。

（13）项目沟通与相关方管理规划：

应明确项目管理组织就项目所涉及的各有关组织及个人相互之间的信息沟通、关系协调等工作的规划。

（14）项目风险管理：

主要是对重大风险因素进行预测、估计风险量、进行风险控制、转移或自留的规划。

（15）项目收尾管理：

主要包括工程收尾、管理收尾、行政收尾等方面的规划。

单元2

施工准备工作

2.1 施工准备工作计划编制

施工准备工作是指为了保证施工项目顺利开工和施工活动正常进行而事先做好的各项准备工作。它从签订施工项目的施工合同开始，至施工项目竣工验收合格结束，贯穿于整个施工项目施工的全过程。

施工项目的生产活动是一项复杂而有序的生产活动，施工过程中要涉及多单位、多部门、多专业、多工种的组织和协调，要耗用大量的建筑材料，使用许多的施工机具设备，要处理各种复杂的技术问题，而且施工环境复杂多变，施工准备工作的好与坏，将直接影响施工项目施工的全过程。实践证明，凡是重视和做好施工准备工作，积极为施工项目创造一切有利的施工条件，施工生产就会正常顺利地进行。事先全面细致科学地做好施工准备工作，则对调动各方面的积极因素，合理组织人力、物力、财力，加快施工进度，保证和提高施工质量，确保施工安全，降低施工成本和风险，提高经济效益，都会起着积极的重要的作用，从而实现对施工项目管理的主动控制和动态控制。

2.1.1 施工准备工作的内容

施工项目施工准备工作的内容一般可归纳为原始资料的调查分析、技术准备、施工现场准备、资源准备、季节施工准备五个方面。

1. 原始资料的调查分析

原始资料的调查分析主要是为编制施工组织设计和工程施工提供全面、系统、科学的依据。原始资料的调查不只是单纯的资料收集工作，而且还要对这些收集到的资料进行全面、细致、科学的分析与研究。原始资料的调查分析主要应做好以下两方面的调查分析：

（1）自然条件的调查分析

主要包括：坐标、地形、地貌、工程地质、水文地质、气象及周围环境和障碍物等情况。

（2）技术经济条件的调查分析

主要包括：地方建筑业企业、地方资源、交通运输、水电及其他能源、建筑材料的生产供应能力等情况。

2. 技术准备

技术准备是施工准备工作的核心。任何技术差错或隐患都可能引起人身安全和质量事故，造成生命财产和经济的巨大损失，因此，必须重视和做好技术准备工作。其内容主要包括：熟悉和会审施工图纸、编制施工预算和标后施工组织设计。

（1）熟悉和会审施工图纸

熟悉和会审施工图纸的目的是使参与施工项目管理的工程技术管理人员充分了解和掌握施

工图纸的设计意图、建筑构造、结构特点和技术要求，通过施工图纸会审发现施工图纸中存在的问题和错误，并加以改正，形成图纸会审纪要，以保证施工项目施工的正常顺利进行。

熟悉施工图纸一般由施工项目经理部组织有关工程技术管理人员进行，使参与施工项目管理的工程技术管理人员充分了解和掌握建设单位的要求、施工内容、施工图纸中存在的问题和错误、施工应达到的技术标准，为进行施工图纸会审作好准备。

施工图纸会审一般由建设单位或项目代建单位组织并主持，勘察单位、设计单位、监理单位及合法分包单位参加，必要时可邀请政府主管部门、消防、环保、卫生防疫等参加，施工图纸会审时首先由设计单位进行设计交底，主要由施工单位对施工图纸提出问题，参与单位发表意见，与会单位讨论、研究、协商，逐条解决问题并达成共识，由建设单位或项目代建单位汇总整理成文，与会单位会签，形成施工图纸会审纪要，表格形式见表2-1。施工图纸会审纪要作为与施工图纸具有同等法律效力的技术文件使用，并成为指导施工项目施工以及进行施工项目结算的依据。

施工图纸会审记录 **表2-1**

会审日期：　　年　　月　　日　　　共　　页　　　第　　页

工程名称						
参加会审单位（盖公章）	建设单位	项目代建单位	勘察单位	设计单位	监理单位	施工单位
参加会审人员						

熟悉和会审施工图纸的主要内容有：施工图纸设计是否属于无证设计或越级设计；施工图纸是否经设计单位正式签署；施工图纸设计是否符合城市规划、环境保护、消防安全、卫生防疫等要求；地质勘探资料是否齐全；施工图纸设计是否符合国家有关技术规范要求，尤其是工程建设标准强制性条文的要求，是否符合经济合理、安全可靠、美观适用的原则；施工图纸是否齐全、完整、清楚；建筑、结构、设备施工图纸本身及相互之间是否有错误和矛盾，施工图纸与说明之间有无矛盾，建筑结构、设备施工图纸的各部位尺寸、轴线位置、标高、预留孔洞及预埋件、大样图及做法说明有无错误和矛盾；施工图纸设计所选用的建筑材料来源有无保证，能否代换；施工图纸设计是否符合施工技术装备条件，施工技术上有无困难，能否保证施工质量和确保安全施工；地基处理方法是否合理，基础设计与工程地质和水文地质等条件是否一致，与地下原有的构筑物、管线之间有无矛盾；建设单位或项目代建单位、设计单位、监理单位、施工单位之间的协作、配合关系是否明确。

（2）编制施工预算

施工预算是根据施工合同价款、施工图纸、施工组织设计、施工定额等文件进行编制的建筑业企业内部经济文件，它直接受施工合同价款的控制，是施工项目开工前的一项重要的施工技术准备工作。施工预算是建筑业企业内部控制施工成本支出、考核用工、签发施工任务单，施工项目经理部进行经济核算、进行经济活动分析的依据。故在施工项目施工过程中，要按施工预算严格控制各项指标，以促进降低施工成本和提高施工项目管理水平。

（3）编制标后施工组织设计

标后施工组织设计是建筑业企业参与工程投标而中标取得施工任务后并在工程开工前，由施工项目经理主持并组织施工项目经理部有关人员编制的，是指导施工项目实施阶段管理的综合性文件。编制标后施工组织设计是施工项目开工前的一项重要的施工技术准备工作。

3. 施工现场准备

施工现场准备是施工准备工作的重点，主要是为施工项目的施工创造一切有利的施工条件。其主要内容包括：拆除障碍物、做好“三通一平”工作、做好测量放线工作、搭设临时设施。

（1）拆除障碍物

施工现场内已知一切地上、地下障碍物，都应在施工项目开工前拆除。这项工作一般是由建设单位负责来完成，但也有委托施工单位来完成的。如果由施工单位来完成施工现场拆除障碍物工作，一定要事先了解和掌握施工现场的具体情况，并在拆除前采取相应的措施后才可进行，以防止发生安全事故。

（2）做好“三通一平”工作

“三通一平”工作是在施工项目施工现场范围内，接通施工用水、用电、道路和平整场地的工作。

1）平整场地。施工现场障碍物拆除后，即可进行场地平整工作，一般是由建设单位负责完成，但也有委托施工单位来完成的。场地平整工作是根据建筑总平面图规定的设计标高，通过测量，计算出挖、填、外运土方工程量，设计土方平衡调配方案，确定平整场地的施工方案，组织人力和施工机械进行平整场地工作。

2）水通。施工现场的水通包括给水、排水、排污三个方面。施工用水包括生产、生活与消防用水，水源一般由建设单位负责申请办理，由专业公司进行施工，施工现场范围内的施工用水由施工单位负责，按施工平面图布置进行安排，尽量利用永久性给水线路，缩短管线以降低施工成本。施工现场的排水十分重要，尤其是在雨期，场地排水不畅，会影响到施工项目施工和运输的顺利进行。施工现场的污水排放，直接影响到城市的环境卫生，有些污水不能直接排放，需要进行处理以后才能排放，故做好施工现场的污水排放也是一项十分重要的工作。

3）电通。施工现场用电包括动力用电和照明用电两部分，电源一般由建设单位负责申请办理，由专业公司进行施工；施工现场范围内的施工用电由施工单位负责，按施工平面图布置进行安排，如供电能力不能满足施工用电需要，则施工单位应考虑在施工现场建立自备发电系统，以确保施工现场动力设备的正常运行。

4）路通。施工现场道路的布置主要解决运输和消防两个问题，一般由施工单位负责，按施工平面图布置进行安排，尽量利用原有道路及结合永久性道路，以降低施工成本。

（3）做好测量放线工作

测量放线是把施工图纸上设计好的建筑物、构筑物等测设到地面上或实物上，并用各种标志表现出来，如龙门桩、龙门板等，以作为施工的依据。施工时应根据建设单位提供的由规划部门给定的永久性坐标和高程，按建筑总平面图上的要求，进行施工现场控制网点的测量，妥善设立施工现场永久性标桩，为施工全过程的投测创造条件。在测量放线前，应校验和校正测量仪器，校核红线桩和水准点，制定切实可行的测量、放线方案。建筑物定位放线，一般通过施工图纸设计中平面控制轴线和高程来确定建筑物位置，测量放线并经自检合格后，提交建设单位或监理单位、主管部门进行验灰线，以保证定位放线的准确性。

（4）搭设临时设施

施工现场临时设施主要包括生产、生活、行政管理三方面，一般由施工单位负责，按施工平面布置进行安排。临时设施的建筑平面图及主要房屋结构图，都应报请城市规划、建委、市政、消防、交通、环保、卫生防疫等有关部门审查批准。临时设施的布置和搭设，应考虑使用方便、有利于施工、尽量合并搭建、符合安全防火等要求。

施工现场临时设施还包括“五牌一图”的设置等，“五牌一图”是指工程概况牌，管理人员及监督电话牌，安全生产牌，文明施工牌，消防防卫牌和施工现场平面布置图。

4. 资源准备

资源准备是施工准备工作中一项十分重要的准备工作，其内容主要包括：劳动组织准备、物资准备。

（1）劳动组织准备

劳动组织准备主要包括：施工组织机构建立，即建立施工项目经理部；组织精干的施工队伍，集结施工力量，组织劳动力进场；建立健全各项管理制度；向施工队组、工人进行施工组织设计、计划、技术、安全交底。施工项目能否按预定目标完成，很大程度上取决于参与施工项目管理人员的素质，这些人员的合理选择和配备，将直接影响到施工质量、施工安全、施工进度及施工成本，因此，劳动组织准备是施工项目开工施工准备工作的一项重要内容。

（2）物资准备

施工物资准备主要包括材料、构件和半成品及施工机具的准备，是保证施工项目施工生产正常顺利进行的物质基础，应根据施工进度计划、物资需要量计划，分别落实货源、安排运输和储备，及确定进场时间，使其能满足连续、均衡施工的要求。

5. 季节施工准备

建筑施工绝大部分工作是露天作业，受气候影响较大，因此，在雨期、冬期及夏季施工中，必须从实际情况出发，选择正确的方法，采取必要的措施，切实可行地做好季节施工准备工作十分重要。其内容主要包括：雨期施工准备、冬期施工准备、夏季施工准备。

（1）雨期施工准备

雨期施工准备主要包括：合理安排雨期施工内容；加强施工管理，做好雨期施工的安全教育；防洪排涝，做好现场排水工作；做好施工道路的维护，保证运输畅通；做好物资储存，满足连续、均衡施工的需要；做好施工机具设备的防护工作等。

（2）冬期施工准备

冬期施工准备主要包括：合理安排冬期施工内容；编制冬期施工方案；落实各种热源供应和管理；做好防冻保温工作；做好物资储存，满足连续、均衡施工的需要；加强安全教育，严防火灾发生等。

（3）夏季施工准备

夏季施工准备主要包括：编制夏季施工方案；做好防雷击装置的准备；做好防暑降温工作等。

2.1.2 施工准备工作计划的编制

为了落实各项施工准备工作，建立严格的施工准备工作责任制，明确分工，便于检查和监督施工准备工作的进展情况，保证施工项目开工和施工的正常顺利进行，必须根据各项施工准备工作的内容、要求、时间、负责单位和负责人，编制出施工准备工作计划。施工准备工作计划如表 2-2 所示。

施工准备工作计划表　　表 2-2

序号	施工准备工作名称	简要内容	施工准备工作要求	负责单位	负责人	起止时间		备　注
						×月×日	×月×日	

2.2 施工前的准备工作

2.2.1 施工许可证的办理

为了加强对建筑活动的监督管理，维护建筑市场秩序，保证建筑工程质量和安全，促进建筑业健康发展，《中华人民共和国建筑法》《建设工程质量管理条例》中对建筑工程施工都做出了明确规定：建筑工程必须申请领取施工许可证或按照国务院规定的权限和程序批准的开工报告，方可开工建设。

（1）施工许可证的办理范围

建筑工程开工前，建设单位应当按照国家有关规定向工程所在地县级以上人民政府建设行政主管部门申请领取施工许可证。按照国务院规定的权限和程序批准开工报告的建筑工程，不再领取施工许可证。抢险救灾工程可以不申请领取施工许可证。国务院建设行政主管部门确定的限额以下的小型工程，一般指工程投资总额在 50 万元以下的建筑工程，如临时性建筑、农民自建两层以下（含两层）住宅工程，可以不申请领取施工许可证。

（2）办理施工许可证应当具备的条件

申请领取施工许可证，应当具备以下条件：

1）已经办理该建筑工程用地批准手续；

2）在城市规划区的建筑工程，已经取得规划许可证；

3）需拆迁的，其拆迁进度符合施工要求；

4）已经确定建筑业企业；

5）有满足施工需要的施工图纸及技术资料；

6）有保证工程质量和安全的具体措施；

7）建设资金已经落实；

8）法律、行政法规规定的其他条件。

（3）办理施工许可证应当提交的材料

建筑工程具备开工条件后，建设单位应当向工程所在地县级以上人民政府建设行政主管部门领取《建筑工程施工许可证申请表》，在填写《建筑工程施工许可证申请表》后，根据办理施工许可证应当具备的条件，提交以下具体资料申请领取施工许可证：

1）建设工程用地许可证；

2）建设工程规划许可证；

3）拆迁许可证或施工现场具备的施工条件（一般应由建筑业企业主要负责人签署的建筑工程已经具备施工的条件，报发证机关审查）；

4）中标通知书、施工合同；

5）施工图纸及图审报告或审查意见，有关技术资料；

6）质量、安全监督手续；

7）资金保函或证明；

8）委托监理合同；

9）发证机关规定的其他必须提交的资料。

建设行政主管部门应当自收到申请之日起十五日内，对符合条件的申请，颁发施工许可证。

（4）施工许可证的管理

建设单位应当自领取施工许可证之日起三个月内开工建设。因故不能按期开工建设的，应当向发证机关申请延期；延期以两次为限，每次不超过三个月。既不开工又不申请延期或超过延期时限的，施工许可证自行废止。

在建的建筑工程因故中止施工的，建设单位应当自中止施工之日起一个月内，向发证机关报告，并按照规定做好建筑工程的维护管理工作。建筑工程恢复施工时，应当向发证机关报告；中止施工满一年的工程恢复施工前，建设单位应当报发证机关核验施工许可证。

按照国务院有关规定批准开工报告的建筑工程，因故不能按期开工或中止施工的，应当及时向批准机关报告情况。因故不能按期开工超过六个月的，应当重新办理开工报告的批准手续。

2.2.2 工地会议

（1）第一次工地会议

第一次工地会议是监理机构进场后，工程项目开工前，由建设单位主持组织召开的明确项目监理机构的职责、权力，以及项目监理机构向受监理单位明确监理工作程序及要点的第一次重要工地会议。

1）第一次工地会议的主要内容

① 建设单位、承包单位和监理单位分别介绍各自驻现场的组织机构、人员及其分工；

② 建设单位根据委托监理合同宣布对总监理工程师的授权；

③ 建设单位介绍工程开工准备情况；

④ 承包单位介绍施工准备情况；

⑤ 建设单位和总监理工程师对施工准备情况提出意见和要求；

⑥ 总监理工程师介绍监理规划的主要内容；

⑦ 研究确定各方在施工过程中参加工地例会的主要人员、召开例会周期、地点及主要议题。

2）第一次工地会议的参加人员

① 建设单位负责人、驻现场代表及有关职能部门人员；

② 承包单位项目经理及项目经理部有关职能人员，分包单位主要负责人；

③ 总监理工程师及项目监理机构主要人员；

④ 可邀请有关设计人员参加。

3）第一次工地会议纪要由项目监理机构负责起草，并经与会各方代表会签后送建设单位、承包单位等有关单位。

（2）工地例会

工地例会是在工程项目施工过程中，由总监理工程师主持定期组织召开的施工现场会议，是监理协调、督查的有效手段。总监理工程师应充分利用工地例会贯彻建设单位、监理单位的意图，及时把握工程现状，协调各方关系，解决存在的问题与分歧、统一认识。

1）工地例会的主要内容

① 检查上次工地例会议定事项的落实情况，分析未完事项原因；

② 承包单位的现场情况，由承包单位提供近期现场工作情况及在现场人员的出勤数量和机械设备数量，并报项目监理机构确认；

③ 施工进度方面，检查分析计划执行情况，进行实际进度与计划进度的比较，产生偏差的要分析原因，提出下一阶段施工进度及落实具体措施；

④ 技术方面，列出工程施工中亟待解决的技术问题，并由承包单位提出解决方案，项目监理机构对承包单位提出的方案进行审查，必要时邀请设计单位共同会商，由总监理工程师确认最终解决方案，或召开专题工地会议制定解决方案；

⑤ 施工质量方面，检查分析施工质量状况，项目监理机构指出施工中存在的质量问题，提出处理意见，督促承包单位针对存在的质量问题提出改进措施，并对下一步施工质量提出具体的要求；

⑥ 材料方面，就材料质量及使用中的问题进行讨论议定；

⑦ 协调方面，分析各单位配合协调是否脱节，并落实解决脱节的技术、资金、人员等各项措施；

⑧ 安全方面，通报施工安全情况，督促承包单位针对存在的安全隐患提出改进措施，并对下一步安全施工提出具体的要求；

⑨ 文明施工方面，根据标化等管理要求，项目监理机构对亟待解决的部位提出整改意见；

⑩ 工程进度款兑付方面，检查工程量核定工程款支付情况；

⑪ 其他有关事项。

2）工地例会参加人员

① 建设单位驻现场代表及有关职能部门人员；

② 承包单位项目经理及项目经理部有关职能人员；

③ 总监理工程师及项目监理机构主要人员；

④ 必要时建设单位负责人、承包单位负责人及有关设计人员参加。

3）工地例会纪要由项目监理机构编写，经与会各方代表会签后送建设单位、承包单位等有关单位。

（3）专题工地会议

专题工地会议是解决施工过程中的专门问题、重大问题而召开的会议。工程项目各主要参建单位均可向项目监理机构书面提出召开专题会议的提议，对施工过程中的专门问题、重大问题进行讨论、沟通、研究，统一认识，提出处理措施，制定解决方案。

专题工地会议由总监理工程师或被授权的监理工程师根据需要及时组织有关人员召开。专题工地会议纪要的形成过程与工地例会纪要的形成过程相同。

2.2.3 工程施工交底

(1) 工程施工交底的目的

工程施工交底的目的是在单位工程或分部分项工程正式施工前，使参与施工的有关管理人员、技术人员、工人对工程特点、设计意图、技术要求、施工工艺和应注意的问题等方面有较详细的了解，做到心中有数，以便精心安排计划和科学地组织施工，并使参与施工的人员在各自的工作范围内责任明确，加强管理，从而保证和提高工程质量。

(2) 工程施工交底的要求

工程施工交底是一项技术性很强的工作，是技术管理的一项重要制度，对保证和提高工程质量至关重要。整个工程项目施工，在各个分部分项工程施工前，均应作工程施工交底。工程施工交底必须满足施工规范、规程、工艺标准、质量检验评定标准以及设计单位、建设单位、监理单位等有关单位提出的合理要求。工程施工交底一般以书面形式进行，有签发人、审核人、接受人的签字，并作为施工技术资料保存，要列入工程技术档案。

(3) 工程施工交底的内容

1) 设计交底

由设计单位的设计人员向施工单位、监理单位交底，内容包括：

① 设计文件依据：上级批准文件，规划准备条件，人防要求，建设单位具体要求；

② 工程项目规划位置、地形、地貌、水文地质、工程地质、地震烈度；

③ 施工图设计依据：初步设计、扩大初步设计（技术）文件，市政部门要求，规划部门要求，公用部门要求，其他部门（如绿化、环卫、环保、卫生、交警等）要求，主要设计规范等；

④ 设计意图：设计思想，设计方案比较情况，建筑、结构、水暖、电、通信、有线电视（数字电视）等设计意图；

⑤ 施工时应注意事项：包括材料方面的特殊要求，施工工艺方面的特殊要求，工程质量的特殊要求，以及新结构、新工艺对施工的特殊要求。

2) 施工单位技术负责人向下级技术负责人交底

施工单位技术负责人向下级技术负责人交底的内容主要包括：

① 工程概况交底；

② 工程特点及设计意图；

③ 施工方案；

④ 施工准备工作要求；

⑤ 施工注意事项：包括地基处理、基础工程、主体结构工程、屋面工程、装饰工程施工的注意事项，以及质量、工期、安全、环境保护等的注意事项。

3) 施工项目技术负责人对工长、班组长的交底主要按分部分项工程进行，主要内容包括：

① 设计图纸的具体要求，使用的规范、规程、工艺标准；

② 施工方案实施的具体措施及施工方法；

③ 各工种之间的协作与工序交接质量检查，土建和其他专业交叉作业的协作配合关系及注意事项；

④ 施工质量标准及检验方法，隐蔽工程验收、施工预检、结构工程中间验收、分部分项工程验收记录，验收时间，成品保护项目、办法与制度；

⑤ 施工安全、环境保护等技术组织措施。

4）工长向班组长的交底

工长向班组长的交底主要利用下达施工任务书的时候进行分项工程操作的技术交底。

2.2.4 开工报告报审

工程项目开工实行开工报告制度，不具备工程开工条件，没有办理开工报告的工程项目，不得开工。

（1）审查开工条件

工程项目开工前，总监理工程师应组织专业监理工程师对开工条件进行全面审查。审查的内容主要是建设单位提供的基础资料和准备工作、施工单位提供的基础资料和准备工作、监理单位准备工作。工程项目开工条件审查可按表 2-3 进行。

工程项目开工审查 **表 2-3**

工程名称： 编号：

开工条件		监理审查	开工条件		监理审查
建设单位提供的基础资料和准备工作	设计施工图（编号）		施工单位提供的基础资料和准备工作	施工组织设计报审（编号）	
	工程地质报告（编号）			基础工程施工方案报审（编号）	
	规划许可证（复印件）			基础工程施工进度计划报审（编号）	
	施工许可证（复印件）			工程分包资质报审（编号）	
	工程设计审查报告、审查批准书（编号）			工程分包合同（编号）	
	质监委托书（编号）			总、分包单位营业执照、资质证书（复印件）	
	灰线验收合格证（编号）			总、分包单位管理人员、特种人员岗位证书（复印件）	
	招投标文件（编号）			安监委托书（编号）	
	施工合同（编号）			排污许可证（编号）	
	地下管线现状分布图			消防、治安手续	
	图纸会审纪要（编号）			夜间施工许可证（复印件）	
	水准点、坐标点原始资料			主要进场机械报审（编号）	
	“三通一平”完成情况			主要施工材料/构配件/设备申报（编号）	
	业主驻工地代表授权书			工程测量放线报验（编号）	
监理单位准备工作	监理规划			试桩记录	
	监理细则			主要施工人员已进场	
	第一次工地会议纪要			施工临时设施基本具备	
	监理人员已进场			安全措施制定落实	
	监理办公条件具备			开工报告已提交	

（2）开工报告和开工报审表

工程项目开工条件经项目经理机构审查通过后，施工单位向项目监理机构报送工程开工报告、工程开工报审表、证明文件等，由总监理工程师签发，并报送建设单位批准后方可开工。开工报告可按表 2-4、工程开工/复工报审表可按表 2-5 进行。

开工报告 **表 2-4**

<table>
<tr><td>工程名称</td><td></td><td colspan="2">建设单位</td><td></td><td>监理单位</td><td></td></tr>
<tr><td>工程地点</td><td></td><td colspan="2">勘查单位</td><td></td><td>建筑面积</td><td></td></tr>
<tr><td>工程批准文号</td><td></td><td colspan="2">设计单位</td><td></td><td>结构类型</td><td></td></tr>
<tr><td>工程造价</td><td></td><td colspan="2">施工单位</td><td></td><td>层数</td><td></td></tr>
<tr><td>计划开工日期</td><td>年 月 日</td><td rowspan="5">施工准备情况</td><td colspan="4">施工图纸会审情况</td></tr>
<tr><td>计划竣工日期</td><td>年 月 日</td><td colspan="4">施工组织设计编审情况</td></tr>
<tr><td>实际开工日期</td><td>年 月 日</td><td colspan="4">主要物资准备情况</td></tr>
<tr><td>合同工期</td><td></td><td colspan="4">施工队伍进场情况</td></tr>
<tr><td>合同编号</td><td></td><td colspan="4">工程预算编制情况</td></tr>
<tr><td rowspan="2">审核意见</td><td>建设单位</td><td colspan="3">监理单位</td><td>建筑业企业</td><td>施工项目经理部</td></tr>
<tr><td>负责人 盖章
年 月 日</td><td colspan="3">负责人 盖章
年 月 日</td><td>负责人 盖章
年 月 日</td><td>负责人 盖章
年 月 日</td></tr>
</table>

工程开工/复工报审表 **表 2-5**

工程名称： 编号：

致：

我方承担的______________工程，已完成了以下各项工作，具备了开工/复工条件，特此申请施工，请核查并签发开工/复工指令。

附：1. 开工报告

2.（证明文件）

承包单位（章）______________

项 目 经 理______________

日 期______________

审查意见：

项目监理机构（章）______________

总监理工程师______________

日 期______________

施工组织设计

3.1 施工组织设计案例

3.1.1 工程概况

本工程是集现代管理和先进技术装备于一体的智能型建筑，位于省府所在地。东临将军路，西遥市府大院，南对科协办公楼，北接中医院。

1. 工程设计情况

本工程由主楼和辅房两部分组成，建筑面积 13779m^2，投资五千多万元。主楼为 9 层、11 层、局部 12 层。坐北朝南，南侧有突出的门厅；东侧辅房是 3 层的沿街餐厅、轿车库和门卫用房，与主楼垂直衔接；主楼地下室是人防、500t 水池和机房；广场硬地下是地下车库；北面是消防通道；南面是 7m 宽的规划道路及主要出入口。室内±0.00，相当于黄海高程 4.7m。现场地面平均高程约 3.7m。

主楼是 7 度抗震设防的框架剪力墙结构，柱网分 7.2m×5.4m、7.2m×5.7m 两种；ϕ800、ϕ1100、ϕ1200 大孔径钻孔灌注桩基础，混凝土强度等级 C25；地下室底板厚 600mm，外围墙厚 400mm，层高有 3.45m 和 4.05m；一层层高有 2.10m、2.60m、3.50m。标准层层高 3.30m，11 层层高 5.00m；外围框架墙用混凝土小型砌块填充，内框架墙用轻质泰柏板分隔；楼、屋面板除现浇混凝土外，其余均采用预应力薄板上现浇厚度不同的钢筋混凝土的叠合板。辅房采用 ϕ500 水泥搅拌桩复合地基，于主楼衔接处，设宽 150mm 沉降缝。

设备情况：给水排水、消防、电气均按一类高层建筑设计，水源采用了市政和省府行政二路供水，二个消防给水系统，大楼采用顶喷、侧喷和地下室满堂喷方式的自动喷淋系统；双向电源供电，配变电所设在主楼底层；冷暖两用中央空调；接地、防雷利用基础主筋并与大楼接地系统融为一体。

室外管线：水源从东北和西南角，分别从市政给水管和省府行政供水管接入，同雨水管一样绕建筑四周埋设。污水管经化粪池沿北侧东西向敷设。雨水、污水均在东北角引入市政管道网。

2. 工程特点

（1）本工程选用了大量轻质高强、性能好的新型材料，装饰上粗犷、大方和细腻相结合，手法恰到好处，表现了不同的质感和风韵。

（2）地基处于含水量大、力学性能差的淤泥质黏土层，且下卧持力层较深；基坑的支护处于淤泥质黏土层中，这将使基坑支护的难度和费用增加，加上地下室的占地面积大范围广，导致施工场地狭窄，难以展开施工。

（3）主要实物量：钻孔灌注桩 2521m^3，水泥搅拌桩 192m^3，围护设施 250 延米，防水混凝土 1928m³，现浇混凝土 3662m³，屋面 1706m²，叠合板 12164m²，门窗 1571m²，填充墙 10259m²，吊顶 3018m²，楼地面 16220m²。

3. 施工条件分析

（1）施工工期目标：

合同工期 580 天，比国家定额工期（900 天），提前 35.6%。

（2）施工质量目标：

工程质量合格，确保市级优质工程，争创省级优质工程。

（3）施工力量及施工机械配置：

本工程属省重点工程，它的外形及内部结构复杂，技术要求高，工期紧。因此如何使人、材、机在时间空间上得到合理安排，以达到保质、保量、安全、如期地完成施工任务，是这个工程施工的难点，为此采取以下措施：

1）公司成立重点工程领导小组，由分公司经理任组长，每星期开一次生产调度会，及时解决进度、资金、质量、技术、安全等问题。

2）实行项目法施工，从工区抽调强有力的技术骨干组成项目管理班子和施工班组。

① 项目管理班子主要成员名单见表 2-6。

项目管理班子主要成员名单　　　表 2-6

岗位	姓名	职称
项目经理	王李阳	工程师
技术负责人	吴了高	高级工程师
土建施工员	徐上林	工程师
水电施工员	姚由及	高级工程师
质安员	许容位	工程师
材料员	王其当	助理工程师
暖通施工员	储本任	工程师

② 劳动力配置详见劳动力计划表见表 2-8。

分公司保证基本人员 100 人，各个技术岗位关键班组均派本公司人员负责，其余劳动力缺口，从江西和四川调集，劳务合同已经签订。

③ 做好施工准备以早日开工。

3.1.2 施工方案

1. 总体安排

本工程是一项综合性强、功能多，建筑装饰和设备安装要求较高，按一类建筑设计的项目。因此承担此项任务时，我们调配了一批年富力强、经验丰富的施工管理人员组成现场管理班子，周密计划、科学安排、严格管理、精心组织施工，安排好各专业工种的配合和交叉流水作业；同时组织一大批操作技能熟练、素质高的专业技术工人，发扬求实、创新、团结、拼搏的企业精神；公司优先调配施工机械器具，积极引进新技术、新装备和新工艺，以满足施工需要。

2. 施工顺序

本工程施工场地狭窄，地基上还残留着老基础及其他障碍物，因此应及时清除，并插入基坑支护及塔式起重机基础处理的加固措施，积极拓宽工作面，以减少窝工和返工损失，从而加快工程进度缩短工期。

（1）施工阶段的划分：

工程分为基础、主体、装修、设备安装和调试工程四个阶段。

（2）施工段的划分：

基础、主体主楼工程分两段施工，辅房单列不分段。

3. 主要项目施工顺序、方法及措施

（1）钻孔灌注桩：

本工程地下水位高，在地表以下 0.15～1.19m 之间，大都在 0.60m 左右。地表以下除 2m 左右的填土和 1～2m 的粉质黏土外，以下均为淤泥质土壤，天然含水量大，持力层设在风化的凝灰岩上。选用 GZQ-800GC～1250 潜水电钻成孔机，泥浆护壁，其顺序从左至右进行。

1）工艺流程：

定桩位→埋设护筒→钻机就位→钻头对准桩心地面→空转→钻入土中泥浆护壁成孔→清孔→钢筋笼→下导管→二次清孔→灌筑水下混凝土→水中养护成桩。

现场机械搅拌混凝土，骨料最大粒径 4cm，强度等级 C25，掺用减水剂，坍落度控制在 18cm 左右，钢筋笼用液压式吊机从组装台分段吊运至桩位，先将下段挂在孔内，吊高第二段进行焊接、逐段焊接逐段放下，混凝土用机动翻斗车或吊机吊运至灌注桩位，以加快施工速度。浇筑高度控制在-3.4m 左右，保证凿除浮浆后，满足桩顶标高和质量要求，同时减少凿桩量和混凝土耗用。

2）主要技术措施：

① 笼式钻头进入凝灰岩持力层深度不小于 500mm，对于淤泥质土层最大钻进速度不超过 1m/min。

② 严格控制桩孔、钢筋笼的垂直度和混凝土浇筑高度。

③ 混凝土连续浇筑，严禁导管底端提出混凝土面。浇筑完毕后封闭桩孔。

④ 成孔过程中勤测泥浆比重，泥浆相对密度保持在 1.15 左右。

⑤ 当发现缩颈、坍孔或钻孔倾斜时，采用相应的有效纠偏措施。

⑥ 按规定或建设、设计单位意见进行静载和动测试验。

（2）土方开挖：

1）基坑支护。

基坑支护采用水泥搅拌桩，深 7.5m，两桩搭接 10cm，沿基坑外围封闭布置。

2）挖土方法。

地下室土方开挖，采用 W1-100 型反铲挖土机与人工整修相结合的方法进行。根据弃土场的距离，组织相应数量的自卸式汽车外运。

3）排水措施。

基底集水坑，挖至开挖标高以下 1.2m，四周用水泥砂浆、砖砌筑，潜水泵排水，用橡胶水管引入市政雨水井内，疏通四周地面水沟，排水入雨水井内，避免地表水顺着围护流入基坑。

4）其他事项。

机械挖土容易损坏桩体和外露钢筋，开挖时事先作好桩位标志，采用小斗开挖，并留 40cm 的土，用人工整修至开挖深度。汽车在松土上行驶时，应事先铺 30cm 以上塘渣。

（3）地下室防水混凝土。

1）地基土。

地下室筏式板基下卧在淤泥质黏土层上，天然含水量为29.6%，承载力140kPa，地下水位高。

2）设计概况。

筏式板基分为两大块，一块车库部分，面积$1115m^2$，另一块$1308m^2$，为水池、泵房、进风、排烟机房，板厚600mm。两块之间设沉降缝彼此隔开。地下室外墙厚350～400mm，内墙300～350mm，兼有承重、围护抵御土主动压力和防渗的功能。

3）防水混凝土的施工。

① 施工顺序及施工缝位置的确定。

按平面布置特点分为两个施工段，每一施工段的筏式板基连续施工，不留施工缝，在板与外墙交界线以上200mm高度，设置水平施工缝，采用钢板止水带，S6抗渗混凝土并掺UEA浇捣。

② 采用商品混凝土，提高混凝土密实度。

A. 增加混凝土的密实度，是提高混凝土抗渗的关键所在，除采取必需的技术措施以外，施工前还应对振捣工进行技术交底，增强质量意识。

B. 保证防水混凝土组成材料的质量：水泥—使用质量稳定的生产厂商提供的水泥；石子—采用粒径小于40mm，强度高且具有连续级配，含泥量少于1%的石子；砂—采用中粗砂。

C. 掺用水泥用量5%～7%的粉煤灰，0.15%～0.3%的减水剂，5%的UEA。

D. 根据施工需要，采用的特殊防水措施：预埋套管支撑；止水环对拉螺栓；钢板止水带；预埋件防水装置；适宜的沉降缝。

（4）结构混凝土：

1）模板。

本工程主楼现浇混凝土主要有地下室、水池防水混凝土，现浇混凝土框架、电梯井剪力墙及部分楼地面，工程量大、工期紧、模板周转快的特点，拟定选用早拆型钢木竹结构体系模板为主，组合钢模和木模板为辅的模板体系。

2）细部结构模板。

为了提高细部工程（梁板之间、梁柱之间、梁墙之间）的质量，达到顺直、方正、平滑连接的要求。在以上部位，采用附加特殊加工的铁皮，详细见《铁皮在现浇混凝土工程中的妙用》一文，同时改进预埋件的预埋工艺。

3）抗震拉筋。

本工程为7度一级抗震设防，根据抗震设计规范，选用拉筋预埋件专用模板，见《改进预埋拉筋的几种方法》一文。

4）垂直运输。

垂直运输选用QTZ40C自升式塔式起重机，塔身截面1.4m×1.4m，底座3.8m×3.8m，节距2.5m，附着式架设于电梯井北侧，最大起升高度120m，最大起重量4t，最大幅度42m，最大幅度时起重量0.965t，本工程在8m、17m、24m、31m标高处附着在主楼结构部位。

同时搭设SCD120施工升降机一台，八立柱扣件式钢管井架两台于主楼南侧，作小型工具、材料的垂直运输，其位置见施工现场布置平面图。

5）钢筋。

① 材料——选用正规厂家生产的钢材。钢材进场时有出厂合格证或试验报告单，检验其外观质量和标牌，进场后根据检验标准进行复试，合格后加工成型。

② 加工方法——采用机械调直切断，机械和人工弯曲成型相结合。

③ 钢筋接头——采用 UN100、100kVA 对焊机、电渣压力焊，局部采用交流电弧焊。

6）施工缝及沉降缝：

① 地下室筏式底板——施工缝设在距底板上表面 200mm 高度处。每个施工段内的底板及板上 200mm 高度以内的围护墙和内隔墙（约 $700m^3$），均一次性纵向推进，连续分层浇筑。

② 地下围护墙——一次浇筑高度为 3.0～3.3m，外墙实物量约 $1321m^3$，内墙实物量 24～$30m^3$，分四个作业面分层连续浇筑。水池壁一次成型。

③ 框架柱——在楼面和梁底设水平施工缝。为保证柱的正确位置，减少偏移，在各柱的楼板面标高处，用预埋钢筋方法，固定柱子模板。

④ 现浇楼板——叠合板的现浇部分混凝土，单向平行推进。

⑤ 剪力墙——水平施工缝按结构层留置，一般不设垂直施工缝，遇特殊情况，在门窗洞口的 1/3 处，或纵横墙交接处设垂直施工缝。

⑥ 施工缝的处理——在施工缝处继续浇筑混凝土时，已浇筑的混凝土抗压强度不应小于 $1.2N/mm^2$，同时需经以下方法处理：

A. 清除垃圾、表面松动砂石和软弱混凝土，并加以凿毛，用压力水冲洗干净并充分湿润，清除表面积水。

B. 在浇筑前，水平施工缝先铺上 15～20mm 厚的水泥砂浆，其配合比与混凝土内的砂浆成分相同。

C. 受动力作用的设备基础和防水混凝土结构的施工缝应采取相适宜的附加措施。

7）混凝土浇筑、拆模、养护：

① 浇筑——浇筑前应清除杂物、游离水。防水混凝土倾落高度不超过 1.5m，普通混凝土倾落高度不超过 2m。分层浇筑厚度控制在 300～400mm 之间，后层混凝土应在前层混凝土浇筑后 2h 以内进行。根据结构截面尺寸、钢筋密集程度分别采用不同直径的插入式振动棒，平板式、附着式振动机械，地下室、楼面混凝土采用混凝土抹光机（HM—69）HZJ—40 真空吸水技术，降低水灰比，增加密实度，提高早期强度。

② 拆模——防水混凝土模板的拆除应在防水混凝土强度超过设计强度等级的 70%以后进行。混凝土表面与环境温差不超过 15℃，以防止混凝土表面产生裂缝。

③ 养护——根据季节环境、混凝土特性，采用薄膜覆盖、草包覆盖、浇水养护等多种方法。养护时间：防水混凝土在混凝土浇筑后 4～6h 进行正常养护，持续时间不小于 14d，普通混凝土养护时间不小于 7d。

8）小型砌块填充墙：

本工程砌体分细石混凝土小型砌块外墙与泰柏板内墙（由厂家安装）两种。

细石混凝土小型砌块，砌体施工按《砌块工程施工规程》进行，其工艺流程如图 2-2 所示。

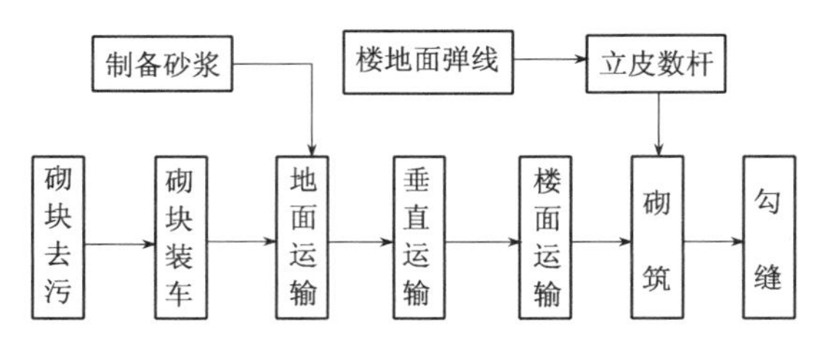

图 2-2 工艺流程

施工要点：

① 砌块排列——必须根据砌块尺寸和垂直灰缝宽度、水平灰缝厚度计算砌块砌筑皮数和排数，框架梁下和错缝不足一个砌块时，应用砖块或实心辅助砌块楔紧。

② 上下皮砌块应孔对孔、肋对肋、错缝搭砌。

③ 对设计规定或施工所需要的孔洞口、管道、沟槽和预埋件或脚手眼等，应在砌筑时预留、预埋或将砌块孔洞朝内侧砌。不得在砌筑好后的砌体上打洞、凿槽。

④ 砌块一般不需浇水，砌体顶部要覆盖防雨，每天砌筑高度不超过 1.8m。

⑤ 框架柱的 2ϕ6 拉筋，应埋入砌体内不小于 60cm。

⑥ 砌筑时应底面朝上砌筑，灰缝宽（厚）度 8～12mm，水平灰缝的砂浆饱满度不小于90%，垂直灰缝的砂浆饱满度不小于 80%。

⑦ 砂浆稠度控制在 5～7cm 之间，加入减水剂，在 4h 以内使用完毕。

⑧ 其他措施：

砌块到场后应按有关规定作质量、外观检验，并附有 28d 强度试验报告，并按规定抽样。

（5）主体施工阶段施工测量：

使用 S3 水准仪进行高程传递，实行闭合测设路线进行水准测量，埋设施工用水准基点，供工程沉降观测，楼房高程传递，使用进口的 GTS-301 全站电子速测仪进行主轴线检测。

1）水准基点，主轴线控制的埋设：

水准基点，在建筑物的四角埋设四点；沉降观测点埋设于有特性意义的框架柱±0.000～0.200 处；平面控制点拟定在 1、15 轴和 A、J 轴的南侧、西侧延长线上布设，形成测量控制网。沉降点构造按规范设置。

2）楼层高程传递，楼层施工用高程控制点分别设于三道楼梯平台上，上下楼层的六个水准控制点，测设时采用闭合双路线。

（6）珍珠岩隔热保温层、SBS 屋面：

1）珍珠岩保温层，待屋面承重层具备施工强度后，按水泥∶膨胀珍珠岩 1∶2 左右的比例加适当的水配制而成，稠度以外观松散，手捏成团不散，只能挤出少量水泥浆为宜，本工程以人工抹灰法进行。

2）施工要点：

① 基层表面事先应洒水湿润。

② 保温层平面铺设，分仓进行，铺设厚度为设计厚度的 1.3 倍，刮平轻度拍实、抹平，其平整度用 2m 直尺检查，预埋通气孔。

③ 在保温层上先抹一层 7～10mm 厚的 1∶2.5 水泥砂浆，养护一周后铺设 SBS 卷材。

④ SBS 卷材施工选用 FL-5 型胶粘剂，再用明火烘烤铺帖。

⑤ 开卷清除卷材表面隔离物后，先在天沟、烟道口、水落口等薄弱环节处涂刷胶粘剂，铺贴一层附加层。再按卷材尺寸从底处向高处分块弹线，弹线时应保证有 10cm 的重叠尺寸。

⑥ 涂刷胶粘剂厚薄要一致，待内含溶剂挥发后开始铺贴 SBS 卷材。

⑦ 铺贴采用明火烘烤推滚法，用圆辊筒滚平压紧，排除其间空气，消除皱折。

（7）装修：

当楼面采用叠合式现浇板时，内装修可视天气情况与主体结构交替插入，以促进提前竣工，当提前插入装修时，施工层以上必须达到防水要求和足够的强度。

1）施工顺序，总体上应遵循先屋面，后楼层，自上而下的原则。

① 按使用功能——自然间→走道→楼梯间。

② 按自然间——顶棚→墙面→楼地面。

③ 按装修分类——一级抹灰→装饰抹灰→油漆、涂料、裱糊、玻璃→专业装修。

④ 按操作工艺——在基层符合要求后，阴阳找方→设置标筋→分层赶平→面层→修整→表面压光。要求表面光滑、洁净、色泽均匀，线角平直、清晰，美观无抹纹。

2）施工准备及基层处理要求：

① 除了对机具、材料作出进出场计划外，还要根据设计和现场特点，编制具体的分项工程施工方案，制定具体的操作工艺和施工方法，进行技术交底，搞好样板房的施工。

② 对结构工程以及配合工种进行检查，对门窗洞口尺寸、标高、位置、顶棚、墙面、预埋件、现浇构件的平整度着重检查核对，及时作好相应的弥补或整修。

③ 检查水管、电线、配电设施是否安装齐全，对水暖管道作好压力试验。

④ 对已安装的门窗框，采取成品保护措施。

⑤ 砌体和混凝土表面凹凸大的部位应凿平或用 1：3 水泥砂浆补齐；太光的要凿毛或用界面剂涂刷；表面有砂浆、油渍污垢等应清除干净（油、污严重时，用 10％碱水洗刷），并浇水湿润。

⑥ 门窗框与立墙接触处用水泥砂浆或混合砂浆（加少量麻刀）嵌填密实，外墙部位打发泡剂。

⑦ 水、暖、通风管道口通过的墙孔和楼板洞，必须用混凝土或 1：3 水泥砂浆堵严。

⑧ 不同基层材料（如砌块与混凝土）交接处应铺金属网，搭接宽度不得小于 10cm。

⑨ 预制板顶棚抹灰前用 1：0.3：3 水泥石灰砂浆将板缝勾实。

3.1.3 施工进度

（1）施工进度计划：

根据各阶段进度绘制施工进度控制网络，见图 2-3。

（2）施工准备：

1）调查研究有关的工程、水文地质资料和地下障碍物，清除地下障碍物。

2）定位放样，设置必要的测量标志，建立测量控制网。

3）钻孔灌注桩施工的同时，插入基坑支护、塔式起重机基础加固，作好施工现场道路及明沟排水工作。

4）根据建设单位已经接通的水、电源，按桩基、地下室和主体结构阶段的施工要求延伸水、电管线。

5）临时设施，见表 2-7。主体施工阶段，即施工高峰期，除了利用部分应予拆除，可暂缓拆除的旧房作临设外，还可利用建好的地下室作职工临时宿舍。

临设一览表 **表 2-7**

名　称	计算量	结构形式	建筑面积（m^2）	备　注
钢筋加工棚	40 人	敞开式竹（钢）结构	24×5＝120	$3m^2$/人在旧房加宽
木工加工棚	60 人	敞开式竹（钢）结构	24×5＝120	$2m^2$/人
职工宿舍	200 人	二层装配式活动房	6×3×10×2＝360	双层床统铺
职工食堂	200 人	利用旧房屋加设砖混工棚	12×5＝60	
办公室	23 人	二层装配式活动房	6×3×6×2＝216	
拌合机棚	2 台	敞开钢棚	12×7＝84	
厕所		利用现有旧厕所	4×5×2＝40	高峰期另行设置
水泥散装库	20t×2	成品购入	用地 2.5×2.5×2＝12.5	

6）按地质资料、施工图，作好施工准备；根据施工进程及时调整相应的施工方案。

7）劳动力调度，各主要阶段的劳动力计划用量见表2-8。

劳动力计划表　　表2-8

专业工种	基础		主体		装修	
	人数	班组	人数	班组	人数	班组
木工	43	2	77	4	20	1
钢筋工	24	1	40	2		
泥工（混凝土）	37	2	55	2		
（瓦工）					24	1
（抹灰）					56	3
架子工	4	1	12	1		
土建电工	2	1	4	1	2	
油漆工					18	1
其他	3	1	6		3	
小计	113		194		123	

注：表中砌体工程列入装修。

8）主要施工机具见表2-9。

主要施工机具一览表　　表2-9

序号	机具名称	规格型号	单位	数量	备注
1	潜水钻孔打桩机	电动式30×2kW	台	1	备ϕ800、ϕ1000、ϕ1100钻头
2	泥浆泵（灰浆泵）	直接作用式HB6-3	台	1	
3	污水泵		台	1	备用
4	砂石泵	与钻机配套	台	1	泵举反循环排渣时
5	单斗挖掘机	W1-60、W2-100	台	1	地下室掘土
6	自卸汽车	QD351或QD352	辆	另行组合	根据弃土运距实际组合
7	水泥搅拌机	JZC350	台	2	
8	履带吊或汽车吊	W1-50型或QL3-16	台	2	吊钢筋笼
9	附着式塔吊	QTZ40C	台	1	
10	钢筋对焊机	UN100（100kVA）	台	1	
11	钢筋调直机	GT4-1A	台	1	
12	钢筋切割机	GQ40	台	1	
13	单头水泥搅拌桩机		台	2	用于围护桩
14	钢筋弯曲机	GW32	台	1	
15	剪板机	Q1-2020×2000	台	1	
16	交流电焊机	BS1-330　21kVA	台	1	
17	交流电焊机	轻型	台	2	
18	插入式振动机	V30. V-38. V48. V60	台	7	其中V-48四台
19	平板式振动机		台	2	
20	真空吸水机	ZF15、ZF22	台	1	
21	混凝土抹光机	HZJ-40	台	1	
22	潜水泵	扬20m、153m^3/h	台	3	备用1台
23	蛙式打夯机	HW60	台	2	
24	压刨	MB403　B300mm	台	1	
25	木工平刨	M506　B600mm	台	2	
26	圆盘锯	MJ225Φ500，Φ300	台	2	
27	多用木工车床		台	1	
28	弯管机	W27-60	台	1	

续表

序号	机具名称	规格型号	单位	数量	备注
29	手提式冲击钻	BCSZ、SB4502	台	5	
30	钢管	ϕ48	吨	110	挑脚手 50t，安全网 10t，支撑 100t
31	井架（含卷扬机）	3.5×27.5kW	台	2	
32	人力车	100kg	辆	20	
33	安全网	10cm×10cm 目，宽 3m	m^2	2000	
34	钢木竹楼板模板体系	早拆型	m^2	2400	
35	安全围护	宽幅编织布	m	2000	
36	竹脚手片	800×1200	片	2500	
37	电渣压力焊	14kW	台	1	
38	灰浆搅拌机	UJZ-2003m^2/h	台	2	
39	混凝土搅拌机	350L	台	1	

9）材料供应计划见表 2-10。

材料供应计划表 **表 2-10**

材料名称	数量（t）	其中：桩基工程（t）	基础、地下室、主体及装修（t）
42.5 硅酸盐水泥	6100	710	5390
钢筋	1006	78	928
其中：ϕ6	105	20	85
ϕ8	33	15	18
ϕ10	123		123
ϕ12	84		84
ϕ14	22	15.8	6.2
ϕ16	225		225
ϕ18	129	13.1	115.9
ϕ20	132	29	103
ϕ22	98		98
ϕ24	55		55

注：
1. 表列两种材料不包括支护及其他施工技术措施耗用量。
2. 桩基工程两种材料，水泥在开工前一个月提供样品 20t，开工前 5 天后陆续进场，钢筋在开工前 10 天进场。
3. 基础地下室工程两种材料，水泥开工后第 40 天陆续进场，钢筋在开工后陆续进场。
4. 主体、装修工程两种材料，开工后按提前编制的供应计划组织进场。

3.1.4 施工平面布置图

（1）施工用电。

施工机械及照明用电的测算，建设单位应向施工单位提供 315kVA 的配电变压器，用电量规格为 380/220V（导线布置详见施工平面布置图）。

（2）施工用水。

根据用水量的计算，施工用水和生活用水之和小于消防用水（10L/s），由于占地面积小于 5hm^2，供水管流速为 1.5m/s。

$$\text{故总管管径：}\quad D=\sqrt{\frac{4000Q}{\pi V}}=\sqrt{\frac{4000\times 1.1\times 10}{\pi\times 1.5}}=97\text{mm}$$

选取 100mm 的铸铁管，分管采用镀锌 4 分管，布置详见施工布置图（图 2-4）。

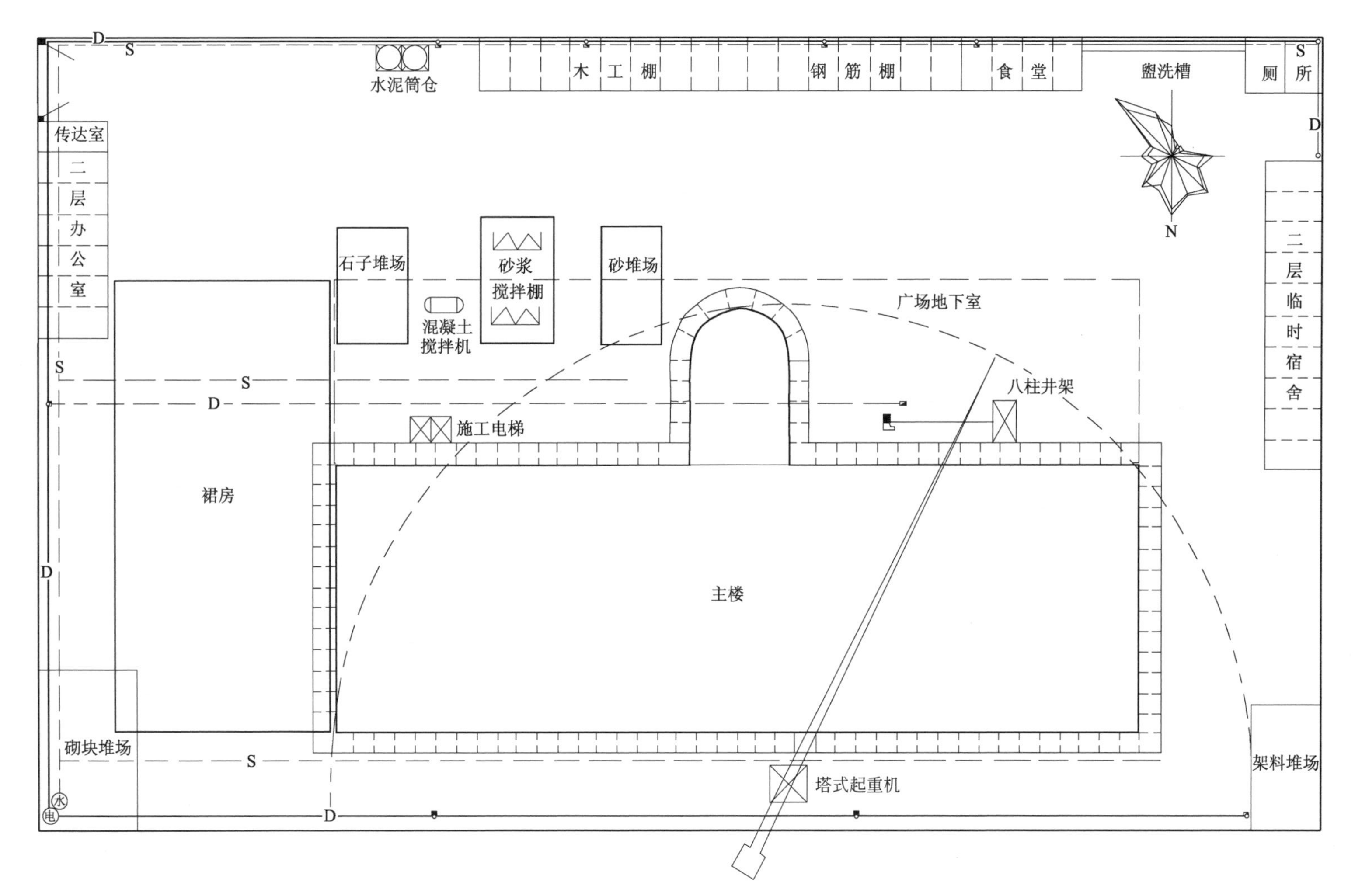

图 2-4 某工程施工现场平面布置图

（3）临时设施。

有关班组提前进入现场严格按平面布置要求搭设临时设施。

（4）施工平面布置。

因所需材料量大、品种多，所需劳动力数量大、技术力量要求高，为此需有相应的临时堆场及临时设施。由于施工场地比较小，这就要求整个施工平面布置紧凑、合理，做到互不干扰，力求节约用地、方便施工，且分施工阶段布置平面。办公室、工人临时生活用房采用双层活动房，待地下室及一层建好后逐步移入室内（改变平面布置以腾出裙房施工用地），从而也增加回转场地（临时设施详见临设一览表及施工平面布置图）。

（5）交通运输情况。

本工程位于将军路，属市内主要交通要道，经常发生交通堵塞，故白天尽可能运输一些小型构件，一些长、大、重的构件宜放在晚上运输，并与交警联系派一警员维持进场入口处的交通秩序。特别是在打桩阶段，废泥浆的外运必须在晚上进行，泥浆车密封性一定要好，以防止泥浆外漏污染路面，如有污染应做好道路的冲洗工作，确保全国卫生城市和环保模范城市的形象。场内运输采用永久性道路。

3.1.5 工程技术、质量、安全、文明施工和降低成本措施

（1）雨期冬期施工措施：

工程所在地年降水总量达1223.9mm，日最大暴雨量达189.3mm，时最大暴雨量达59.2mm，冬季平均温度小于等于5℃，延续时间达55天。为此设气象预报情报人员一名，与气象台站建立正常联系，作好季节性施工的参谋。

1）雨期施工措施：

① 施工现场按规划作好排水管沟工程，及时排除地面雨水。

② 地下室土方开挖时按规划作好地下集水设施，配备排水机械和管道，引水入市政排水井，保证地下室土方开挖和地下室防水混凝土正常施工。

③ 备置一定数量的覆盖物品，保证尚未终凝的混凝土不被雨水冲淋。

④ 作好塔式起重机、井架、电机等的接地接零及防雷装置。

⑤ 作好脚手架、通道的防滑工作。

2）冬期施工措施：

根据本工程进度计划，部分主体结构屋面工程和外墙装修期间将进入冬期施工阶段。

① 主体、屋面工程一掌握气象变化趋势抓住有利的时机进行施工。

② 钢筋焊接应在室内避雨雪进行，焊后的接头严禁立刻碰到水、冰、雪。

③ 闪光对焊、电渣压力焊应及时调整焊接参数，接头的焊渣应延缓数分钟后打渣。

④ 搅拌混凝土禁止用有雪或冰块的水拌合。

⑤ 掺入既防冻又有早强作用的外加剂，如硝酸钙等。

⑥ 预备一定量的早强型水泥和保温覆盖材料。

⑦ 外墙抹灰采用冷作业法，在砂浆中掺入亚硝酸钠或漂白粉等化学附加剂。

（2）工程质量保证措施：

1）加强技术管理，认真贯彻各项技术管理制度；落实好各级人员岗位责任制，做好技术交

底，认真检查执行情况；积极开展全面质量管理活动，认真进行工程质量检验和评定，做好技术档案管理工作。

2）认真进行原材料检验。进场钢材、水泥、砌块、混凝土、预制板、焊条等建筑材料，必须提供质量保证书或出厂合格证，并按规定做好抽样检验；各种强度等级的混凝土，要认真做好配合比试验；施工中按规定制作混凝土试块。

3）加强材料管理。建立工、料消耗台账，实行“当日领料、当日记载、月底结账”制度；对高级装饰材料，实行“专人检验、专人保管、限额领料、按时结算”制度；未经检验，不得用于工程。

4）对外加工材料、外分包工程，认真贯彻质量检验制度，进行质量监督，发现问题及时整改，实行质量奖罚措施。

5）严格控制主楼的标高和垂直度，控制各分部分项工程的操作工艺，结束后必须经班组长和质量检验人员验收达到预定质量目标签字后，方准进行下道工序施工，并计算工作量，实行分部分项工程质量等级与经济分配挂钩制度。

6）加强工种间配合与衔接。在土建工程施工时，水、卫、电、暖等工程应与其密切配合，设专人检查预留孔、预埋件等位置尺寸，逐层跟上，不得遗漏。

7）装饰：高级装修面料或进口材料应按施工进度提前两个月进场，以便分类挑选和材质检验。

8）采用混凝土真空吸水设备、混凝土楼面抹光机、新型模板支撑体系及预埋管道预留孔堵灌新技术、新工艺。

（3）保证安全施工措施：

严格执行各项安全管理制度和安全操作规程，并采取以下措施。

1）沿将军路的附房，距规划红线外7m处（不占人行道）设置2.5m高的通长封闭式围护隔离带，通道口设置红色信号灯、警告电铃及专人看守。

2）在三层悬挑脚手架上，满铺脚手片，用铅丝与小横杆扎牢，外扎80cm×100cm竹脚手片，设钢管扶手，钢管踢脚杆，并用塑料编织布封闭。附房部分，设双排钢管脚手架，与主楼悬挑架同样围护，主楼在三层楼面标高处，支撑挑出3m的安全网。井字架四周用安全网全封闭围护。

3）固定的塔吊、金属井字架等设置避雷装置，其接地电阻不大于4Ω，所有机电设备均应实行专人专机负责。

4）严禁由高处向下抛扔垃圾、料具物品；各层电梯口、楼梯口、通道口、预留洞口设置安全护栏。

5）加强防火、防盗工作，指定专人巡监。每层要设防火装置，每逢三、六、九层设一临时消火栓。在施工期间严禁非施工人员进入工地，外单位来人要专人陪同。

6）外装饰用的施工吊篮，每次使用前检查安全装置的可靠性。

7）塔式起重机基座、升降机基础井字架地基必须坚实，雨期要做好排水导流工作，防止塔、架倾斜事故，悬挑的脚手架作业前必须仔细检查其牢固程度，限制施工荷载。

8）由专人负责与气象台站联系，及时了解天气变化情况，以便采取相应技术措施，防止发生事故。

9）以班组为单位，作业前举行安全例会，工地逢十召开由班组长参加的安全例会，分项工程施工时由安全员向班组长进行安全技术书面交底，提高职工的安全意识和自我防护能力。

（4）现场文明施工措施：

1）以后勤组为主，组成施工现场平面布置管理小组。加强材料、半成品、机械堆放、管线布置、排水沟、场内运输通道和环境卫生等工作的协调与控制，发现问题及时处理。

2）以政工组为主，制定切实可行、行之有效的门卫制度和职工道德准则，对违纪违法和败坏企业形象的行为进行教育，并作出相应的处罚。

3）在基础工程施工时，结合工程排污设施，插入地面化粪池工程，主楼进入三层时，隔二层设置临时厕所，用 ϕ150 铸铁管引入地面化粪池，接市政排污井。

4）合理安排作业时间，限制晚间施工时间，避免因施工机械产生的噪声影响四周市民的休息，必要时采取一定的消声措施。白天工作时环境噪声控制在 55dB 以下。

5）沿街围护隔离带（砖墙）用白灰粉刷，改变建筑工地外表面貌。

（5）降低工程成本措施：

1）对分部分项工程进行技术交底，规定操作工序，执行质量管理制度，减少返工以降低工程成本。

2）加强施工期间定额管理，实行限额领料制度，减少材料损耗。在定额损耗限额内，实行少耗有奖、多耗要罚的措施。

3）采用框架柱预埋拉筋、预留管道堵孔新技术，采用早拆型钢木竹结构模板体系，采用悬挑钢管扣件脚手技术，提高周转材料的周转次数，节约施工投入。

4）在混凝土中应加入外加剂，以节约水泥，降低成本。

5）钢筋水平接头采用对焊，竖向接头采用电渣压力焊。

6）利用原有旧房作部分临时宿舍，采用双层床架以减少临时设施占用，从而减少临时设施费用。

3.2 施工组织设计编制

按照现行《建设工程项目管理规范》GB/T 50326—2017 规定，采用项目管理理论和方法对施工项目组织施工时，施工项目管理的一项首要任务是编制施工项目管理实施规划。项目管理实施规划，是在建筑业企业参加工程投标中标取得施工任务后且在工程开工前，由施工项目经理主持并组织施工项目经理部有关人员编制的，旨在指导施工项目实施阶段管理的文件，是项目管理规划大纲的具体化和深化。

施工组织设计是指导拟建工程施工全过程各项活动的技术、经济和组织全局性的综合性文件。施工组织设计作为指导拟建工程项目施工的全局性综合性文件，应尽量适应施工过程的复杂性和具体施工项目的特殊性，并尽可能保持施工生产的连续性、均衡性和协调性，以实现施工生产活动取得最佳的经济效益、社会效益和环境效益。本书所叙述的施工组织设计，是指建筑业企业参加工程投标并中标取得施工任务后而编制的，用来具体组织和指导施工的标后施工组织设计。施工组织设计的编制对象是一个施工项目，它可以是一个建设项目的施工及成果，也可以是一个单项工程或单位工程的施工及成果。

施工组织设计是我国长期工程建设实践中形成的一项管理制度，目前仍继续贯彻执行，建筑业企业进行施工项目管理时仍将采用。施工组织设计仅是对施工项目管理的施工组织和规划而并非是施工项目管理规划，当建筑业企业以编制施工组织设计代替施工项目管理规划时，还必须根据施工项目管理的需要，增加相关内容，使之成为施工项目管理的指导文件，以满足施工项目管理规划的要求。

施工项目的生产活动是一项复杂而有序的生产活动，施工过程中要涉及多单位、多部门、多专业、多工种的组织和协调。一个施工项目的施工，可以采用不同的施工组织方式、劳动组织形式；不同的材料、机具的供应方式；不同的施工方案、施工进度安排、施工平面布置等等。

施工组织设计的基本任务就是要针对以上一系列问题，根据国家、地区的建设方针、政策和招标投标的各项规定和要求，从施工全局出发，结合拟建工程的各种具体条件，采用最佳的劳动组织形式和材料、机具的供应方式，合理确定施工中劳动力、材料、机具等资源的需用量；选择技术上先进、经济上合理、安全上可靠的施工方案，安排合理、可行的施工进度，合理规划和布置施工平面图；把施工中要涉及的各单位、各部门、各专业、各工种更好地组织和协调起来，使施工项目管理建立在科学、合理、规范、法制的基础之上，确保全面高效地完成工程施工任务，取得最佳的经济效益、社会效益和环境效益。

施工组织设计是对施工项目实行科学管理、规范管理、法制管理的重要手段，是用来沟通工程设计和项目施工的桥梁。施工组织设计在每个施工项目中都具有重要的、积极的规划、组织和指导作用，具体表现在：施工组织设计可体现基本建设计划和设计的要求，可进一步验证设计方案的合理性与可行性；通过施工组织设计的编制，可预见施工中可能发生的各种情况，事先做好准备、预防，提高了施工的预见性，减少了盲目性，是指导各项施工准备工作的依据，为实现施工目标提供了技术保证；施工组织设计是为施工项目所选定的施工方案和安排的施工进度，是指导开展复杂而有序施工活动的技术依据；施工组织设计中所编制的劳动力、材料、机具等资源需用量计划，直接为各项资源的组织供应工作提供了依据；施工组织设计对施工现场所做的规划和布置，为现场文明施工创造了条件，并为现场平面管理提供了依据；通过施工组织设计的编制，把施工中要涉及的各单位、各部门、各专业、各工种更好地组织和协调起来。

施工组织设计的内容根据编制目的、对象、施工项目管理的方式、现有的施工条件及当地的施工水平的不同而在深度、广度上有所不同，但其基本内容应给予保证。一般说标后施工组织设计包括以下相应的基本内容：

（1）工程概况

主要包括工程主要情况、各专业设计简介和工程施工条件等。

（2）施工部署

主要包括工程施工目标、进度安排和空间组织、施工特点分析、工程管理的组织机构形式、新技术、新工艺、新材料和新设备的部署和使用、主要分包工程施工单位的选择要求及管理方式等。

（3）施工方案：

主要包括确定施工起点流向、确定各分部分项工程施工顺序、选择主要分部分项的施工方法和适用的施工机械、确定流水施工组织等内容。

（4）施工进度计划：

主要包括划分施工过程、计算工程量、套用施工定额、计算劳动量和机械台班量、计算施工过程的延续时间、编制施工进度计划、编制各项资源需要量计划等内容。

（5）施工现场平面图：

主要包括起重垂直运输机械的布置、搅拌站的布置、加工厂及仓库的布置、临时设施的布置、水电管网的布置等内容。

对于施工项目规模比较小、建筑结构比较简单、技术要求比较低，且采用传统施工方法组织施工的一般施工项目，其施工组织设计可以编制得简单一些。其内容一般只包括施工方案、施工进度计划、施工平面图，辅以扼要的文字说明及表格，简称为“一案一表一图”。

3.2.1 工程概况

工程概况应包括工程主要情况、各专业设计简介和工程施工条件等。

（1）工程主要情况

工程主要情况应包括：工程名称、性质和地理位置；工程的建设、勘察、设计、监理和总承包等相关单位的情况；工程承包范围和分包工程范围；施工合同、招标文件或总承包单位对工程施工的重点要求；其他应说明的情况。

（2）建筑设计简介

建筑设计简介应依据建设单位提供的建筑设计文件进行描述，包括建筑规模、建筑功能、建筑特点、建筑耐火、防水及节能要求等，并应简单描述工程的主要装修做法。

（3）结构设计简介

结构设计简介应依据建设单位提供的结构设计文件进行描述，包括结构形式、地基基础形式、结构安全等级、抗震设防类别、主要结构构件类型及要求等。

（4）机电及设备安装专业设计简介

机电及设备安装专业设计简介应依据建设单位提供的各相关专业设计文件进行描述，包括给水、排水及采暖系统、通风与空调系统、电气系统、智能化系统、电梯等各个专业系统的做法要求。

（5）工程施工条件

项目主要施工条件应包括：项目建设地点气象状况；项目施工区域地形和工程水文地质状况；项目施工区域地上、地下管线及相邻的地上、地下建（构）筑物情况；与项目施工有关的道路、河流等状况；当地建筑材料、设备供应和交通运输等服务能力状况；当地供电、供水、供热和通信能力状况；其他与施工有关的主要因素。

3.2.2 施工部署

（1）工程施工目标

工程施工目标应根据施工合同、招标文件以及本单位对工程管理目标的要求确定，包括进度、质量、安全、环境和成本等目标。各项目标应满足施工组织总设计中确定的总体目标。

（2）进度安排和空间组织

施工部署中的进度安排和空间组织应符合下列规定：

1）工程主要施工内容及其进度安排应明确说明，施工顺序应符合工序逻辑关系；

2）施工流水段应结合工程具体情况分阶段进行划分；单位工程施工阶段的划分一般包括地基基础、主体结构、装修装饰和机电设备安装三个阶段。

（3）施工特点分析

主要介绍拟建工程施工过程中重点、难点所在，以便突出重点，抓住关键，使施工生产正常顺利地进行，以提高建筑业企业的经济效益和经营管理水平。

不同类型的建筑，不同条件下的工程施工，均有不同的施工特点。如多层及高层现浇钢筋混凝土结构房屋的施工特点是：基础埋置深及挖土方工程量大，钢材加工量大，模板工程量大，基础及主体结构混凝土浇筑量大且浇筑困难，结构和施工机具设备的稳定性要求高，脚手架搭设必须进行设计计算，安全问题突出，要有高效率的施工机械设备等。

（4）工程管理的组织机构形式

总承包单位应明确项目管理组织机构形式，宜采用框图的形式表示，并确定项目经理部的工作岗位设置及其职责划分。

（5）对于工程施工中开发和使用的新技术、新工艺应做出部署，对新材料和新设备的使用应提出技术及管理要求。

（6）对主要分包工程施工单位的选择要求及管理方式应进行简要说明。

3.2.3 施工方案

施工方案的选择是施工组织设计的重要环节，是决定整个工程施工全局的关键。施工方案选择的科学与否，不仅影响到施工进度的安排和施工平面图的布置，而且将直接影响到工程的施工效率、施工质量、施工安全、工期和技术经济效果，因此必须引起足够的重视。为此必须在若干个初步方案的基础上进行认真分析比较，力求选择出施工上可行、技术上先进、经济上合理、安全上可靠的施工方案。

在选择施工方案时应着重研究以下四个方面的内容：确定施工起点流向，确定各分部分项工程施工顺序，选择主要分部分项工程的施工方法和适用的施工机械，确定流水施工组织。

（1）确定施工起点流向。

施工起点流向是指拟建工程在平面或竖向空间上施工开始的部位和开展的方向。这主要取决于生产需要，缩短工期、保证施工质量和确保施工安全等要求。一般来说，对高层建筑物，除了确定每层平面上的施工起点流向外，还要确定其层间或单元竖向空间上的施工起点流向，如室内抹灰工程是采用水平向下、垂直向下，还是水平向上、垂直向上的施工起点流向。

确定施工起点流向，要涉及一系列施工过程的开展和进程，应考虑以下几个因素：

1）生产工艺流程：

生产工艺流程是确定施工起点流向的基本因素，也是关键因素。因此，从生产工艺上考虑，影响其他工段试车投产的工段应先施工。如B车间生产的产品受A车间生产的产品的影响，A车间分为三个施工段（AⅠ、AⅡ、AⅢ段），且AⅡ段的生产要受AⅠ段的约束，AⅢ段的生产要受AⅡ段的约束。故其施工起点流向应从A车间的Ⅰ段开始，A车间施工完后，再进行B车间的施工，即AⅠ→AⅡ→AⅢ→B，如图2-5所示。

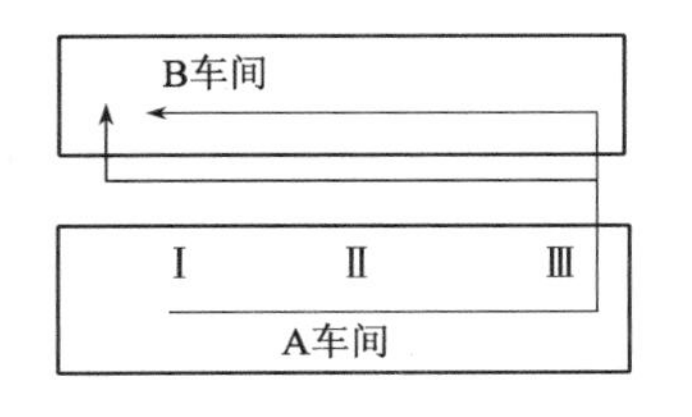

图2-5 施工起点流向示意图

2）建设单位对生产和使用的需要：

一般应考虑建设单位对生产和使用要求急的工段或部位先施工。如某职业技术学院项目建设的施工起点流向示意图，如图2-6所示。

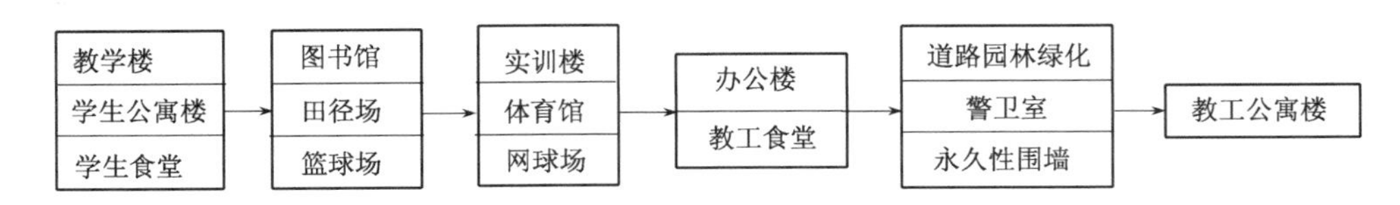

图 2-6　某项目施工起点流向示意图

3）施工的繁简程度：

一般对工程规模大、建筑结构复杂、技术要求高、施工进度慢、工期长的工段或部位先施工。如高层现浇钢筋混凝土结构房屋，主楼部分应先施工，附房部分后施工。

4）房屋高低层或高低跨：

当有房屋高低层或高低跨并列时，应从高低层或高低跨并列处开始，如屋面防水层施工应按先高后低方向施工，同一屋面则由檐口向屋脊方向施工；基础有深浅时，应按先深后浅的顺序进行施工。

5）现场施工条件和施工方案：

施工现场场地的大小，施工道路布置，施工方案所采用的施工方法和选用施工机械的不同，是确定施工起点流向的主要因素。如土方工程施工中，边开挖边外运余土，在保证施工质量的前提条件下，一般施工起点应确定在离道路远的部位，由远及近地展开施工；挖土机械可选用正铲、反铲、拉铲、抓铲挖土机等，这些挖土施工机械本身工作原理、开行路线、布置位置，便决定了土方工程施工的施工起点流向。

6）分部工程特点及其相互关系：

根据不同分部工程及其相关关系，施工起点流向在确定时也不尽相同。如基础工程由施工机械和施工方法决定其平面、竖向空间的施工起点流向；主体工程一般均采用自下而上的施工起点流向；装饰工程竖向空间的施工起点流向较复杂，室外装饰一般采用自上而下的施工起点流向，室内装饰可采用自上而下、自下而上或自中而下、再自上而中的施工起点流向，同一楼层中可采用楼地面→顶棚→墙面和顶棚→墙面→楼地面两种施工起点流向。

（2）确定施工顺序。

确定合理的施工顺序是选择施工方案必须考虑的主要问题。施工顺序是指分部分项工程施工的先后次序。确定施工顺序既是为了按照客观的施工规律组织施工和解决工种之间的合理搭接问题，也是编制施工进度计划的需要，在保证施工质量和确保施工安全的前提下，充分利用空间，争取时间，以达到缩短施工工期的目的。

在实际工程施工中，施工顺序可以有多种。不仅不同类型建筑物的建造过程有着不同的施工顺序；而且在同一类型的建筑物建造过程中，甚至同一幢房屋的建造过程中，也会有不同的施工顺序。因此，我们的任务就是如何在众多的施工顺序中，选择出既符合客观施工规律，又最为合理的施工顺序。

1）确定施工顺序应遵循的基本原则：

① 先地下后地上。先地下后地上指的是地上工程开始之前，把土方工程和基础工程全部完成或基本完成。从施工工艺的角度考虑，必须先地下后地上，地下工程施工时应做到先深后浅，以免对地上部分施工生产产生干扰，既给施工带来不便，又会造成浪费，影响施工质量和施工安全。

② 先主体后围护。先主体后围护指的是在多层及高层现浇钢筋混凝土结构房屋和装配式钢筋混凝土单层工业厂房施工中，先进行主体结构施工，后完成围护工程。同时，主体结构与围护工程在总的施工顺序上要合理搭接，一般来说，多层现浇钢筋混凝土结构房屋以少搭接为宜，而高层现浇钢筋混凝土结构房屋则应尽量搭接施工，以缩短施工工期；而在装配式钢筋混凝土单层工业厂房施工中，主体结构与围护工程一般不搭接。

③ 先结构后装饰。先结构后装饰指的是先进行结构施工，后进行装饰施工，是针对一般情况而言，有时为了缩短施工工期，在保证施工质量和确保施工安全的前提条件下，也可以有部分合理的搭接。随着新的结构体系的涌现、建筑施工技术的发展和建筑工业化水平的提高，某些结构的构件就是结构与装饰同时在工厂中完成，如大板结构建筑。

④ 先土建后设备。先土建后设备指的是在一般情况下，土建施工应先于水暖煤卫电等建筑设备的施工。但它们之间更多的是穿插配合关系，尤其在装饰施工阶段，要从保证施工质量、确保施工安全、降低施工成本的角度出发，正确处理好相互之间的配合关系。

以上原则可概括为“四先四后”原则，在特殊情况，并不是一成不变的，如在冬期施工之前，应尽可能完成土建和围护工程，以利于施工中的防寒和室内作业的开展，从而达到改善工人的劳动环境，缩短施工工期的目的；又如在一些重型工业厂房施工中，就可能要先进行设备的施工，后进行土建施工。因此，随着新的结构体系的涌现，建筑施工技术的发展，建筑工业化水平和建筑业企业经营管理水平的提高，以上原则也在进一步的发展完善之中。

2）确定施工顺序应符合的基本要求：

在确定施工顺序过程中，应遵守上述基本原则，还应符合以下基本要求：

① 必须符合施工工艺的要求。建筑物在建造过程中，各分部分项工程之间存在着一定的工艺顺序关系。这种顺序关系随着建筑物结构和构造的不同而变化，在确定施工顺序时，应注意分析建筑建造过程中各分部分项工程之间的工艺关系，施工顺序的确定不能违背工艺关系。如基础工程未做完，其上部结构就不能进行；土方工程完成后，才能进行垫层施工；墙体砌完后，才能进行抹灰施工；钢筋混凝土构件必须在支模、绑扎钢筋工作完成后，才能浇筑混凝土；现浇钢筋混凝土房屋施工中，主体结构全部完成或部分完成后，再做围护工程。

② 必须与施工方法协调一致。确定施工顺序，必须考虑选用的施工方法，施工方法不同施工顺序就可能不同。如在装配式钢筋混凝土单层工业厂房施工中，采用分件吊装法，则施工顺序是先吊柱、再吊梁，最后吊一个节间的屋架及屋面板等；采用综合吊装法，则施工顺序为第一个节间全部构件吊完后，再依次吊装下一个节间，直至全部吊完。

③ 必须考虑施工组织的要求。工程施工可以采用不同的施工组织方式，确定施工顺序必须考虑施工组织的要求。如有地下室的高层建筑，其地下室地面工程可以安排在地下室顶板施工前进行，也可以安排在地下室顶板施工后进行。从施工组织方面考虑，前者施工较方便，上部空间宽敞，可以利用吊装机械直接将地面施工用的材料吊到地下室；而后者，地面材料运输和施工就比较困难。

④ 必须考虑施工质量的要求。安排施工顺序时，要以能保证施工质量为前提条件，影响施工质量时，要重新安排施工顺序或采取必要技术组织措施。如屋面防水层施工，必须等找平层干燥后才能进行，否则将影响防水工程施工质量；室内装饰施工，做面层时须待中层干燥后才能进行；楼梯抹灰安排在上一层的装饰工程全部完成后进行。

⑤ 必须考虑当地的气候条件。确定施工顺序，必须与当地的气候条件结合起来。如在雨期和冬期施工到来之前，应尽量先做基础、主体工程和室外工程，为室内施工创造条件；在冬期施工时，可先安装门窗玻璃，再做室内楼地面、顶棚、墙面抹灰施工，这样安排施工有利于改善工人的劳动环境，有利于保证抹灰工程施工质量。

⑥ 必须考虑安全施工的要求。确定施工顺序如要主体交叉、平行搭接施工时，必须考虑施工安全问题。如同一竖向上下空间层上进行不同的施工过程，一定要注意施工安全的要求；在多层砌体结构民用房屋主体结构施工时，只有完成两个楼层板的施工后，才允许底层进行其他施工过程的操作，同时要有其他必要的安全保证措施。

确定分部分项工程施工顺序必须符合以上六方面的基本要求，有时互相之间存在着矛盾，因此必须综合考虑，这样才能确定出科学、合理、经济、安全的施工顺序。

3）高层现浇钢筋混凝土结构房屋的施工顺序：

高层现浇钢筋混凝土结构房屋的施工，按照房屋结构各部位不同的施工特点，一般可分为基础工程、主体工程、围护工程、装饰工程四个阶段。如某 10 层现浇钢筋混凝土框架结构房屋施工顺序，如图 2-7 所示。

① ±0.000 以下工程施工顺序：

高层现浇钢筋混凝土结构房屋的基础一般分为无地下室和有地下室工程，具体内容视工程设计而定。

当无地下室，且房屋建在坚硬地基上时（不打桩），其±0.000 以下工程阶段施工的施工顺序一般为：定位放线→施工预检→验灰线→挖土方→隐蔽工程检查验收（验槽）→浇筑混凝土垫层→养护→基础弹线→施工预检→绑扎钢筋→安装模板→施工预检、隐蔽工程检查验收（钢筋验收）→浇筑混凝土→养护拆模→隐蔽工程检查验收（基础工程验收）→回填土。

当无地下室，且房屋建在软弱地基上时（需打桩），其±0.000 以下工程阶段施工的施工顺序一般为：定位放线→施工预检→验灰线→打桩→挖土方→试桩及桩基检测→凿桩或接桩→隐蔽工程检查验收（验槽）→浇筑混凝土垫层→养护→基础弹线→施工预检→绑扎钢筋→安装模板→施工预检、隐蔽工程检查验收（钢筋验收）→浇筑混凝土→养护拆模→隐蔽工程检查验收（基础工程验收）→回填土。

当有地下室一层，且房屋建在坚硬地基上时（不打桩），采用复合土钉墙支护技术，其±0.000 以下工程阶段施工的施工顺序一般为：定位放线→施工预检→验灰线→挖土方、基坑围护→隐蔽工程检查验收（验槽）→地下室基础承台、基础梁、电梯基坑定位放线→施工预检→地下室基础承台、基础梁、电梯基坑挖土方及砌砖胎模→浇筑混凝土垫层→养护→弹线→施工预检→绑扎地下室基础承台、基础梁、电梯井、底板钢筋及墙、柱钢筋→安装地下室墙模板至施工缝处→施工预检、隐蔽工程检查验收（钢筋验收）→浇筑地下室基础承台、基础梁、电梯井、底板、墙（至施工缝处）混凝土→养护→安装地下室楼梯模板→施工预检→绑扎地下室墙（包括电梯井）、柱、楼梯钢筋→隐蔽工程检查验收（钢筋验收）→安装地下室墙（包括电梯井）、柱、梁、顶板模板→施工预检→绑扎地下室梁、顶板钢筋→隐蔽工程检查验收（钢筋验收）→浇筑地下室墙（包括电梯井）、柱、楼梯、梁、顶板混凝土→养护拆模→地下室结构工程中间验收→

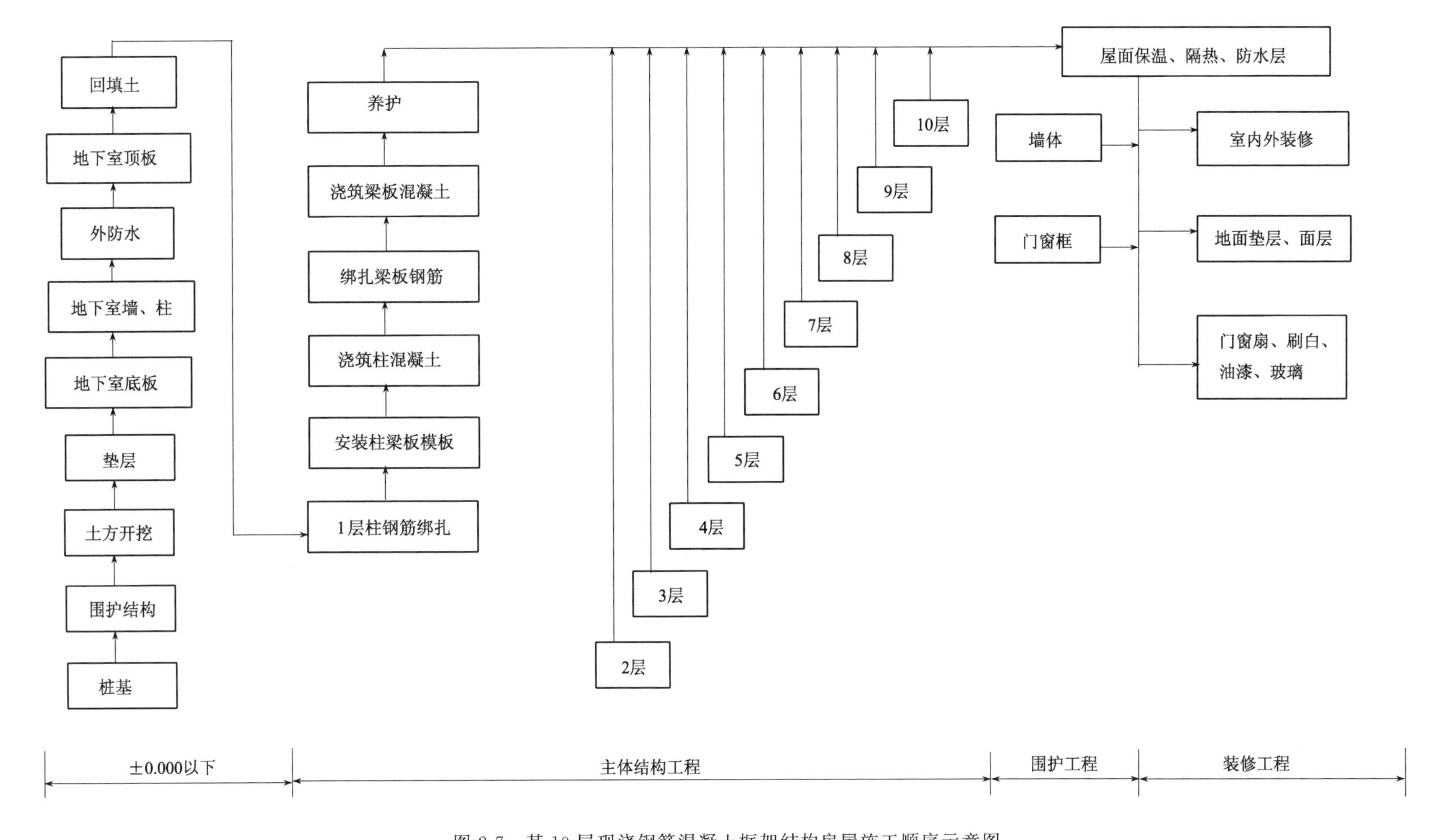

图 2-7　某 10 层现浇钢筋混凝土框架结构房屋施工顺序示意图
（地下室 1 层、桩基础、主体 2～10 层的施工顺序同 1 层）

防水处理→回填土。

当有地下室一层，且房屋建在软弱地基上时（需打桩），采用复合土钉墙支护技术，其±0.000以下工程阶段施工的施工顺序一般为：定位放线→施工预检→验灰线→打桩→挖土方、基坑围护→试桩及桩基检测→凿桩或接桩→隐蔽工程检查验收（验槽）→地下室基础承台、基础梁、电梯基坑定位放线→施工预检→地下室基础承台、基础梁、电梯基坑挖土方及砌砖胎模→浇筑混凝土垫层→养护→弹线→施工预检→绑扎地下室基础承台、基础梁、电梯井、底板钢筋及墙、柱钢筋→安装地下室墙模板至施工缝处→施工预检、隐蔽工程检查验收（钢筋验收）→浇筑地下室基础承台、基础梁、电梯井、底板、墙（至施工缝处）混凝土→养护→安装地下室楼梯模板→施工预检→绑扎地下室墙（包括电梯井）、柱、楼梯钢筋→隐蔽工程检查验收（钢筋验收）→安装地下室墙（包括电梯井）、柱、梁、顶板模板→施工预检→绑扎地下室梁、顶板钢筋→隐蔽工程检查验收（钢筋验收）→浇筑地下室墙（包括电梯井）、柱、楼梯、梁、顶板混凝土→养护拆模→地下室结构工程中间验收→防水处理→回填土。

±0.000以下工程施工阶段，挖土方与做混凝土垫层这两道工序，在施工安排上要紧凑，时间间隔不宜太长。在施工中，可以采取集中兵力，分段进行流水施工，以避免基槽（坑）土方开挖后，因垫层未及时进行，使基槽（坑）灌水或受冻害，从而使地基承载力下降，造成工程质量事故或引起劳动力、材料等资源浪费而增加施工成本。同时还应注意混凝土垫层施工后必须留有一定的技术间歇时间，使之具有一定的强度后，再进行下道工序施工。要加强对钢筋混凝土结构的养护，按规定强度要求拆模。及时进行回填土，回填土一般在±0.000以下工程通过验收后（有地下室还必须做防水处理）一次性分层、对称夯填，以避免±0.000以下工程受到浸泡并为上部结构施工创造条件。

以上列举的施工顺序只是高层现浇钢筋混凝土结构房屋基础工程施工阶段施工顺序的一般情况，具体内容视工程设计而定，施工条件发生变化时，其施工顺序应作相应的调整。如当受施工条件的限制，基坑土方开挖无法放坡，则基坑围护应在土方开挖前完成。

② 主体结构工程阶段施工顺序：

主体结构工程阶段的施工主要包括：安装塔吊、人货梯起重垂直运输机械设备，搭设脚手架，现浇柱、墙、梁、板、雨篷、阳台、沿沟、楼梯等施工内容。

主体结构工程阶段施工的施工顺序一般有两种，分别是：弹线→施工预检→绑扎柱、墙钢筋→隐蔽工程检查验收（钢筋验收）→安装柱、墙、梁、板、楼梯模板→施工预检→绑扎梁、板、楼梯钢筋→隐蔽工程检查验收（钢筋验收）→浇筑柱、墙、梁、板、楼梯混凝土→养护→进入上一结构层施工；弹线→施工预检→安装楼梯模板→绑扎柱、墙、楼梯钢筋→施工预检、隐蔽工程检查验收（钢筋验收）→安装柱、墙模板→施工预检→浇筑柱、墙、楼梯混凝土→养护→安装梁、板模板→施工预检→绑扎梁、板钢筋→隐蔽工程检查验收（钢筋验收）→浇筑梁、板混凝土→养护→进入上一结构层施工。目前施工中大多采用商品混凝土，为便于组织施工，一般采用第一种施工顺序。

主体结构工程阶段主要是安装模板、绑扎钢筋、浇筑混凝土三大施工过程，它们的工程量大、消耗的材料和劳动量也大，对施工质量和施工进度起着决定性作用。因此在平面上和竖向空间上均应分施工段及施工层，以便有效地组织流水施工。此外，还应注意塔式起重机、人货梯起重垂直运输机械设备的安装和脚手架的搭设，还要加强对钢筋混凝土结构的养护，按规定强度要求拆模。

③ 围护工程阶段施工顺序：

围护工程阶段施工主要包括墙体砌筑、门窗框安装和屋面工程等施工内容。不同的施工内容，可根据机械设备、材料、劳动力安排、工期要求等情况来组织平行、搭接、立体交叉施工。墙体工程包括内、外墙的砌筑等分项工程，可安排在主体结构工程完成后进行，也可安排在待主体结构工程施工到一定层数后进行，墙体工程砌筑完成一定数量后要进行结构工程中间验收，门窗工程与墙体砌筑要紧密配合。

屋面工程的施工，应根据屋面工程设计要求逐层进行。柔性屋面按照找平层→隔汽层→保温层→找平层→柔性防水层→保护层的顺序依次进行。刚性屋面按照找平层→保温层→找平层→隔离层→刚性防水层→隔热层的顺序依次进行。为保证屋面工程施工质量，防止屋面渗漏，一般情况下不划分施工段，可以和装饰工程搭接施工，要精心施工，精心管理。

④ 装饰工程阶段施工顺序：

装饰工程包括两部分施工内容：一是室外装饰，包括外墙抹灰、勒脚、散水、台阶、明沟、水落管等施工内容；二是室内装饰，包括顶棚、墙面、地面、踢脚线、楼梯、门窗、五金、油漆、玻璃等施工内容。其中内外墙及楼地面抹灰是整个装饰工程施工的主导施工过程，因此要着重解决抹灰的空间施工顺序。

根据装饰工程施工质量、施工工期、施工安全的要求，以及施工条件，其施工顺序一般有以下几种：

A. 室外装饰工程：

室外装饰工程施工一般采用自上而下的施工顺序，是指屋面工程全部完工后，室外抹灰从顶层往底层依次逐层向下进行。其施工流向一般为水平向下，如图 2-8 所示。采用这种顺序的优点是：可以使房屋在主体结构完成后，有足够的沉降期，从而可以保证装饰工程施工质量；便于脚手架的及时拆除，加速周转材料的及时周转，降低了施工成本，提高了经济效益；可以确保安全施工。

B. 室内装饰工程：

室内装饰工程施工一般有自上而下、自下而上、自中而下再自上而中三种施工顺序。

室内装饰工程自上而下的施工顺序是指主体结构工程及屋面工程防水层完工后，室内抹灰从顶层往底层依次逐层向下进行。其施工流向又可分为水平向下和垂直向下两种，通常采用水平向下的施工流向，如图 2-9 所示。采用自上而下施工顺序的优点是：主体结构完成后，有足够的沉降期，沉降变化趋于稳定，屋面工程及室内装饰工程施工质量得到了保证，可以减少或避免各工种操作相互交叉，便于组织施工，有利于施工安全，而且楼层清理也比较方便。其缺点是：不能与主体结构工程及屋面工程施工搭接，因而施工工期相应较长。

室内装饰工程自下而上的施工顺序是指主体结构工程施工三层以上时（有两个层面楼板，以确保施工安全），室内抹灰从底层开始逐层向上进行，一般与主体结构工程平行搭接施工。其施工流向又可分为水平向上和垂直向上两种，通常采用水平向上的施工流向，如图 2-10 所示。采用自下而上施工顺序的优点是：可以与主体结构工程平行搭接施工，交叉进行，故施

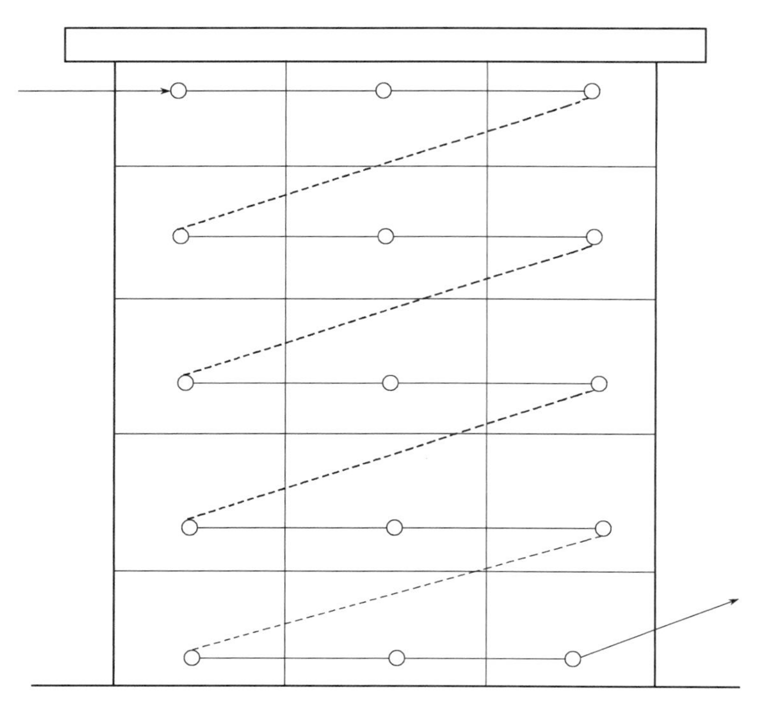

图 2-8　室外装饰自上而下施工顺序（水平向下）

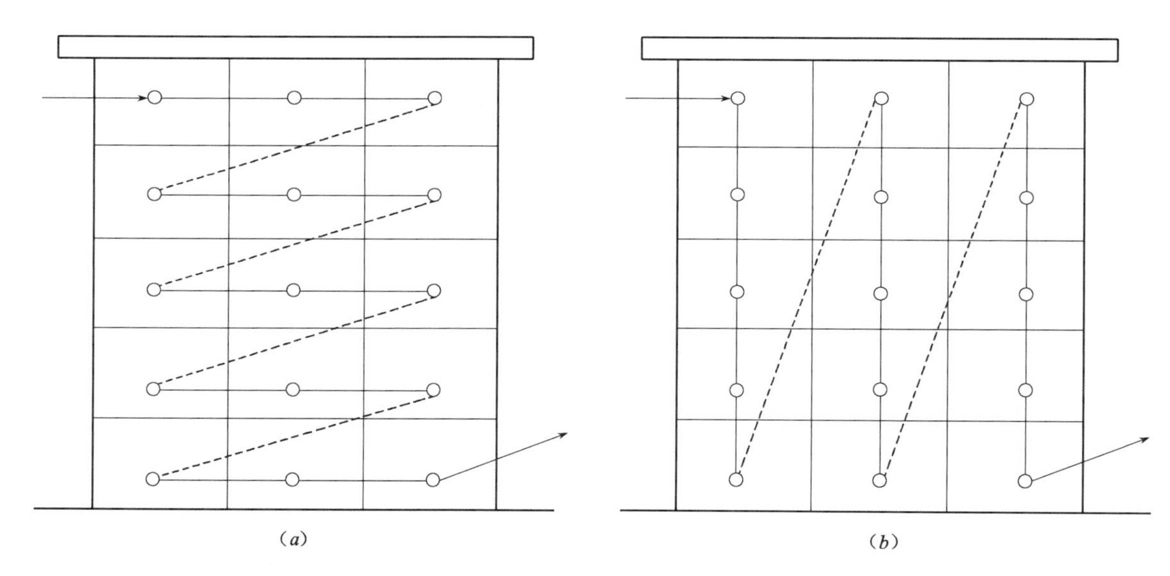

图 2-9　室内装饰自上而下施工顺序
（a）水平向下；（b）垂直向下

工工期相应较短。其缺点是：施工中工种操作互相交叉，要采取必要的安全措施；交叉施工的工序多，人员多，材料供应紧张，施工机具负担重，现场施工组织和管理比较复杂；施工时主体结构工程未完成，没有足够的沉降期，必须采取必要的保证施工质量措施，否则会影响室内装饰工程施工质量。因此，只有当工期紧迫时，室内装饰工程施工才考虑采取自下而上的施工顺序。

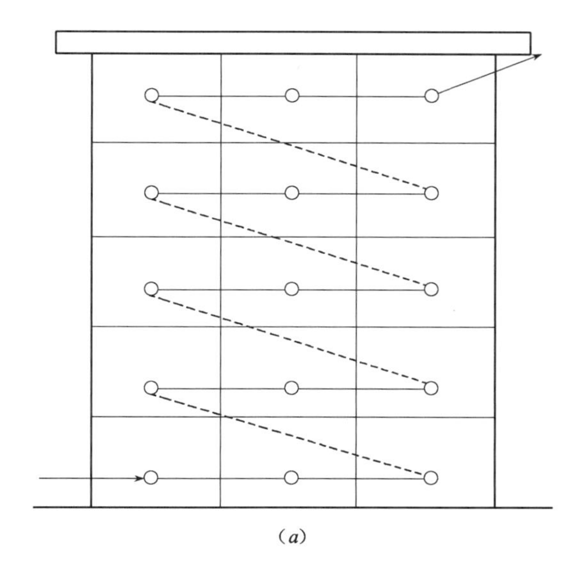
(a)

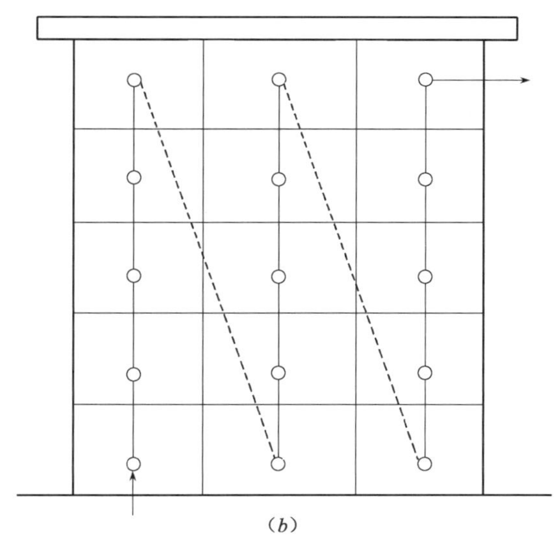
(b)

图 2-10　室内装饰自下而上施工顺序

(a) 水平向上；(b) 垂直向上

自中而下再自上而中的施工顺序，一般适用于高层及超高层建筑的装饰工程，这种施工顺序采用了自上而下，自下而上这两种施工顺序的优点。

室内装饰工程施工在同一层内顶棚、墙面、楼地面之间的施工顺序一般有两种：楼地面→顶棚→墙面，顶棚→墙面→楼地面。这两种施工顺序各有利弊，前者便于清理地面基层，地面施工质量易保证，而且便于收集墙面和顶棚的落地灰，从而节约材料，降低施工成本；但为了保证地面成品质量，必须采用一系列的保护措施，地面做好后要有一定的技术间歇时间，否则后道工序不能及时进行，故工期较长。后者则在地面施工前必须将顶棚及墙面的落地灰清扫干净，否则会影响面层与基层之间的粘结，引起地面起壳，而且影响地面。施工用水的渗漏可能影响下层顶棚、墙面的抹灰施工质量。底层地面通常在各层顶棚、墙面、地面做好后最后进行。由于施工期间易受损坏，为了保证装饰工程施工质量，楼梯间和楼梯踏步装饰往往安排在其他室内装饰完工后，自上而下统一进行。门窗的安装可在抹灰之前或之后进行，主要视气候和施工条件而定，但通常是安排在抹灰之后进行。而油漆和玻璃安装的次序是应先油漆门窗，后安装玻璃，以免油漆时弄脏玻璃，塑钢及铝合金门窗不受此限制。

在装饰工程施工阶段，还需考虑室内装饰与室外装饰的先后顺序，这与施工条件和气候变化有关。一般有先外后内、先内后外、内外同时进行三种施工顺序，通常采用先外后内的施工顺序。当室内有现浇水磨石地面时，应先做水磨石地面，再做室外装饰，以免施工时渗漏影响室外装饰施工质量；当采用单排脚手架砌墙时，由于留有脚手眼需要填补，应先做室外装饰，拆除脚手架，同时填补脚手眼，再做室内装饰；当装饰工人较少时，则不宜采用内外同时施工的施工顺序。

房屋各种水暖煤卫电等管道及设备的安装要与土建有关分部分项工程紧密配合，交叉施工。如果没有安排好这些设备与土建之间的配合与协作，必定会产生许多开孔、返工、修补等大量零星用工，这样既浪费劳动力、材料，又影响了施工质量，还延误了施工工期，这是不可取的，要尽量避免。

上面所述高层现浇钢筋混凝土结构房屋的施工顺序，仅适用于一般情况。建筑施工与组织管理既是一个复杂的过程，又是一个发展的过程。建筑结构、现场施工条件、技术水平、管理水平等不同，均会对施工过程和施工顺序的安排产生不同的影响。因此，针对每一个施工项目，必须根据其施工特点和具体情况，合理地确定其施工顺序。

（3）施工方法和施工机械的选择。

正确地选择施工方法和施工机械是制定施工方案的关键。施工项目各个分部分项工程的施工，均可选用各种不同的施工方法和施工机械，而每一种施工方法和施工机械又都有其各自的优缺点。因此，我们必须从先进、合理、经济、安全的角度出发，选择施工方法和施工机械，以达到保证施工质量、降低施工成本、确保施工安全、加快施工进度和提高劳动生产率的预期效果。

1）选择施工方法和施工机械的依据：

施工项目施工中，施工方法和施工机械的选择主要应依据施工项目的建筑结构特点、工程量大小、施工工期长短、资源供应条件、现场施工条件、施工项目经理部的技术装备水平和管理水平等因素综合考虑来进行。

2）选择施工方法和施工机械的基本要求：

施工项目施工中，选择施工方法和施工机械应符合以下基本要求：

① 应考虑主要分部分项工程施工的要求：

应从施工项目施工全局出发，着重考虑影响整个施工项目施工的主要分部分项工程的施工方法和施工机械的选择。而对于一般的、常见的、工人熟悉的或工程量不大的及与施工全局和施工工期无多大影响的分部分项工程，可以不必详细选择，只要针对分部分项工程施工特点，提出若干应注意的问题和要求就可以了。

施工项目施工中，主要分部分项工程，一般是指：

A. 工程量大，占施工工期长，在施工项目中占据重要地位的施工过程。如高层钢筋混凝土结构房屋施工中的打桩工程、土方工程、地下室工程、主体工程、装饰工程等。

B. 施工技术复杂或采用新技术、新工艺、新结构，对施工质量起关键作用的分部分项工程。如地下室的地下结构和防水施工过程，其施工质量的好坏对今后的使用将产生很大影响；整体预应力框架结构体系的工程，其框架和预应力施工对工程结构的稳定及其施工质量起关键作用。

C. 对施工项目经理部来说，某些特殊结构工程或不熟悉且缺乏施工经验的分部分项工程，如大跨度预应力悬索结构、薄壳结构、网架结构等。

② 应满足施工技术的要求：

施工方法和施工机械的选择，必须满足施工技术的要求。如预应力张拉的方法、机械、锚具、预应力施加等必须满足工程设计、施工的技术要求；吊装机械类型、型号、数量的选择应满足构件吊装的技术和进度要求。

③ 应符合提高工厂化、机械化程度的要求：

施工项目施工，原则上应尽可能实现和提高工厂化施工方法和机械化施工程度。这是建筑施工发展的需要，也是保证施工质量、降低施工成本、确保施工安全、加快施工进度、提高劳动生产率和实现文明施工的有效措施。

这里所说的工厂化，是指施工项目的各种钢筋混凝土构件、钢结构构件、钢筋加工等应最大限度地实现工厂化制作，最大限度地减少现场作业。所说的机械化程度，不仅是指施工项目施工要提高机械化程度，还要充分发挥机械设备的效率，减少繁重的体力劳动操作，以求提高工效。

④ 应符合先进、合理、可行、经济的要求：

选择施工方法和施工机械，除要求先进、合理之外，还要考虑施工中是可行的，选择的机械设备是可以获得的，经济上是节约的。要进行分析比较，从施工技术水平和实际情况出发，选择先进、合理、可行、经济的施工方法和施工机械。

⑤ 应满足质量、安全、成本、工期要求：

所选择的施工方法和施工机械应尽量满足保证施工质量、确保施工安全、降低施工成本、缩短施工工期的要求。

3）主要分部分项工程的施工方法和施工机械选择：

分部分项工程的施工方法和施工机械，在建筑施工技术课程中已详细叙述，这里仅将其要点归纳如下：

① 土方工程：

A. 计算土方开挖工程量，确定土方开挖方法，选择土方开挖所需机械的类型、型号和数量。

B. 确定土方放坡坡度、工作面宽度或土壁支撑形式。

C. 确定排除地面水、地下水的方法，选择所需机械的类型、型号和数量。

D. 确定防止出现流砂现象的方法，选择所需机械的类型、型号和数量。

E. 计算土方外运、回填工程量，确定填土压实方法，选择所需机械的类型、型号和数量。

② 基础工程：

A. 浅基础施工中，应确定垫层、基础的施工要求，选择所需机械的类型、型号和数量。

B. 桩基础施工中，应确定预制桩的入土方法和灌注桩的施工方法，选择所需机械的类型、型号和数量。

C. 地下室施工中，应根据防水要求，留置、处理施工缝，选择模板及支撑。

③ 钢筋混凝土工程：

A. 确定模板类型及支模方法，进行模板支撑设计。

B. 确定钢筋的加工、绑扎和连接方法，选择所需机械的类型、型号和数量。

C. 确定混凝土的搅拌、运输、浇筑、振捣、养护方法，留置、处理施工缝，选择所需机械的类型、型号和数量。

D. 确定预应力混凝土的施工方法，选择所需机械的类型、型号和数量。

④ 砌筑工程：

A. 砌筑工程施工中，应确定砌体的组砌和砌筑方法及质量要求。

B. 弹线、楼层标高控制和轴线引测。

C. 确定脚手架所用材料与搭设要求及安全网的设置要求。

D. 选择砌筑工程施工中所需机械的类型、型号和数量。

⑤ 尾面工程：

A. 屋面工程中各层的做法及施工操作要求。

B. 确定屋面工程施工中所用各种材料及运输方式。

C. 选择屋面工程施工中所需机械的类型、型号和数量。

⑥ 装饰工程：

A. 室内外装饰的做法及施工操作要求。

B. 确定材料运输方式、施工工艺。

C. 选择所需机械的类型、型号和数量。

⑦ 现场垂直运输、水平运输：

A. 选择垂直运输机械的类型、型号和数量及水平运输方式。

B. 选择塔吊的型号和数量。

C. 确定起重垂直运输机械的位置或开行路线。

在选择高层钢筋混凝土结构房屋主要分部分项工程方法和施工机械时，只要结合上面归纳的要点及施工特点，根据选择施工方法和施工机械的主要依据、基本要求和建筑施工技术课程中的详细叙述具体地编写就可以了。

（4）确定流水施工组织。

任何一个施工项目的施工都是由若干个施工过程组成的，而每个施工过程可以组织一个或多个施工班组来进行施工。如何组织各施工班组的先后顺序或平行搭接施工，是组织施工中的一个基本问题。通常，组织施工时有依次施工、平行施工、流水施工三种方式。

依次施工是指将施工项目分解成若干个施工对象，按照一定的施工顺序，前一个施工对象完成后，去做后一个施工对象，直至把所有施工对象都完成为止的施工组织方式。依次施工是一种最基本、最原始的施工组织方式，它的特点是单位时间内投入的劳动力、材料、机械设备等资源量较少，有利于资源供应的组织工作，施工现场管理简单，便于组织安排；由于没有充分利用工作面去争取时间，所以施工工期长；各班组施工及材料供应无法保持连续和均衡，工人有窝工情况；不利于改进工人的操作方法和施工机具，不利于提高施工质量和劳动生产率。当工程规模较小，施工工作面又有限时，依次施工是适用的。

平行施工是指将施工项目分解成若干个施工对象，相同内容的施工对象同时开工、同时竣工的施工组织方式。平行施工的特点是由于充分利用工作面去争取时间，所以施工工期最短，单位时间内投入的劳动力、材料、机械设备等资源量较大，供应集中，所需的临时设施、仓库面积等也相应增加，施工现场管理复杂，组织安排困难；不利于改进工人的操作方法和施工机具，不利于提高施工质量和劳动生产率。当工程规模较大，施工工期要求紧，资源供应有保障，平行施工是适用、合理的。

流水施工是指将施工项目分解成若干个施工对象，各个施工对象陆续开工、陆续竣工，使同一施工对象的施工班组保持连续、均衡施工，不同施工对象尽可能平行搭接施工的施工组织方式。流水施工的特点是科学地利用了工作面，争取了时间，施工工期较合理；单位时间内投入的劳动力、材料、机械设备等资源量较均衡，有利于资源供应的组织工作，实行了班组专业化施工，有利于提高专业水平和劳动生产率，也有利于提高施工质量；为文明施工和进行现场的科学管理创造了条件。因此流水施工是一种较科学、合理的施工组织方式。组织流水施工的条件是：划分施工过程，应根据施工进度计划的性质、施工方法与工程结构、劳动组织情况等进行划分；划分施工段，数目要合理，工程量应大致相等，要有足够的工作面，要利于结构的整体性，要以主导施工过程为依据进行划分；每个施工过程组织独立的专业班组；主导施工过程必须连续、均衡地施工；不同施工过程尽可能组织平行搭接施工。

施工项目施工中，哪些内容应按依次施工来组织，哪些内容应按平行施工来组织，哪些内容应按流水施工来组织，是施工方案选择中必须考虑的问题。一般情况下，施工项目中包含多幢建筑物，资源供应有保障，应考虑按平行施工或流水施工方式来组织施工；施工项目中只包含一幢建筑物，这要根据其施工特点和具体情况来决定采用哪种施工组织方式施工。

如高层现浇钢筋混凝土结构房屋施工的流水组织为：

1）±0.000以下工程施工阶段：

高层现浇钢筋混凝土结构房屋±0.000以下工程施工中，应根据工程规模、工程量大小、资源供应情况等因素来确定施工组织方式。一般情况下，当无地下室时，不划分施工段，考虑按依次施工方式来组织施工；当有地下室时，要以安装模板、绑扎钢筋和浇筑混凝土三个施工过程为主采用流水施工组织方式来组织施工；若工程规模、工程量大，资源供应有保障，设置了沉降缝时，还可以考虑按平行施工方式来组织施工。

2）主体工程施工阶段：

主体工程是高层现浇钢筋混凝土结构房屋的一个主要分部工程，其工程量大、占用施工工期长，所以一般情况下均应在水平方向上和竖向空间上划分施工段及施工层，采用流水施工方式来组织施工；但在水平方向上划分施工段时，要以安装模板、绑扎钢筋和浇筑混凝土三个施工过程为主，要严格遵守质量第一的原则，一般以沉降缝、抗震缝、伸缩缝处为施工段的界面，不允许设置施工缝的部位，绝不可作为施工段的界面。若工程规模、工程量大，资源供应有保障，施工工期要求紧时，还可以考虑按平行施工方式来组织施工。

3）围护工程施工阶段：

墙体砌筑、门窗框安装工程施工，一般应在水平方向上和竖向空间上划分施工段及施工层，采用流水施工方式来组织施工；若工程规模、工程量大，资源供应有保障，施工工期要求紧，还可以考虑按平行施工方式来组织施工。

屋面工程是一个有特殊要求的分部工程，为了保证屋面工程施工质量，一般情况下不划分施工段，考虑按依次施工方式来组织施工；若工程规模、工程量大，资源供应有保障，设置了沉降缝、抗震缝、伸缩缝时，可以考虑按平行施工或流水施工方式来组织施工。

4）装饰工程施工阶段：

装饰工程施工内容多、工程量大、占用施工工期长，所以一般情况下均应在水平方向上和竖向上划分施工段及施工层，采用流水施工方式来组织施工；若工程规模、工程量大，资源供应有保障，施工工期要求紧，设置了沉降缝、抗震缝、伸缩缝时，还可以考虑按平行施工方式来组织施工。

3.2.4 施工进度计划

（1）影响施工进度的主要因素：

由于施工项目本身具有建造和使用地点固定、规模庞大、工程结构复杂多样、综合性强等特点，以及施工生产过程中具有生产流动、施工工期长、露天作业多、高空作业多、手工作业多、相关单位多、施工管理难度大等特点，从而决定了施工项目的施工进度将受到许多因素的影响。为了有效地进行施工项目的施工进度控制，就必须对影响施工项目施工进度的多种因素进行全面、细致的分析，事先采取预防措施，尽可能地缩小计划进度与实际进度的偏差，使施工进度尽可能地按计划进行，从而实现对施工项目施工进度的主动控制和动态控制。在施工项目施工过程中，影响施工项目施工进度的因素有很多，主要影响因素有：

1）业主因素：

如因业主的决策改变或失误而进行设计变更；提供的施工现场条件（如临时供水、临时供电等）不能满足施工的正常需要；没有按合同条款向施工承包单位拨付工程进度款；业主直接发包的分包单位配合不到位；业主有关人员工作责任性差，协调不力等。

2）勘察设计因素：

如地质勘察资料不正确，与施工现场地质不相符，发生错误或遗漏；设计内容不完善，规范的应用错误或不恰当，设计质量较差；设计对施工的可能性未考虑或考虑不周全；施工图纸供应不及时，不配套；设计更改联系单供应不及时；设计单位服务意识差。

3）施工技术因素：

如施工过程中采用的施工工艺错误或不成熟；采用不合理的施工技术方案；采用的施工安全措施不当或错误；对应用新技术、新材料、新工艺缺乏施工经验等。

4）自然环境因素：

如复杂的工程地质条件；不明的水文气象条件；施工过程中工程地质条件和水文地质条件与工程勘察不相符等。

5）社会环境因素：

如节假日交通、市容整顿限制；临时的停水、停电；地方性部门规定的限制等。

6）施工组织管理因素：

如向有关部门提出各种申请审批手续拖延；计划安排不周密，组织管理协调不力，导致停工待料；领导不力，指挥失当，使参加工程施工的各个施工单位、各专业工种、各个施工过程之间交接配合上发生矛盾；施工组织不合理，施工平面布置不合理等。

7）材料、设备因素：

如材料供应环节发生差错，不能按质、按量、适时、适地、成套齐全地保证供应，无法满足连续施工的需要；特殊材料、新材料的不合理使用；施工机械设备供应不配套，选型失当，带病运转，效率低下等。

（2）施工进度计划的作用：

施工项目施工进度计划是在既定施工方案的基础上，根据施工合同规定工期和各种资源供应条件，按照施工过程合理的施工顺序，用图表形式，对施工项目各施工过程作出时间和空间上的计划安排。

施工进度计划的主要作用是：

1）控制施工项目的施工进度，保证在施工合同规定的工期内保质、保量地完成施工任务。

2）确定施工项目各个施工过程的施工顺序、施工持续时间及相互的衔接、穿插、平行搭接和合理的配合关系。

3）为编制施工作业计划提供依据。

4）是编制施工现场劳动力、材料、机具等资源需要量计划的依据。

5）是编制施工准备工作计划的依据。

6）对施工项目的施工起到指导作用。

（3）施工进度计划的表达方式：

施工项目施工进度计划表达方式有多种，常用的有横道图计划和网络图计划两种表达方式。

1）横道图计划。

横道图也称甘特图，是美国人甘特（Gantt）在20世纪20年代提出的。横道图中的进度线（横道线）与时间坐标相对应，表示方式形象、直观，且易于编制和理解，因而，长期以来被广泛应用于施工项目进度控制之中，见表2-11。

施工进度计划表 **表2-11**

<table>
<tr><th rowspan="3">序号</th><th rowspan="3">施工过程</th><th colspan="2">工程量</th><th rowspan="3">施工定额</th><th colspan="2">需用劳动量</th><th colspan="2">需用机械台班量</th><th rowspan="3">每天工作班制</th><th rowspan="3">每班安排工人数或机械台数</th><th rowspan="3">工作天数（天）</th><th colspan="8">施工进度</th></tr>
<tr><th rowspan="2">单位</th><th rowspan="2">数量</th><th rowspan="2">工种名称</th><th rowspan="2">数量（工日）</th><th rowspan="2">机械名称</th><th rowspan="2">数量（台班）</th><th colspan="4">月</th><th colspan="4">月</th></tr>
<tr><th></th><th></th><th></th><th></th><th></th><th></th><th></th><th></th></tr>
<tr><td></td><td></td><td></td><td></td><td></td><td></td><td></td><td></td><td></td><td></td><td></td><td></td><td></td><td></td><td></td><td></td><td></td><td></td><td></td><td></td></tr>
<tr><td></td><td></td><td></td><td></td><td></td><td></td><td></td><td></td><td></td><td></td><td></td><td></td><td></td><td></td><td></td><td></td><td></td><td></td><td></td><td></td></tr>
<tr><td></td><td></td><td></td><td></td><td></td><td></td><td></td><td></td><td></td><td></td><td></td><td></td><td></td><td></td><td></td><td></td><td></td><td></td><td></td><td></td></tr>
<tr><td></td><td></td><td></td><td></td><td></td><td></td><td></td><td></td><td></td><td></td><td></td><td></td><td></td><td></td><td></td><td></td><td></td><td></td><td></td><td></td></tr>
<tr><td></td><td></td><td></td><td></td><td></td><td></td><td></td><td></td><td></td><td></td><td></td><td></td><td></td><td></td><td></td><td></td><td></td><td></td><td></td><td></td></tr>
<tr><td></td><td></td><td></td><td></td><td></td><td></td><td></td><td></td><td></td><td></td><td></td><td></td><td></td><td></td><td></td><td></td><td></td><td></td><td></td><td></td></tr>
</table>

表2-11一般由两个基本部分组成，即左边部分是施工过程名称、工程量、施工定额、劳动量或机械台班量、每天工作班次、每班安排的工人数或机械台数及工作时间等计算数据；右边部分是进度线（横道线），表示施工过程的起讫时间、延续时间及相互搭接关系，以及整个施工项目的开工时间、完工时间和总工期。

利用横道图表示进度计划，有很大的优点，也存在下列缺点：

① 施工过程中的逻辑关系可以设法表达，但不易表达清楚，因而在计划执行中，当某些施工过程的进度由于某种原因提前或拖延时，不便于分析对其他施工过程及总工期的影响程度，不利于施工项目进度的动态控制。

② 不能明确地反映进度计划影响工期的关键工作和关键线路，也就无法反映出整个施工项目的关键所在，因而不便于施工进度控制人员抓住主要矛盾。

③ 不能反映出各项工作所具有的机动时间（时差），看不到施工进度计划潜力所在，无法进行最合理的组织和指挥。

④ 不能反映施工费用与工期之间的关系，因而不便于缩短工期和降低施工成本。

⑤ 不能应用电子计算机进行计算，适用于手工编制施工进度计划，计划的调整优化也只能用手工方式进行，因而工作量较大。

由于横道图计划存在以上不足，给施工项目进度控制工作带来了很大不便。即使进度控制人员在进度计划编制时已充分考虑了各方面的问题，在横道图计划上也不能全面地反映出来，特别是当工程项目规模较大、工程结构及工艺关系较复杂时，横道图计划就很难充分地表达出来。由此可见，横道图计划虽然被广泛应用于施工项目进度控制中，但也有较大的局限性。

2）网络图计划。

网络计划方法的基本原理：首先绘制施工项目施工网络图，表达计划中各工作先后顺序的逻辑关系；然后通过各时间参数的计算找出关键工作及关键线路；继而通过不断改进网络计划，寻求最优方案，并付诸实施；最后在执行过程中进行有效的控制和监督。

施工进度计划用网络计划来表示，可以使施工项目进度得到有效控制。国内外实践证明，网络计划技术是用来控制施工项目进度的最有效工具。

利用网络计划控制施工项目进度，可以弥补横道图计划的许多不足。与横道图计划相比，网络计划具有以下主要特点：

① 网络计划能够明确表达各项工作之间相互依赖、相互制约的逻辑关系。

所谓逻辑关系，是指各项工作之间客观上存在和主观上安排的先后顺序关系。包含两类，一类是工艺关系，即由施工工艺和操作规程所决定的各项工作之间客观上存在的先后顺序关系，称为工艺逻辑；另一类是组织关系，即在施工组织安排中，考虑劳动力、材料、施工机具或施工工期影响，在各项工作之间主观上安排的先后顺序关系，称为组织逻辑。网络计划能够明确地表达各项工作之间的逻辑关系；对于分析各项工作之间的相互影响及处理它们之间的协作关系，具有非常重要的意义，同时也是网络计划比横道图计划先进的主要特征。

② 通过网络计划各时间参数的计算，可以找出关键工作和关键线路。

通过网络计划各时间参数的计算，能够明确网络计划中的关键工作和关键线路，能反映出整个施工项目的关键所在，也就明确了施工进度控制中的重点，便于施工进度控制人员抓住主要矛盾，这对提高施工项目进度控制的效果具有非常重要的意义。

③ 通过网络计划各时间参数的计算，可以明确各项工作的机动时间。

所谓工作的机动时间，是指在执行进度计划时除完成任务所必需的时间外，尚剩余的可供利用的富裕时间，亦称为“时差”。在一般情况下，除关键工作外，其他各项工作（非关键工作）均有富余时间，这种富余时间可视为一种“潜力”，既可以用来支援关键工作，也可以用来优化网络计划，降低单位时间资源需求量。

④ 网络计划可以利用电子计算机进行计算、优化和调整。

对进度计划进行计算、优化和调整是施工项目进度控制工作中的一项重要内容。由于影响施工进度的因素有很多，仅靠手工对施工进度计划进行计算、优化和调整是非常困难的，只有利用电子计算机对施工进度计划进行计算、优化和调整，才能适应施工实际变化的要求，网络计划就能做到这一点，因而网络计划成为控制施工项目进度最有效的工具。

以上几点是网络计划的优点，与横道图计划相比，它不够形象、直观，不易编制和理解。

（4）施工进度计划的编制依据：

在施工项目施工方案确定以后就可以编制施工进度计划，编制的主要依据有：

1）经会审的全套施工图、工艺设计图、标准图及有关技术资料。

2）施工工期及开工、竣工日期要求。

3）已经确定的施工方案。

4）施工定额。

5）劳动力、材料、机具等资源的供应情况。

6）施工条件及分包单位情况。

7）施工现场情况。

8）其他有关参考资料，如施工合同、施工组织设计实例等。

（5）施工进度计划的编制：

编制施工项目施工进度计划是在满足施工合同规定工期要求的情况下，对选定的施工方案、资源的供应情况、协作单位配合施工情况等所作的综合研究和周密部署。其具体编制方法和步骤如下：

1）划分施工过程。

编制施工进度计划时，首先按照施工图纸划分施工过程，并结合施工方法、施工条件、劳动组织等因素，加以适当整理，再进行有关内容的计算和设计。施工过程划分应考虑下述要求：

① 施工过程划分的粗细程度的要求。

对于控制性施工进度计划，其施工过程的划分可以粗一些，一般可按分部工程划分施工过程。如：开工前准备、地基与基础工程、主体结构工程、屋面及装修工程等。对于指导性施工进度计划，其施工过程的划分应细一些，要求每个分部工程所包括的主要分项工程均应一一列出，起到指导施工的作用。

② 对施工过程进行适当合作，达到简明清晰的要求。

施工过程划分太细，施工进度图表就会显得繁杂，重点不突出，反而失去指导施工的意义，并且增加编制施工进度计划的难度。因此，为了使得计划简明清晰，突出重点，一些次要的施工过程应合并到主要施工过程中去；有些虽然重要但工程量不大的施工过程也可与相邻的施工过程合并，如挖土可与垫层施工合并为一项，组织混合班组施工；同一时期由同工种施工的施工内容也可以合并在一起，如墙体砌筑，不分内墙、外墙、隔墙等，而合并为墙体砌筑一项。

③ 施工过程划分的工艺性要求。

现浇钢筋混凝土工程施工，一般可分为安装模板、绑扎钢筋、浇筑混凝土等施工过程，是合并还是分别列项，应视工程施工组织、工程量、结构性质等因素考虑确定。一般现浇钢筋混凝土框剪结构的施工应分别列项，可分为：绑扎柱、墙钢筋，安装柱、墙模板，浇捣柱、墙混凝土，安装梁、板模板，绑扎梁、板钢筋，浇捣梁、板混凝土等施工过程。但在现浇钢筋混凝土工程量不大的工程对象中，一般不再细分，可合并为一项，如砌体结构工程中的现浇雨篷、圈梁、楼板、构造柱等，即可列为一项，由施工班组的各工种互相配合施工。

装修工程中的外装修可能有若干种装修做法，划分施工过程时，一般合并为一项，但也可分别列项。内装修中应按楼地面、顶棚及墙面抹灰、楼梯间及踏步抹灰等分别列项，以便组织施工和安排进度。

施工过程的划分，还应考虑已选定的施工方案。如高层现浇钢筋混凝土结构房屋的水暖煤卫电等房屋设备安装是建筑工程重要组成部分，应单独列项；土建施工进度计划中只需列出设备安装的施工过程，表明其与土建施工的配合关系。

④ 明确施工过程对施工进度的影响程度。

根据施工过程对施工进度的影响程度可分为三类。一类为资源驱动的施工过程，这类施工过程直接在施工项目上进行作业、占用时间、消耗资源，对施工项目的完成与否起着决定性的作用，它在条件允许的情况下，可以缩短或延长工期。第二类为辅助性施工过程，它一般不占用施工项目的工作面，虽需要一定的时间和消耗一定的资源，但不占用工期，故可不列入施工进度计划以内。如交通运输、场外构件加工等。第三类施工过程虽然直接在施工项目上进行作业，但它的工期不以人的意志为转移，随着客观条件的变化而变化，它应根据具体情况列入施工进度计划，如混凝土的养护等。

2）计算工程量：

当确定了施工过程之后，应计算每个施工过程的工程量。工程量应根据施工图纸、工程量计算规则及相应的施工方法进行计算。计算工程量时应注意以下几个问题：

① 注意工程量的计量单位。

每个施工过程的工程量的计量单位与采用的施工定额的计量单位相一致。如模板工程以平方米为计量单位；钢筋工程以吨为计量单位；混凝土以立方米为计量单位等。这样，在计算劳动量、材料消耗及机械台班量时就可直接套用施工定额，不需要再进行换算。

② 注意采用的施工方法。

计算工程量时，应与采用的施工方法相一致，以便计算的工程量与施工的实际情况相符合。例如：挖土时是否放坡，是否增加工作面，坡度和工作面尺寸是多少。

③ 结合施工组织要求。

工程量计算中应结合施工组织要求，分区、分段、分层，以便组织流水作业。

④ 正确取用预算文件中的工程量。

如果编制施工进度计划时，已编制出预算文件（施工图预算或施工预算），则工程量可从预算文件中摘出并汇总。例如：要确定施工进度计划中列出的“砌筑墙体”这一施工过程的工程量，可先分析它包括哪些施工内容，然后从预算文件中摘出这些施工内容的工程量，再将它们全部汇总即可求得。但是，施工进度计划中某些施工过程与预算文件的内容不同或有出入时，则应根据施工实际情况加以修改、调整或重新计算。

3）套用施工定额。

划分了施工过程及计算工程量之后，即可套用施工定额，以确定劳动量和机械台班量。

在套用国家或当地颁布的定额时，必须注意结合本单位工人的技术等级、实际操作水平、施工机械情况和施工现场条件等因素，确定定额的实际水平，使计算出来的劳动量、机械台班量符合实际需要。

有些采用新技术、新材料、新工艺或特殊施工方法的施工过程，定额中尚未编入，这时可参考类似施工过程的定额、经验资料，按实际情况确定。

4）计算确定劳动量及机械台班量。

根据工程量及确定采用的施工定额，并结合施工的实际情况，即可确定劳动量及机械台班量。一般按下式计算：

$$P=Q/S=QH \tag{2-1}$$

式中 P——某施工过程所需的劳动量（工日）或机械台班量（台班）；

Q——某施工过程的工程量（实物计量单位），单位有 m^3、m^2、m、t 等；

S——某施工过程所采用的产量定额，单位有 m^3/工日、m^2/工日、m/工日、t/工日，m^3/台班、m^2/台班、m/台班、t/台班等；

H——某施工过程所采用的时间定额，单位有工日/m^3、工日/m^2、工日/m、工日/t，台班/m^3、台班/m^2、台班/m、台班/t 等。

【例 2-1】某基础工程土方开挖，施工方案确定为人工开挖，工程量为 600m^3，采用的劳动

定额为 $4m^3$/工日。计算完成该基础工程开挖所需的劳动量。

【解】

$$P=Q/S=600/4=150\ \text{工日}$$

【例 2-2】 某基坑土方开挖，施工方案确定采用 W-100 型反铲挖土机开挖，工程量为 $2200m^3$，经计算采用的机械台班产量是 $120m^3$/台班。计算完成此基坑开挖所需的机械台班量。

【解】

$$P=Q/S=2200/120=18.33\ \text{台班}$$

取 18.5 台班。

当某一施工过程由两个或两个以上不同分项工程合并组成时，其总劳动量或总机械台班量按下式计算：

$$P_{\text{总}}=\sum_{i=1}^{n}P_i=P_1+P_2+P_3+\cdots+P_n \tag{2-2}$$

【例 2-3】 某钢筋混凝土杯形基础施工，其支设模板、绑扎钢筋、浇筑混凝土三个施工过程的工程量分别为 $600m^2$、5t、$250m^3$，查劳动定额得其时间定额分别是 0.253 工日/m^2、5.28 工日/t、0.833 工日/m^3，试计算完成钢筋混凝土基础所需劳动量。

【解】

$P_{\text{模}}=600\times0.253=151.8$ 工日

$P_{\text{筋}}=5\times5.28=26.4$ 工日

$P_{\text{混凝土}}=250\times0.833=208.3$ 工日

$P_{\text{杯基}}=P_{\text{模}}+P_{\text{筋}}+P_{\text{混凝土}}=151.8+26.4+208.3=386.5$ 工日

当某一施工过程是由同一工种，但不同做法、不同材料的若干分项工程合并组成时，应先按式(2-3)计算其综合定额，再求其劳动量。

$$\overline{S}=\frac{\sum_{i=1}^{n}Q_i}{\sum_{i=1}^{n}P_i} \tag{2-3a}$$

$$\overline{H}=\frac{1}{\overline{S}} \tag{2-3b}$$

式中 $\overline{S}$——某施工过程的综合产量定额，单位有 m^3/工日、m^2/工日、m/工日、t/工日，m^3/台班、m^2/台班、m/台班、t/台班等；

$\overline{H}$——某施工过程的综合时间定额，单位有工日/m^3、工日/m^2、工日/m、工日/t，台班/m^3、台班/m^2、台班/m、台班/t 等；

$\sum_{i=1}^{n}Q_i$——总工程量，m^3、m^2、m、t 等；

$\sum_{i=1}^{n}P_i$——总劳动量（工日）或总机械台班量（台班）。

【例 2-4】 某工程外墙装饰有外墙涂料、真石漆、贴面砖三种做法，其工程量分别为

850.5m²、500.3m²、320.3m²；采用的产量定额分别是 7.56m²/工日、4.35m²/工日、4.05m²/工日。计算它们的综合产量定额及外墙面装饰所需的劳动量。

【解】

a. 综合产量定额

$$\overline{S}=\frac{\sum_{i=1}^{n}Q_i}{\sum_{i=1}^{n}P_i}=\frac{850.5+500.3+320.3}{\frac{850.5}{7.56}+\frac{500.3}{4.35}+\frac{320.3}{4.06}}=5.45\text{m}^2/\text{工日}$$

b. 外墙面装饰所需的劳动量

$$P_{外墙装饰}=\frac{\sum_{i=1}^{n}Q_i}{\overline{S}}=\frac{1671.1}{5.45}=306.6\text{ 工日}$$

取 P 外墙装饰＝307 工日。

5）计算确定施工过程的延续时间。

施工过程持续时间的确定方法有三种：经验估算法、定额计算法和倒排计划法。

① 经验估算法：

经验估算法也称三时估算法，即先估计出完成该施工过程的最乐观时间、最悲观时间和最可能时间三种施工时间，再根据式（2-4）计算出该施工过程的延续时间。这种方法适用于新结构、新技术、新工艺、新材料等无定额可循的施工过程。

$$D=\frac{A+4B+C}{6} \tag{2-4}$$

式中 A——最乐观的时间估算（最短的时间）；

B——最可能的时间估算（最正常的时间）；

C——最悲观的时间估算（最长的时间）。

② 定额计算法：

这种方法是根据施工过程需要的劳动量或机械台班量，配备的劳动人数或机械台班数以及每天工作班次，确定施工过程持续时间。其计算见式（2-5）：

$$D=\frac{P}{RN} \tag{2-5}$$

式中 D——某施工过程持续时间（天）；

P——该施工过程中所需的劳动量（工日）或机械台班量（台班）；

R——该施工过程每班所配备的施工班组人数（人）或机械台数（台）；

N——每天采用工作班制（班/天）。

从上述公式可知，要计算确定某施工过程持续时间，除已确定的 P 外，还必须先确定 R 及 N 的数值。

要确定施工班组人数或施工机械台班数 R，除了考虑必须能获得或能配备的施工班组人数（特别是技术工人人数）或施工机械台数之外，在实际工作中，还必须结合施工现场的具体条件、机械必要的停歇维修与保养时间等因素考虑，才能计算确定出符合实际可能和要求的施工班组人数及机械台数。

每天工作班制 N 的确定，当工期允许、劳动力和施工机械周转使用不紧迫、施工工艺上无法连续施工时，通常每天采用一班制施工，在建筑业中往往采用 1.25 班制即 10h。当工期较紧或为了提高施工机械的使用率及加快机械周转使用，或工艺上要求连续施工时，某些施工过程可考虑每天二班甚至三班制施工。但采用多班制施工，必然增加有关设施及费用，因此，须慎重研究确定。

【例 2-5】 某基础工程混凝土浇筑所需劳动量为 536 工日，每天采用三班制，每班安排 20 人施工。试求完成此基础工程混凝土浇筑所需的持续时间。

【解】

$$D=\frac{P}{RN}=\frac{536}{20\times3}=8.93\text{ 天}$$

取 $D=9$ 天。

③ 倒排计划法

这种方法是根据施工的工期要求，先确定施工过程的延续时间及每天工作班制，再确定施工班组人数或机械台数 R。计算公式如下：

$$R=\frac{P}{DN} \tag{2-6}$$

式中符号同式(2-5)。

如果按上式计算出来的结果，超过了本部门每天能安排现有的人数或机械台数，则要求有关部门进行平衡、调度及支持；或从技术上、组织上采取措施，如组织平行立体交叉流水施工，提高混凝土早期强度及采用多班组、多班制的施工等。

【例 2-6】 某工程砌墙所需劳动量为 810 工日，要求在 20 天内完成，每天采用一班制施工。试求每班安排的工人数。

【解】

$$R=\frac{P}{DN}=\frac{810}{20\times1}=40.5\text{ 人}$$

取 $R=41$ 人。

上例所需施工班组人数为 41 人，若配备技工 20 人，普工 21 人，其比例为 1：1.05，是否有这些劳动人数，是否有 20 个技工，是否有足够的工作面，这些都需经过分析研究才能确定。现按 41 人计算，实际采用的劳动量为 $41\times20\times1=820$ 工日，比计划劳动量 810 个工日多 10 个工日。

6）编制施工进度计划。

当上述划分施工过程及各项计算内容确定之后，便可进行施工进度计划的设计。横道图施工进度计划设计的一般步骤叙述如下：

① 填写施工过程名称与计算数据。

施工过程划分和确定之后，应按照施工顺序要求列成表格，编排序号，依次填写到施工进度计划表的左边各栏内。

高层现浇钢筋混凝土结构房屋各施工过程依次填写的顺序一般是：施工准备工作→基础及

地下室结构工程→主体结构工程→围护工程→装饰工程→其他工程→设备安装工程。

上述施工顺序，如有打桩工程，可填在基础工程之前；施工准备工作如不纳入施工工期计算范围内，也可以不填写，但必须做好必要的施工准备工作；还有一些施工机械安装、脚手架搭设是否要填写，应根据具体情况分析确定，一般来说，安装塔吊及人货电梯要占据一定的施工时间，所以应填写；井字架的搭设可在砌筑墙体工程时平行操作，一般不占用施工时间，可以不填写；脚手架搭设配合砌筑墙体工程进行，一般可以填写，但它不占施工时间。

以上内容还应按施工工艺顺序的内容进行细分，填写完成后，应检查是否有遗漏、重复、错误等，待检查修正没有错误，就进行初排施工进度计划。

② 初排施工进度计划。

根据选定的施工方案，按各分部分项工程的施工顺序，从第一个分部工程开始，一个接一个分部工程初排，直至排完最后一个分部工程。在初排每个分部工程的施工进度时，首先要考虑施工方案中已经确定的流水施工组织，并考虑初排该分部工程中一个或几个主要的施工过程。初排完每一个分部工程的施工进度后，应检查是否有错误，没有错误以后，再排下一个分部工程的施工进度，这时应注意该分部工程与前面分部工程在施工工艺、技术、组织安排上的衔接、穿插、平行搭接的关系。

③ 检查与调整施工进度计划。

当整个施工项目的施工进度初排后，必须对初排的施工进度方案作全面检查，如有不符合要求或错误之处，应进行修改并调整，直至符合要求为止，使之成为指导施工项目施工的正式的施工进度计划。具体内容如下：

A. 检查整个施工项目施工进度计划初排方案的总工期是否符合施工合同规定工期的要求。当总工期不符合施工合同规定工期的要求，且相差较大时，有必要对已选定的施工方案进行重新研究修改与调整。

B. 检查整个施工项目每个施工过程在施工工艺、技术、组织安排上是否正确合理。如有不合理或错误之处，应进行修改与调整。

C. 检查整个施工项目每个施工过程的起讫时间和延续时间是否正确合理。当初排施工进度计划的总工期不符合施工合同规定工期要求时，要进行修改与调整。

D. 检查整个施工项目某些施工过程应有技术组织间歇时间是否符合要求。如不符合要求应进行修改与调整，例如混凝土浇筑以后的养护时间；钢筋绑扎完成以后的隐蔽工程检查验收时间等。

E. 检查整个施工项目施工进度安排，劳动力、材料、机械设备等资源供应与使用是否连续、均衡，如出现劳动力、材料、机械设备等资源供应与使用过分集中，应进行修改与调整。

建筑施工是一个复杂的过程，每个施工过程的安排并不是孤立的，它们必须相互制约、相互依赖、相互联系。在编制施工进度计划时，必须从施工全局出发，进行周密的考虑、充分的预测、全面的安排、精心的设计，对施工项目的施工起到指导作用。

【例 2-7】某浅基础工程施工有关资料见表 2-12，均匀划分三个施工段组织流水施工方案，混凝土垫层浇完后须养护两天才能在其上进行基础弹线工作。请编制该基础工程的施工进度计划。

某浅基础工程施工有关资料 表 2-12

分部分项工程名称	工程量（m^3）	产量定额（m^3/工日）	每天工作班班制（班/天）	每班安排工人数（人）
基槽挖土	3441	4.69	1	40
浇混凝土垫层	228	0.96	1	26
砌砖基础	919	0.91	1	37
回填土	2294	5.98	1	42

【解】根据表 2-12 提供的有关资料及式（2-1）、式（2-5），进行劳动量、施工过程延续时间、流水节拍计算，结果汇总见表 2-13。

某浅基础工程施工劳动量、施工过程延续时间、流水节拍汇总表 表 2-13

分部分项工程名称	需用劳动量（工日）	工作天数（天）	流水节拍（天）
基槽挖土	734	18	6
浇混凝土垫层	238	9	3
砌砖基础	1100	27	9
回填土	384	9	3

a. 横道图施工进度计划，见表 2-14。

b. 按施工过程排列的双代号网络图施工进度计划，如图 2-11 所示。

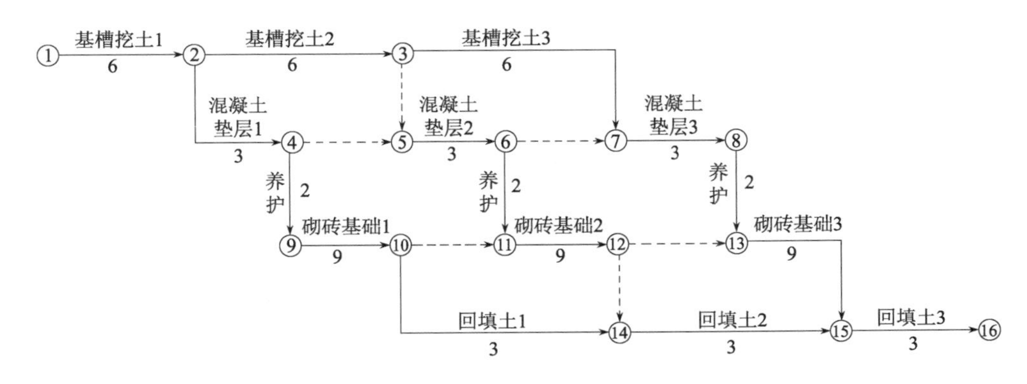

图 2-11 基础工程网络图施工进度计划（按施工过程排列）

c. 按施工段排列的双代号网络图施工进度计划，如图 2-12 所示。

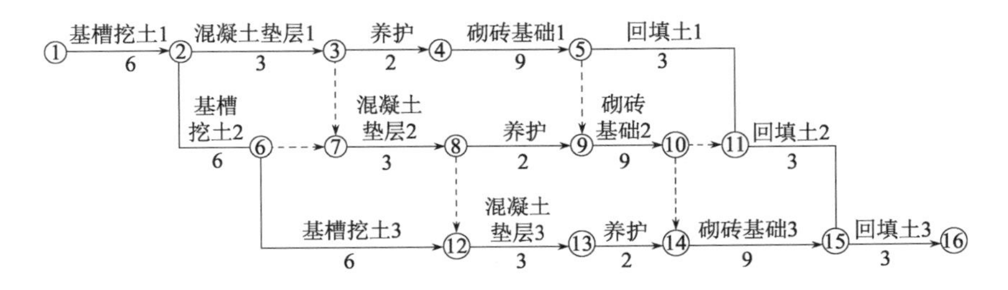

图 2-12 基础工程网络图施工进度计划（按施工段排列）

表 2-14

横道图施工进度计划

序号	分部分项工程名称	工人人数	施工进度计划																																													
			1	2	3	4	5	6	7	8	9	10	11	12	13	14	15	16	17	18	19	20	21	22	23	24	25	26	27	28	29	30	31	32	33	34	35	36	37	38	39	40	41	42	43	44	45	46	47	48
1	基槽挖土	40																																														
2	浇混凝土垫层	26																																														
3	砌砖基础	37																																														
4	回填土	42																																														

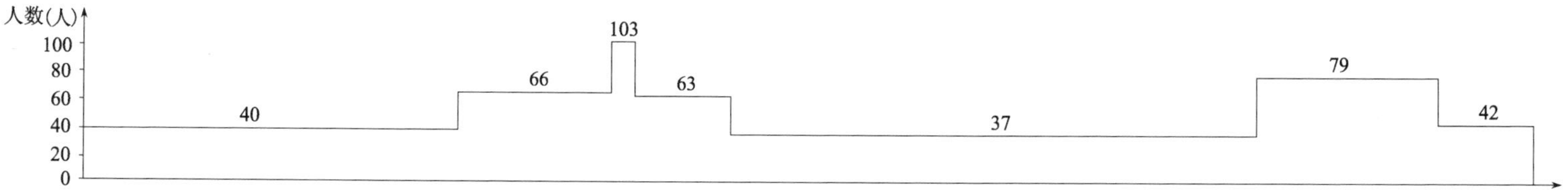

人数(人)
100
80
60
40
20
0
40
66
103
63
37
79
42
时间（天）

劳动力动态曲线

（6）各项资源需用量计划的编制。

在施工项目的施工方案已选定、施工进度计划编制完成后，就可编制劳动力、主要材料、构件与半成品、施工机具等各项资源用量计划。各项资源需用量计划不仅是为了明确各项资源的需用量，也是为施工过程中各项资源的供应、平衡、调整、落实提供了可靠的依据，是施工项目经理部编制施工作业计划的主要依据。

1）劳动力需用量计划。

劳动力需用量计划是根据施工项目的施工进度计划、施工预算、劳动定额编制的，主要用于平衡调配劳动力及安排生活福利设施。其编制方法是：将施工进度计划上所列各施工过程每天所需工人人数按工种进行汇总，即得出每天所需工种及其人数。劳动力需用量计划的表格形式，见表2-15。

劳动力需用量计划　　表2-15

序号	工种名称	需用总工日数	需用人数	需用时间												备注
				×月			×月			×月			×月			
				上	中	下	上	中	下	上	中	下	上	中	下	

2）主要材料需用量计划。

主要材料需用量计划是根据施工项目的施工进度计划、施工预算、材料消耗定额编制的，主要用于备料、供料和确定仓库、堆场位置和面积及组织材料的运输。其编制方法是：将施工进度计划上各施工过程的工程量，按材料品种、规格、数量、需用时间进行计算并汇总。主要材料需用量计划的表格形式，见表2-16。

主要材料需用量计划　　表2-16

序号	材料名称	规格	需用量		需用量												备注
			单位	数量	×月			×月			×月			×月			
					上	中	下	上	中	下	上	中	下	上	中	下	

3）构件和半成品需用量计划。

构件和半成品需用量计划是根据施工项目的施工图、施工方案、施工进度计划编制的，主要用于落实加工订货单位、组织加工运输和确定堆场位置及面积。其编制方法是：将施工进度计划上有关施工过程的工程量，按构件和半成品所需规格、数量、需用时间进行计算并汇总。构件和半成品需用量计划的表格形式，见表 2-17。

构件和半成品需用量计划 **表 2-17**

序　号	构件和半成品名称	规　格	图　号	需用量		加工单位	供应日期	备　注
				单位	数量			

4）施工机具需用量计划。

施工机具需用量计划是根据施工项目的施工方案、施工进度计划编制的，主要用于施工机具的来源及组织进、退场日期。其编制方法是：将施工进度计划上有关施工过程所需的施工机具按其类型、数量、进退场时间进行汇总。施工机具需用量计划的表格形式，见表 2-18。

施工机具需用量计划 **表 2-18**

序　号	施工机具名称	类型型号	需用量		来　源	使用起讫时间	备　注
			单位	数量			

3.2.5 施工现场平面图

施工平面图是对拟建工程施工现场所作的平面和空间的规划。它是根据拟建工程的规模、施工方案、施工进度计划及施工现场的条件等，按照一定的设计原则，将施工现场的起重垂直机械、材料仓库或堆场、附属企业或加工厂、道路交通、临时房屋、临时水、电、动力管线等的合理布置，以图纸形式表现出来，从而正确处理施工期间所需的各种暂设工程同永久性工程和拟建工程之间的合理位置关系，以指导现场进行有组织有计划地文明施工。

施工平面图是施工组织设计的主要组成部分。有的建筑工地秩序井然，有的则杂乱无章，这与施工平面图设计的合理与否有直接的关系。合理的施工平面布置对于顺利执行施工进度计划，实现文明施工是非常重要的。反之，如果施工平面图设计不周或管理不当，都将导致施工现场的混乱，直接影响施工进度、施工安全、劳动生产率和施工成本。因此在施工组织设计中对施工平面图的设计应予重视。

1. 施工平面图设计的依据

施工平面图的设计，应力求真实详细地反映施工现场情况，以期能达到便于对施工现场控制和经济上合理的目的。为此，在设计施工平面图之前，必须熟悉施工现场及周围环境，调查研究有关技术经济资料，分析研究拟建工程的工程概况、施工方案、施工进度及有关要求。施工平面图设计所依据的主要资料有：

（1）自然条件调查资料。

如气象、地形、地貌、水文及工程地质资料，周围环境和障碍物等，主要用于布置地表水和地下水的排水沟，确定易燃、易爆、沥青灶、化灰池等有碍人体健康的设施的布置，安排冬雨期施工期间所需设施的地点。

（2）技术经济条件调查资料。

如交通运输、水源、电源、物资资源、生产基地状况等资料，主要用于布置水暖煤卫电等管线的位置及走向，施工场地出入口、道路的位置及走向。

（3）社会条件调查资料。

如社会劳动力和生活设施，建设单位可提供的房屋和其他生活设施等，主要用于确定可利用的房屋和设施情况，确定临时设施的数量。

（4）建筑总平面图。

图上表明一切地上、地下的已建和拟建工程的位置和尺寸，标明地形的变化。这是正确确定临时设施位置，修建运输道路及排水设施所必须的资料，以便考虑是否可以利用原有的房屋为施工服务。

（5）一切原有和拟建的地上、地下管道位置资料。

在设计施工平面图时，可考虑是否利用这些管道，或考虑管道有碍施工而拆除或迁移，并避免把临时设施布置在拟建管道上面。

（6）建筑区域场地的竖向设计资料和土方平衡图。

这是布置水、电管线和安排土方的挖填及确定取土、弃土地点的重要依据。

（7）施工方案。

根据施工方案可确定起重垂直运输机械、搅拌机械等各种施工机具的位置、数量和规划场地。

（8）施工进度计划。

根据施工进度计划，可了解各个施工阶段的情况，以便分阶段布置施工现场。

（9）资源需要量计划。

根据劳动力、材料、构件、半成品等需要量计划，可以确定工人临时宿舍、仓库和堆场的面积、形式和位置。

（10）有关建设法律法规对施工现场管理提出的要求。

主要文件有《建设工程施工现场管理规定》《中华人民共和国文物保护法》《中华人民共和国环境保护法》《中华人民共和国环境噪声污染防治法》《中华人民共和国消防法》《中华人民共和国消防条例》《建设工程施工现场综合考评试行办法》《建筑工程安全检查标准》等。根据这些法律法规，可以使施工平面图的布置安全有序，整洁卫生，不扰民，不损害公共利益，做到文明施工。

2. 施工平面图设计的原则

在保证施工顺利进行及施工安全的前提下，满足以下原则：

（1）布置紧凑，尽量少占施工用地。

这样便于管理，并减少施工用的管线，降低成本。在进行大规模工程施工时，要根据各阶段施工平面图的要求，分期分批地征购土地，以便做到少占土地和不占用土地。

（2）最大限度地降低工地的运输费。

为降低运输费用，应最大限度缩短场内运距，尽可能减少二次搬运。各种材料尽可能按计划分期分批进场，充分利用场地。各种材料堆放位置，应根据使用时间的要求，尽量靠近使用地点。合理地布置各种仓库、起重设备、加工厂和机械化装置，正确地选择运输方式和铺设工地运输道路，以保证各种建筑材料、动能和其他资料的运输距离以及其转运数量最小，加工厂的位置应设在便于原料运进和成品运出的地方，同时保证在生产上有合理的流水线。

（3）临时工程的费用应尽量减少。

为了降低临时工程的费用，首先应该力求减少临时建筑和设施的工程量，主要方法是尽最大可能利用现有的建筑物以及可供施工使用的设施，争取提前修建拟建永久性建筑物、道路、上下水管网、电力设备等。对于临时工程的结构，应尽量采用简单的装拆式结构，或采用标准设计。布置时不要影响正式工程的施工，避免二次或多次拆建。尽可能使用当地的廉价材料。

临时通路的选线应该考虑沿自然标高修筑，以减少土方工程量，当修建运输量不大的临时铁路时，尽量采用旧枕木、旧钢轨，减少道渣厚度和曲率半径。当修筑临时汽车路时，可以采用装配式钢筋混凝土道路铺板，根据运输的强度采用不同的构造与宽度。

加工厂的位置，在考虑生产需要的同时，应选择开拓费用最少之处。这种场地应该是地势平坦和地下水位较低的地方。

供应装置及仓库等，应尽可能布置在使用者中心或靠近中心。这主要是为了使管线长度最短、断面最小以及运输道路最短、供应方便，同时还可以减少水的损失、电压损失以及降低养护与修理费用等。

（4）方便生产，方便生活。

各项临时设施的布置，应该明确为工人服务，应便利于施工管理及工人的生产和生活，使工人至施工区的距离最近，使工人在工地上因往返而损失的时间最少。办公房应靠近施工现场，福利设施应在生活区范围之内。

（5）应符合劳动保护、技术安全、防火和防洪的要求。

必须使各房屋之间保持一定的距离：例如木材加工厂、锻造工场距离施工对象均不得小于30m；易燃房屋及沥青灶、化灰池应布置在下风向；储存燃料及易燃物品的仓库，如汽油、火油和石油等，距拟建工程及其他临时性建筑物不得小于50m，必要时应做成地下仓库；炸药、雷管要严格控制并由专人保管；机械设备的钢丝绳、缆风绳以及电缆、电线与管道等不要妨碍交通，保证道路畅通；在铁路与公路及其他道路交叉处应设立明显的标志，在工地内应设立消防站、瞭望台、警卫室等；在布置道路的同时，还要考虑到消防道路的宽度，应使消防车可以通畅地到达所有临时与永久性建筑物处；根据具体情况，考虑各种劳保、安全、消防设施；雨期施工时，应考虑防洪、排涝等措施。

施工平面图的设计，应根据上述原则并结合具体情况编制出若干个可能的方案，并需进行技术经济比较，从中选择出经济、安全、合理、可行的方案。方案比较的技术经济指标一般有：满足施工要求的程度；施工占地面积；施工场地利用率；临时设施的数量、面积、费用；场内各种主要材料、半成品、构件的运距和运量大小；场内运输道路的总长度、宽度；各种水、电管线的铺设长度；是否符合国家规定的技术安全、劳动保护及防火要求等。

3. 施工平面图设计的步骤

(1) 起重垂直运输机械的布置。

起重机械的位置直接影响仓库、堆场、砂浆和混凝土制备站的位置，以及道路和水、电线路的布置等。因此应予以首先考虑。

布置固定式垂直运输设备，例如井架、龙门架、施工电梯等，主要根据机械性能、建筑物的平面和大小、施工段的划分、材料进场方向和道路情况而定。其目的是充分发挥起重机械的能力并使地面和楼面上的水平运距最小。一般说来，当建筑物各部位的高度相同时，布置在施工段的分界线附近；当建筑物各部位的高度不同时，布置在高低分界线处。这样布置的优点是楼面上各施工段水平运输互不干扰。若有可能；井架、龙门架、施工电梯的位置，以布置在建筑的窗口处为宜，以避免砌墙留槎和减少井架拆除后的修补工作。固定式起重运输设备中卷扬机的位置不应距离起重机过近，以便司机的视线能够看到起重机的整个升降过程。

由于各种垂直运输机械的性能不同，其布置位置也不相同。

1) 塔式起重机的布置。

塔式起重机是集起重、垂直提升、水平输送三种功能为一身的机械设备。垂直和水平运输长、大、重的物料，塔式起重机为首选机械。塔式起重机有轨道式和固定式二种，轨道式起重机由于其稳定性差已经很少使用，特别在南方由于季风的影响使得轨道式塔式起重机更容易出现安全事故。塔吊的布置除了安全上应注意的问题以外，还应该着重解决布置的位置问题。建筑物的平面应尽可能处于吊臂回转半径之内，以便直接将材料和构件运至任何施工地点，尽量避免出现“死角”(图 2-13)。塔式起重机的安装位置，主要取决于建筑物的平面布置、形状、高度和吊装方法等。塔吊离建筑物的距离应该考虑脚手架的宽度、建筑物悬挑部位的宽度、安全距离、回转半径 (R) 等因素，因此距离 B 不可能等于零，也不可能无穷大，塔式起重机的布置必须进行专项施工方案设计。

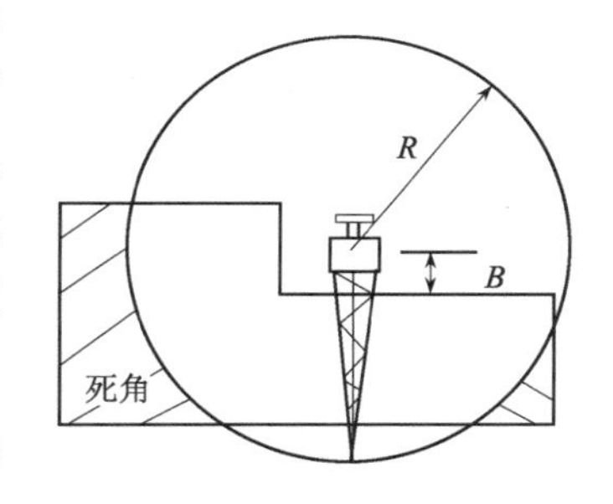

图 2-13 塔式起重机布置方案

2) 井架的布置。

井架属于固定式垂直运输机械，它的稳定性好、运输量大，是施工中常用的，也是最为简便的垂直运输机械，采用附着式可搭设超过 100m 的高度。

井架的布置，主要根据机械性能、建筑物的平面形状和尺寸、施工段划分情况、建筑物高低层分界位置、材料来向和已有运输道路情况而定。布置的原则是：充分发挥垂直运输的能力，并使地面和路面的水平运距最短。布置时应考虑以下几个方面的因素：

① 当建筑物呈长条形，层数、高度相同时，一般布置在施工段的分界处。

② 当建筑物各部位高度不同时，应布置在建筑物高低分界线较高部位一侧。

③ 井架的布置位置以窗口为宜，以避免砌墙留槎和减少井架拆除后的修补工作。

④ 井架应布置在现场较宽的一面，因为这一面便于堆放材料和构件，以达到缩短运距的要求。

⑤ 井架设置的数量根据垂直运输量的大小，工程进度，台班工作效率及组织流水施工要求等因素计算决定，其台班吊装次数一般为 80～100 次。

⑥ 卷扬机应设置安全作业棚，其位置不应距起重机械过近，以便操作人员的视线能看到整个升降过程，一般要求此距离大于建筑物高度，水平层外脚手架 3m 以上。

⑦ 井架应立在外脚手架之外，并有一定距离为宜，一般为 5～6m。

⑧ 缆风设置，高度在 15m 以下时设一道，15m 以上每增高 10m 增设一道，宜用钢丝绳，并与地面夹角成 45°，当附着于建筑物时可不设缆风。

3）建筑施工电梯的布置。

建筑施工电梯是高层建筑施工中运输施工人员及建筑器材的主要垂直运输设施，它附着在建筑物外墙或其他结构部位上。确定建筑施工电梯的位置时，应考虑便于施工人员上下和物料集散；由电梯口至各施工处的平均距离应最短；便于安装附墙装置；接近电源，有良好的夜间照明。

（2）搅拌站、材料构件的堆场或仓库、加工厂的布置。

搅拌站、材料构件的堆场和仓库、加工厂的位置应尽量靠近使用地点或在塔式起重机的服务范围内，并考虑运输和装卸料的方便。

1）搅拌站的布置（目前大部城区施工采用商品砂浆和商品混凝土）。

搅拌站主要指混凝土及砂浆搅拌机，需要的型号、规格及数量在施工方案选择时确定。其布置要求可按下述因素考虑。

① 为了减少混凝土及砂浆运距，应尽可能布置在起重及垂直运输机械附近。当选择为塔式起重机方案时，其出料斗（车）应在塔式起重机的服务半径之内，以直接挂勾起吊为最佳。

② 搅拌机的布置位置应考虑运输方便，所以附近应布置道路（或布置在道路附近为好），以便砂石进场及拌合物的运输。

③ 搅拌机布置位置应考虑后台有上料的场地，搅拌站所用材料：水泥、砂、石以及水泥库（罐）等都应布置在搅拌机后台附近。

④ 有特大体积混凝土施工时，其搅拌机尽可能靠近使用地点。如浇筑大型混凝土基础时，可将混凝土搅拌站直接设在基础边缘，待基础混凝土浇完后再转移，以减少混凝土的运输距离。

⑤ 混凝土搅拌机每台所需面积约 $25m^2$，冬期施工时，考虑保温与供热设施等面积为 $50m^2$ 左右。砂浆搅拌机每台所需面积约 $15m^2$，冬期施工时面积为 $30m^2$ 左右。

⑥ 搅拌站四周应有排水沟，以便清洗机械的污水排走，避免现场积水。

2）加工厂的布置。

① 木材、钢筋、水电卫安装等加工棚宜设置在建筑物四周稍远处，并有相应的材料及成品堆场。

② 石灰及淋灰池可根据情况布置在砂浆搅拌机附近。

③ 沥青灶应选择较空的场地，远离易燃易爆品仓库和堆场，并布置在施工现场的下风向。

3）材料、构件的堆场或仓库的布置。

各种材料、构件的堆场及仓库应先计算所需的面积，然后根据其施工进度、材料供应情况等，确定分批分期进场。同一场地可供多种材料或构件堆放，如先堆主体施工阶段的模板、后堆装饰装修施工阶段的各种面砖，先堆砖、后堆门窗等。其布置要求可按下述因素考虑。

① 仓库的布置：

水泥仓库应选择地势较高、排水方便、靠近搅拌机的地方。

各种易燃、易爆物品或有毒物品的仓库，如各种油漆、油料、亚硝酸钠、装饰材料等，应与其他物品隔开存放，室内应有良好的通风条件，存储量不易太多，应根据施工进度有计划的进出。仓库内禁止火种进入并配有灭火设备。

木材、钢筋、水电卫器材等仓库，应与加工棚结合布置，以便就近取材加工。

② 预制构件的布置：

预制构件的堆放位置应根据吊装方案，考虑吊装顺序。先吊的放在上面，后吊的放在下面。预制构件应布置在起重机械服务范围之内，堆放数量应根据施工进度、运输能力和条件等因素而定，实行分期分批配套进场，以节省堆放面积。预制构件的进场时间应与吊装就位密切结合，力求直接卸到就位位置，避免二次搬运。

③ 材料堆场的布置：

各种材料堆场的面积应根据其用量的大小、使用时间的长短、供应与运输情况等计算确定。材料堆放应尽量靠近使用地点，减少或避免二次搬运，并考虑运输及卸料方便。如砂、石尽可能布置在搅拌机后台附近，砂、石不同粒径规格应分别堆放。

基础施工时所用的各种材料可堆放在基础四周，但不宜距基坑边缘太近，材料与基坑边的安全距离一般不小于 0.5m，并做基坑边坡稳定性验算，防止塌方事故；围墙边堆放砂、石、石灰等散装材料时，应作高度限制，防止挤倒围墙造成意外伤害；楼层堆物，应规定其数量、位置，防止压断楼板造成坠落事故。

（3）运输道路的布置。

运输道路的布置主要解决运输和消防两个问题。现场运输道路应按材料和构件运输的要求，沿着仓库和堆场进行布置。道路应尽可能利用永久性道路，或先建好永久性道路的路基，在土建工程结束之前再铺路面，以节约费用。现场道路布置时要注意保证行驶畅通，使运输工具有回转的可能性。因此，运输路线最好围绕建筑物布置成一条环行道路。道路两侧一般应结合地形设置排水沟，沟深不小于 0.4m，底宽不小于 0.3m。道路宽度要符合规定，一般不小于 3.5m。道路的最小宽度和转弯半径如表 2-19 和表 2-20 所示，道路路面种类和厚度表如表 2-21 所示。

临时道路主要技术标准 **表 2-19**

指标名称	单位	技术标准
设计车速	km/h	≤20
路基宽度	m	双车道 6～6.5；单车道 4～4.5；困难地段 3.5
路面宽度	m	双车道 5～5.5；单车道 3～3.5
平面曲线最小半径	m	平原、丘陵地区 20；山区 15；回头弯道 12
最大纵坡	%	平原地区 6；丘陵地区 8；山区 11
纵坡最短长度	m	平原地区 100；山区 50
桥面宽度	m	木桥 4～4.5
桥涵载重等级	t	木桥涵 7.8～10.4（汽 6t～汽 8t）

最小允许曲线半径表 **表 2-20**

车辆类型	路面内侧最小曲线半径（m）		
	无拖车	有一辆拖车	有两量拖车
三轮汽车	6		
一般二轴载重汽车：单车道	9	12	15
双车道	7		
三轴载重汽车、重型载重汽车	12	15	18
超重型载重汽车	15	18	21

临时道路路面种类和厚度表　　　　表 2-21

路面种类	特点及其使用条件	路基土	路面厚度（cm）	材料配合比
级配砾石路面	雨天照常通车，可通行较多车辆，但材料级配要求较严	砂质土	10～15	体积比： 黏土：砂：石子＝1：0.7：3.5 重量比： 1. 面层：黏土 13%～15%，砂石料 85%～87% 2. 底层：黏土 10%，砂石混合料 90%
		黏质土或黄土	14～18	
碎（砾）石路面	雨天照常通车，碎（砾）石本身含土较多，不加砂	砂质土	10～18	碎（砾）石＞65%，当地土含量≤35%
		黏质土或黄土	15～20	
碎砖路面	可维持雨天通车，通行车辆较少	砂质土	13～15	垫层：砂或炉渣 4～5cm 底层：7～10cm 碎砖 面层：2～5cm 碎砖
		黏质土或黄土	15～18	
炉渣或矿渣路面	雨天可通车，通行车少，附近有此材料	一般土	10～15	炉渣或矿渣 75%，当地土 25%
		土较松软	15～30	
砂路面	雨天停车，通行车少，附近只有砂	砂质土	15～20	粗砂 50%，细砂、粉砂和黏质土 50%
		黏质土	15～30	
风化石屑路面	雨天停车，通行车少，附近有石料	一般土	10～15	石屑 90%，黏土 10%
石灰土路面	雨天停车，通行车少，附近有石灰	一般土	10～13	石灰 10%，当地土 90%

（4）行政管理、文化生活、福利用临时设施的布置。

这些临时设施一般是工地办公室、宿舍、工人休息室、门卫室、食堂、开水房、浴室、厕所等临时建筑物。确定它们的位置时，应考虑使用方便，不妨碍施工，并符合防火、安全的要求。要尽量利用已有设施和已建工程，必须修建时要进行计算，合理确定面积，努力节约临时设施费用。应尽可能采用活动式结构和就地取材设置。通常，办公室应靠近施工现场，且宜设在工地出入口处；工人休息室应设在工人作业区；宿舍应布置在安全的上风向；门卫及收发室应布置在工地入口处。

行政管理、临时宿舍、生活福利用临时房屋面积参考表如表 2-22 所示。

行政管理、临时宿舍、生活福利用临时房屋面积参考表　　　　表 2-22

序　号	临时房屋名称	单　位	参考面积
1	办公室	m^2/人	3.5
2	单层宿舍（双层床）	m^2/人	2.6～2.8
3	食堂兼礼堂	m^2/人	0.9
4	医务室	m^2/人	0.06（≥30m^2）
5	浴室	m^2/人	0.10
6	俱乐部	m^2/人	0.10
7	门卫、收发室	m^2/人	6～8

(5) 水、电管网的布置。

1) 施工给水管网的布置:

施工给水管网首先要经过设计计算，然后进行布置，包括水源选择、用水量计算(包括生产用水、生活用水、消防用水)、取水设施、储水设施、配水布置、管径确定等。

施工用的临时给水源一般由建设单位负责申请办理，由专业公司进行施工，施工现场范围内的施工用水由施工单位负责，布置时力求管网总长度最短。管径的大小和水龙头数目的设置需视工程规模大小通过计算确定。管道可埋于地下，也可铺设在地面上，视当地的气候条件和使用期限的长短而定。其布置形式有环形、支形、混合式三种。

给水管网应按防火要求设置消火栓，消火栓应沿道路布置，距离路边不大于2m，距离建筑物不小于5m，也不大于25m，消火栓的间距不应超过120m，且应设有明显的标志，周围3m以内不应堆放建筑材料。条件允许时，可利用城市或建设单位的永久消防设施。

高层建筑施工给水系统应设置蓄水池和加压泵，以满足高空用水的要求。

2) 施工排水管网的布置:

为便于排除地面水和地下水，要及时修通永久性下水道，并结合现场地形在建筑物四周设置排泄地面水和地下水的沟渠，如排入城市污水系统，还应设置沉淀池。

在山坡地施工时，应设置拦截山水下泻的沟渠和排泄通道，防止冲毁在建工程和各种设施。

3) 用水量的计算:

生产用水包括工程施工用水、施工机械用水。生活用水包括施工现场生活用水和生活区生活用水。

① 工程施工用水量:

$$q_1 = K_1 \sum \frac{Q_1 \cdot N_1}{T_1 \cdot b} \times \frac{K_2}{8 \times 3600} \tag{2-7}$$

式中 q_1——工程施工用水量(L/s);

K_1——未预见的施工用水系数(1.05～1.15);

Q_1——年(季)度工程量(以实物计量单位表示);

N_1——施工用水定额，见表2-23;

T_1——年(季)度有效工作日(天);

b——每天工作班次(班);

K_2——用水不均衡系数，见表2-24。

② 施工机械用水量:

$$q_2 = K_1 \sum Q_2 \cdot N_2 \times \frac{K_3}{8 \times 3600} \tag{2-8}$$

式中 q_2——施工机械用水量(L/s);

K_1——未预见的施工用水系数(1.05～1.15);

Q_2——同种机械台数(台);

N_2——施工机械用水定额，见表2-25

K_3——施工机械用水不均衡系数，见表2-24。

施工用水 N_1 参考定额　　表 2-23

序号	用水对象	单位	施工用水定额 N_1/L	备注
1	浇筑混凝土全部用水	m^3	1700～2400	
2	搅拌普通混凝土	m^3	250	实测数据
3	搅拌轻质混凝土	m^3	300～350	
4	搅拌泡沫混凝土	m^3	300～400	
5	搅拌热混凝土	m^3	300～350	
6	混凝土养护（自然养护）	m^3	200～400	
7	混凝土养护（蒸汽养护）	m^3	500～700	
8	冲洗模板	m^3	5	
9	搅拌机清洗	台班	600	实测数据
10	人工冲洗石子	m^3	1000	
11	机械冲洗石子	m^3	600	
12	洗砂	m^3	1000	
13	砌砖工程全部用水	m^3	150～250	
14	砌石工程全部用水	m^3	50～80	
15	粉刷工程全部用水	m^3	30	
16	砌耐火砖砌体	m^3	100～150	包括砂浆搅拌
17	洗砖	千块	200～250	
18	洗硅酸盐砌块	m^3	300～350	
19	抹面	m^3	4～6	不包括调制用水找平层
20	楼地面	m^3	190	
21	搅拌砂浆	m^3	300	
22	石灰消化	m^3	3000	

施工用水不均衡系数　　表 2-24

项目	用水名称	系数
K_2	施工工程用水 生产企业用水	1.5 1.25
K_3	施工机械、运输机械 动力设备	2.00 1.05～1.10
K_4	施工现场生活用水	1.30～1.50
K_5	居民生活用水	2.00～2.50

③ 施工现场生活用水量：

$$q_3=\frac{P_1N_3K_4}{b\times8\times3600} \tag{2-9}$$

式中 q_3——施工现场生活用水量（L/s）；

P_1——施工现场高峰期生活人数（人）；

N_3——施工现场生活用水定额，见表 2-25；

K_4——施工现场生活用水不均衡系数，见表 2-24；

b——每天工作班次（班）。

施工机械用水 N_2 参考定额 **表 2-25**

序号	用水对象	单位	耗水量 N_2	备注
1	内燃挖土机	L/（台・m^3）	200～300	以斗容量 m^3 计
2	内燃起重机	L/（台班・t）	15～18	以起重吨数计
3	蒸汽起重机	L/（台班・t）	300～400	以起重吨数计
4	蒸汽打桩机	L/（台班・t）	1000～1200	以锤重吨数计
5	蒸汽压路机	L/（台班・t）	100～150	以压路机吨数计
6	内燃压路机	L/（台班・t）	12～15	以压路机吨数计
7	拖拉机	L/（昼夜・台）	200～300	
8	汽车	L/（昼夜・台）	400～700	
9	标准轨蒸汽机车	L/（昼夜・台）	10000～20000	
10	窄轨蒸汽机车	L/（昼夜・台）	4000～7000	
11	空气压缩机	L/［台班・（m^3/min）］	40～80	以压缩空气排气量 m^3/min 计
12	内燃机动力装置（直流水）	L/（台班・马力）	120～300	
13	内燃机动力装置（循环水）	L/（台班・马力）	25～40	
14	锅炉	L/（h・t）	1000	以小时蒸发量计
15	锅炉	L/（h・m^2）	15～30	以受热面积计
16	点焊机 25 型 50 型 75 型	L/h L/h L/h	100 150～200 250～350	实测数据 实测数据
17	冷拔机	L/h	300	
18	对焊机	L/h	300	
19	凿岩机车 01—30（CM-56） 01—45（TN-4） 01—38（KⅡM-4） YQ—100	L/min L/min L/min L/min	3 5 8 8～12	

生活用水量 N_3（N_4）用水参考定额 **表 2-26**

序号	用水对象	单位	耗水量	备注
1	工地全部生活用水	L/（人・日）	100～120	
2	盥洗生活用水	L/（人・日）	25～30	
3	食堂	L/（人・日）	15～20	
4	浴室（淋浴）	L/（人・次）	50	
5	洗衣	L/（人・次）	30～35	
6	理发室	L/人	15	
7	小学校	L/（人・日）	12～15	
8	幼儿园、托儿所	L/（人・日）	75～90	
9	医院	L/（病床・日）	100～150	

④ 生活区生活用水量：

$$q_4=\frac{P_2N_4K_5}{24\times3600} \tag{2-10}$$

式中 q_4——生活区生活用水量（L/s）；

P_2——生活区居民人数（人）；

N_4——生活区昼夜全部用水定额，见表 2-26；

K_5——生活区用水不均衡系数，见表 2-24。

⑤ 消防用水量：

消防用水量（q_5），见表 2-27。

消防用水量 **表 2-27**

序号	用水名称	火灾同时发生次数	单位	用水量
1	居民区消防用水			
	5000 人以内 10000 人以内 25000 人以内	一次 二次 三次	L/s L/s L/s	10 10～15 15～20
2	施工现场消防用水			
	施工现场在 25 公顷以内 每增加 25 公顷递增	一次	L/s	10～15 5

注：浙江省以 10L/s 考虑，即两股水流每股 5L/s。

⑥ 总用水量 $Q_{理论}$：

当（$q_1+q_2+q_3+q_4$）$\leqslant q_5$ 时，则

$Q_{理论}=q_5+(q_1+q_2+q_3+q_4)/2$

当（$q_1+q_2+q_3+q_4$）$>q_5$ 时，则

$Q_{理论}=q_1+q_2+q_3+q_4$

当工地面积小于 5 万 m^2，并且（$q_1+q_2+q_3+q_4$）$<q_5$ 时，则 $Q_{理论}=q_5$。

最后计算的总用水量，还应增加 10%，即 $Q_{实际}=1.1Q_{理论}$，以补偿不可避免的水管渗漏损失。

4）确定供水直径。

在计算出工地的总需水量后，可计算出管径，公式如下：

$$D=\sqrt{\frac{4Q_{实际}\times 1000}{\pi\times v}} \tag{2-11}$$

式中 D——配水管内径（mm）；

Q——用水量（L/s）；

v——管网中水的流速（m/s），见表 2-28。

临时水管经济流速表 **表 2-28**

管径	流速（m/s）	
	正常时间	消防时间
1）支管 $D<0.10$m	2	
2）生产消防管道 $D=0.1\sim0.3$m	1.3	>3.0
3）生产消防管道 $D>0.3$m	1.5～1.7	2.5
4）生产用水管道 $D>0.3$m	1.5～2.5	3.0

5）施工供电的布置。

施工用电的设计应包括用电量计算、电源选择、电力系统选择和配置。用电量包括动力用电和照明电量。如果是独立的工程施工，要先计算出施工用电总量，并选择相应变压器，然后计算导线截面积并确定供电网形式；如果是扩建工程，可计算出施工用电总量供建设单位解决，不另设变压器。

现场线路应尽量架设在道路的一侧，并尽量保持线路水平。低压线路中，电杆间距应为25～40m，分支线及引入线均应由电杆处接出，不得在两杆之间接出。

线路应布置在起重机的回转半径之外，否则应搭设防护栏，其高度要超过线路2m。机械运转时还应采取相应措施，以确保安全。现场机械较多时，可采用埋地电缆，以减少互相干扰。

6）工地总用电的计算。

施工现场用电量大体上可分为动力用电量和照明用电量两类。在计算用电量时，应考虑以下几点：

① 全工地使用的电力机械设备、工具和照明的用电功率。

② 施工总进度计划中，施工高峰期同时用电数量。

③ 各种电力机械的利用情况。

总用电量可按下式计算

$$P=(1.05\sim1.10)\left(K_1\frac{\sum P_1}{\cos\varphi}+K_2\sum P_2+K_3\sum P_3+K_4\sum P_4\right) \tag{2-12}$$

式中 P——供电设备总需要容量（kVA）；

P_1——电动机额定功率（kW）；

P_2——电焊机额定容量（kVA）；

P_3——室内照明容量（kW）；

P_4——室外照明容量（kW）；

$\cos\varphi$——电动机的平均功率因数（施工现场最高为0.75～0.78，一般为0.65～0.75）；

K_1、K_2、K_3、K_4——需要系数。

单班施工时，最大用电负荷量以动力用电量为准，不考虑照明用电。各种机械设备以及室外照明用电可参考有关定额。

由于照明用电量所占的比重较动力用电量要少得多，所以在估算总用电量时可以简化，只要在动力用电量（即上式括号中的第一、二两项）之外再加10%作为照明用电量即可。

建筑施工是一个复杂多变的生产过程，各种施工机械、材料、构件等是随着工程的进展而逐渐进场的，而且又随着工程的进展而逐渐变动、消耗。因此，整个施工过程中，它们在工地上的实际布置情况是随时在改变着的。为此，对于大型建筑工程、施工期限较长或施工场地较为狭小的工程，就需要按不同施工阶段分别设计，如基础阶段、主体结构阶段和装饰阶段，以便能把不同施工阶段工地上的合理布置具体地反映出来。在布置各阶段的施工平面图时，对整个施工期间使用的主要道路、水电管线和临时房屋等，不要轻易变动，以节省费用。对较小的建筑物，一般按主要施工阶段的要求来布置施工平面图，同时考虑其他施工阶段如何周转使用施工场地。布置重型工业厂房的施工平面图，还应该考虑到一般土建工程同其他设备安装等专业工程的配合问题，一般以土建施工单位为主会同各专业施工单位共同编制综合施工平面图。

在综合施工平面图中，根据各专业工程在各施工阶段的要求将现场平面合理划分，使专业工程各得其所，更方便地组织施工。绘图图例见表 2-29。

施工平面图图例 **表 2-29**

序号	名称	图例	序号	名称	图例
1	水准点	点号/高程	18	土堆	
2	原有房屋		19	砂堆	
3	拟建正式房屋		20	砾石、碎石堆	
4	施工期间利用的拟建正式房屋		21	块石堆	
5	将来拟建正式房屋		22	砖堆	
6	临时房屋：密闭式 敞篷式		23	钢筋堆场	
7	拟建的各种材料围墙		24	型钢堆场	LIC
8	临时围墙		25	铁管堆场	
9	建筑工地界线		26	钢筋成品场	
10	烟囱		27	钢结构场	
11	水塔		28	屋面板存放场	
12	房角坐标	x=1530 y=2156	29	一般构件存放场	
13	室内地面水平标高	105.10	30	矿渣、灰渣堆	
14	现有永久公路		31	废料堆场	
15	施工用临时道路		32	脚手、模板堆场	
16	临时露天堆场		33	原有的上水管线	
17	施工期间利用的永久堆场		34	临时给水管线	—S——S—

续表

序号	名称	图例	序号	名称	图例
35	给水阀门（水嘴）		53	井架	
36	支管接管位置	S	54	门架	
37	消火栓（原有）		55	卷扬机	
38	消火栓（临时）	L	56	履带式起重机	
39	原有化粪池		57	汽车式起重机	
40	拟建化粪池		58	缆式起重机	
41	水源	水	59	铁路式起重机	
42	电源		60	多斗挖土机	
43	总降压变电站		61	推土机	
44	发电站		62	铲运机	
45	变电站		63	混凝土搅拌机	
46	变压器		64	灰浆搅拌机	
47	投光灯		65	洗石机	
48	电杆		66	打桩机	
49	现有高压 6kV 线路	-WW6—WW6—	67	脚手架	
50	施工期间利用的永久高压 6kV 线路	—LWW6—LWW6—	68	淋灰池	灰
51	塔轨		69	沥青锅	
52	塔式起重机		70	避雷针	

思 考 题

1. 项目管理规划大纲的作用是什么？
2. 编制项目管理规划大纲的基本要求是什么？
3. 项目管理规划大纲的内容主要有哪些？
4. 施工准备工作主要有哪些内容？
5. 技术准备工作包括哪些内容？
6. 施工现场准备工作包括哪些内容？
7. 如何编制施工准备工作计划？
8. 施工前的准备工作主要有哪些？
9. 什么是施工组织设计？
10. 施工组织设计有哪些作用？
11. 施工组织设计包括哪些内容？
12. 工程概况和施工特点分析包括哪些内容？
13. 施工方案选择包括哪些内容？
14. 什么是施工起点流向？如何确定？
15. 确定施工顺序应遵循哪些原则？
16. 确定施工顺序应符合的基本要求有哪些？
17. 如何确定多层砌体结构民用房屋各阶段的施工顺序？
18. 如何确定现浇钢筋混凝土结构房屋各阶段的施工顺序？
19. 如何确定装配式钢筋混凝土单层工业厂房各阶段的施工顺序？
20. 选择施工方法和施工机械的基本要求有哪些？
21. 影响施工进度的主要因素有哪些？
22. 施工进度计划常用的表达形式有哪两种？
23. 施工进度计划的编制依据有哪些？
24. 施工过程划分应考虑哪些因素？
25. 工程量的计算依据有哪些？计算时应注意哪些问题？
26. 如何编制各项资源需要量计划？
27. 施工平面图设计应遵循哪些原则？
28. 施工平面图设计的步骤是什么？
29. 施工技术组织措施主要有哪些？

实 训

训练 1：

根据施工图识读模拟教材或指导教师提供的施工图（工程要求为有地下室的小高层或高层

建筑），按照项目管理规划大纲的内容，编制项目管理规划大纲。

训练2：

根据施工图识读模拟教材或指导教师提供的施工图（工程要求为有地下室的小高层或高层建筑），按施工准备工作计划内容，编制施工准备工作计划（包括相应的计算）。

训练3：

根据施工图识读模拟教材或指导教师提供的施工图（工程要求为有地下室的小高层或高层建筑），根据实施性单位工程施工组织设计内容和要求，编制单位工程施工组织设计。

XIANGMU

项目3

施工过程管理实务

通过本项目的模拟，使学生能充分认识施工质量、施工进度、施工成本、施工沟通、职业健康、施工信息和施工索赔对好、快、省、协调和安全完成工程施工任务的重要性，学会处理一般的工程质量和安全事故、进度的延期、成本的超支和施工索赔，主要掌握处理的程序和方法。

单元 

施工质量管理

建筑工程作为一种特殊的产品，除具有一般产品共有的满足社会价值及属性外，还具有特定的内涵，如：适用性、耐久性、安全性、可靠性、经济性、与环境的协调性。

工程质量控制是指致力于满足工程质量要求，也就是为了保证工程质量满足工程合同、规范标准所采取的一系列措施、方法和手段。工程质量要求主要表现在工程合同、设计、技术规范标准等规定的质量标准。工程质量控制按工程质量形成过程，包括决策阶段、勘察设计阶段、施工阶段、竣工验收和保修阶段的质量控制。

根据住房和城乡建设部质量责任制度、参建单位在工程设计使用年限内对工程质量承担相应责任，五方责任主体项目负责人是承担项目建设的，建设单位、勘察单位、设计单位、施工单位、监理单位项目负责人。

1.1 施工质量的预控

1.1.1 施工质量的影响因素

1. 施工质量的影响因素

影响施工项目质量的因素很多，归纳起来主要有五方面，即人（Man）、材料（Material）、机械（Machine）、方法（Method）、环境（Environment），简称为“4M1E因素”。

（1）人的因素。人是直接参与施工的组织者、指挥者和操作者，工程建设的全过程，如工程规划、决策、勘察、设计和施工都是通过人来完成。人的思想素质、责任感、技术水平、管理能力、组织能力、身体素质及职业道德均直接影响施工质量。据统计资料表明，85%以上的质量安全事故都是人的失误造成的，为此，对施工质量的控制始终应坚持“以人为本”，提高工作质量，避免人的失误。建筑行业实行经营资质管理和专业技术从业人员持证上岗制度是保证人员素质的重要管理措施。

（2）材料因素。材料泛指构成工程实体的各类建筑材料、构配件、成品、半成品等，它是工程建设的物质条件，是工程质量的基础。工程材料选用是否合理、产品是否合格、材质是否经过检验、保管使用是否得当等，都将直接影响建筑工程的结构刚度和强度，影响工程外表及观感，影响工程的使用功能，影响工程的使用安全。因此要严把材料质量关，重视材料的使用认证，建立管理台账，避免将不合格的材料用在工程上。

（3）机械设备。机械设备可分为两类：一是指组成工程实体及配套的工艺设备和各类机具，如电梯、泵机、通风设备等，它们构成了建筑设备安装工程或工业设备安装工程，形成完整的使用功能。二是指施工过程中使用的各类机具设备，包括大型垂直与横向运输设备、各类操作工具、各种施工安全设施、各类测量仪器和计量器具等，简称施工机具设备，它们是施工生产的手段。机具设备对工程质量也有重要的影响。工程用机具设备其产品质量优劣，直接影响工程使用功能质量。施工机具设备的类型是否符合工程施工特点，性能是否先进稳定，操作是否方便安全等，都将会影响工程项目的施工质量。

（4）施工方法。施工方法就是指施工方案、工艺方法、操作方法等，主要是应符合工程实际，技术可行、经济合理、有利于施工质量和安全。在工程施工中，施工方案是否合理，施工工艺是否先进，施工操作是否正确，都将对工程质量产生重大的影响。为此制定和审核施工方案时必须结合实际，从技术、组织、管理、工艺、操作、经济等方面进行全面的分析和综合考虑，这是保证工程质量稳定提高的重要因素。

（5）环境条件。影响施工质量环境条件很多，主要指对工程质量特性起重要作用的环境因素，包括：工程技术环境，如工程地质、水文、气象等；工程作业环境，如施工环境作业面大小、防护设施、通风照明和通信条件等；工程管理环境，主要指工程实施的合同结构与管理关系的确定，组织体制及管理制度等周边环境，如工程邻近的地下管线、建（构）筑物等。环境条件往往对工程质量产生特定的影响。加强环境管理，改进作业条件，把握好技术环境，辅以必要的措施，是控制环境对质量影响的重要保证。

施工质量影响因素如图 3-1 所示。

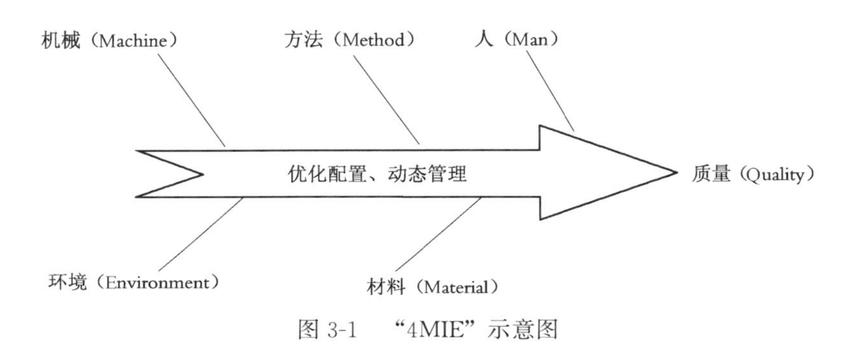

图 3-1 “4MIE”示意图

2. 工程质量特点

由于建筑工程是在露天自然条件下进行施工，受到自然因素（地质、地震等）的影响，同时各种技术因素（决策、设计、施工等）和社会因素（动乱、通货膨胀）也都会影响工程项目的建筑和质量，建筑工程质量的特点是由建筑工程本身和建筑生产的特点决定的。正是由于上述建筑工程的特点而形成了工程质量本身有以下特点。即：

（1）影响因素多。建筑工程质量受到多种因素的影响，如决策、设计、材料、机具设备、施工方法、施工工艺、技术措施、人员素质、工期、工程造价等，这些因素直接或间接地影响工程施工质量。

（2）质量易变异。由于建筑生产的单件性、流动性，不像一般工业产品的生产那样，有固定的生产流水线，有规范化的生产工艺和完善的检测技术、有成套的生产设备和稳定的生产环境，所以工程质量容易产生较大的质量变异。同时由于影响工程质量的偶然性因素和系统性因素比较多，其中任一因素发生变动，都会使工程质量产生变异。如材料规格品种使用错误、施工方法不当、操作未按规程进行、机械设备老化或出现故障、设计计算失误等等，都会发生质量系统变异，造成工程质量事故。为此，要严防出现系统性因素的质量变异，要把质量波动控制在偶然性因素范围内。

（3）质量隐蔽性。工程施工过程中，由于分项工程交接多、中间产品多、隐蔽工程多，如果在施工中不及时进行质量检查，事后只能从表面上检查，就很难发现内在的质量问题，这样就容易产生判断错误，即第二类判断错误（将不合格品误认为合格品）。因此质量存在隐蔽性。

（4）终检的局限性。工程建成后不可能像一般工业产品那样依靠终检来判断产品质量，或将产品拆卸、解体来检查其内在的质量，或对不合格零部件进行更换。而工程项目的终检（竣工验收）无法进行工程内在质量的检验，发现隐蔽的质量缺陷。因此，工程项目的终检存在一定的局限性。这就要求工程质量控制应以预防为主，防患于未然。

（5）评价方法的特殊性。工程质量的检查评定及验收是按检验批、分项工程、分部工程、单位工程进行的。检验批的质量是分项工程乃至整个工程质量检验的基础，检验批合格质量主要取决于主控项目和一般项目经抽样检验的结果。隐蔽工程在隐蔽前要检查合格后验收，涉及结构安全的试块、试件以及有关材料，应按规定进行见证取样检测，涉及结构安全和使用功能的重要分部工程要进行抽样检测。

1.1.2 施工质量的控制措施

1. 质量控制的责任主体

质量控制按其实施主体不同，分为自控主体和监控主体。前者是指直接从事质量职能的活动者，后者是指对他人质量能力和效果的监控者，《建设工程质量管理条例》、《建设工程勘察设计管理条例》对各主体单位做了约束和处罚。主要包括以下几个方面：

（1）政府的质量控制。政府属于监督机构控制主体，其特点是外部的、纵向的控制。它主要是以法律法规为依据通过对工程报建、施工图设计文件审查、施工许可、材料和设备准用、工程质量监督、重大工程竣工验收备案等主要环节进行质量控制的。

（2）建设单位的质量控制。建设单位属于监控主体，工程质量的优劣，不仅严重影响承包商的信誉，也将影响工程建设项目建设单位的经济效益。因此，工程质量问题是参与工程建设各方面共同利益之所在。搞好工程质量控制，是有关各方共同的义不容辞的责任。建设单位通过预测建设期内对质量的全部影响因素，做好项目决策阶段的规划，选择资质等级、经验、信誉好的设计、监理、施工单位。做好重大技术方案、设计文件、施工组织设计的审定。通过组织与协调进行合同的履行、强制标准的执行和全面质量管理。

（3）监理单位的质量控制。工程监理单位属于监控主体，它主要是受建设单位的委托，为保证合同质量标准代表建设单位对工程实施全过程进行的质量监督和控制，包括勘察设计阶段质量控制、施工阶段质量控制，以满足建设单位对工程质量的要求。

（4）勘察设计单位的质量控制。勘察设计单位属于自控主体，它是以法律、法规及合同为依据，对勘察设计的整个过程进行控制，包括工作程序、工作进度、费用及成果文件所包含的功能和使用价值，以满足建设单位对勘察设计质量的要求。并对项目建设质量采取相应的控制手段，参与项目验收活动。

（5）施工单位的质量控制。施工单位属于内部的、自控主体，它是以工程合同、设计图纸和技术规范为依据，对施工准备阶段、施工阶段、竣工验收交付阶段等施工全过程的工作质量和工程质量进行的控制，以达到合同文件规定的质量要求。施工单位是从自身的利益出发，以最小的费用，在要求的时间内完成符合合同质量规定的建筑产品。施工单位对建设工程质量负责。

2. 工程质量控制的原则

（1）坚持质量第一的原则。“百年大计，质量第一”。在工程建设中自始至终把“质量第一”作为对工程质量控制的基本原则。

（2）坚持以人为核心的原则。影响工程质量的第一因素是人，因此在工程质量控制中，要以人为核心，重点控制人的素质和人的行为，充分发挥人的积极性和创造性，以人的工作质量保证工程质量。

（3）坚持以预防为主的原则。质量控制要重点做好质量的事前控制和事中控制，以预防为主，加强过程和中间产品的质量检查和控制。

（4）坚持质量标准的原则。质量标准是评价产品质量的尺度。识别工程质量是否符合规定的质量标准要求，应通过质量检验并和质量标准对照，符合质量标准要求的才是合格，不符合质量标准要求的就是不合格，必须返工处理。

（5）坚持科学、公正、守法的道德规范。在工程质量控制中，要尊重科学，尊重事实，以数据资料为依据，客观、公正地处理质量问题。

3. 工程质量控制的措施

为了实现质量控制的合同目标，取得理想效果和建设单位的满意，施工管理者应当从多方面采取措施实施控制，通常可以将这些措施归纳为组织措施、技术措施、经济措施、合同措施四个方面。

（1）组织措施。是从质量控制的组织管理方面采取的措施，如落实质量控制的组织机构和人员，明确各级质量控制人员的任务和职能分工、权力和责任，改善目标控制的工作流程等。组织措施是其他各类措施的前提和保障，而且一般不需要增加什么费用，运用得当可以收到良好的效果。尤其是对由于建设单位原因所导致的质量偏差，这类措施可能成为首选措施，故应予以足够的重视。

（2）技术措施。施工技术方案、技术方法是整个施工全局的关键，直接影响到工程的施工效率、施工质量、施工安全、工期和经济效果，因此必须引起足够的重视。为此必须在多个方案的基础上进行认真分析比较，力求选出施工上可行、技术上先进、安全上可靠的施工方案。它不仅对解决建筑工程实施过程中的技术问题是不可缺少的，而且对纠正质量偏差亦有相当重要的作用。任何一个技术方案都有基本确定的经济效果，不同的技术方案就有着不同的经济效果。因此，运用技术措施纠偏的关键，一是要能提出多个不同的技术方案，二是要对不同的技术方案进行技术经济分析。在实践中，也要避免仅从技术角度选定技术方案而忽视对其经济效果的分析论证。

（3）经济措施。经济措施绝不仅仅是审核工程量及相应的付款和结算报告，还需要从一些全局性、总体性的问题上加以考虑，往往可以取得非常理想的效果。另外，经济措施不要仅仅局限在已发生的费用上。通过偏差原因分析和未完工程投资预测，可发现一些现有和潜在的问题将引起未完工程的投资增加，对这些问题应以主动控制为出发点，及时采取预防措施。由此可见，经济措施的运用绝不仅仅是财务人员的事情。

（4）合同措施。施工质量控制是以合同为依据的，因此合同措施就显得尤为重要。对于合同措施，要从广义上理解，除了拟订合同条款、参加合同谈判、处理合同执行过程中的问题、防止和处理索赔等措施之外，还要确定对质量控制有利的建筑工程组织管理模式和合同结构，分析不同合同之间的相互联系和影响，对每一个合同做总体和具体的分析等。这些合同措施对质量控制更具有全局性的影响，其作用也就更大。另外，在采取合同措施时，要特别注意合同中所规定的自控主体和监控主体的义务和责任。

4. 施工质量控制时应注意以下问题

(1) 全面理解工程项目质量目标。首先，是工程项目质量目标的内容具有广泛性，凡是构成工程项目实体、功能和使用价值的各方面，如建设地点、建筑形式、结构形式、材料、设备、工艺、规模和生产能力以及使用者满意程度都应列入工程项目质量目标范围。同时，对参与工程项目建设的单位和人员的资质、素质、能力和水平，特别是对他们工作质量的要求也是质量目标不可缺少的组成部分，因为它们直接影响建筑产品的质量。其次，工程项目实体质量的形成具有明显的过程性。实现工程项目质量目标与形成质量的过程息息相关，工程项目建设的每个阶段都对项目质量的形成起着重要的作用，对质量产生重要影响。因此，项目管理者应当根据每个阶段的特点，确定各阶段质量控制的目标和任务，以便实施全过程质量控制。再次，影响工程项目质量目标的因素众多，如决策、设计、材料、机械、环境、施工工艺、施工方案、操作方法、技术措施、管理制度、施工人员素质等均直接或间接地影响工程项目的质量。

(2) 实施全面的质量控制。由于工程项目质量目标的内容具有广泛性，所以要实现项目质量目标应当实施全面的质量控制。实施全面的质量控制应当由全体项目建设参与者参加，以工程项目质量为中心，实施全过程的质量控制。

质量控制是最重要的施工管理活动。控制通常是指管理人员按计划标准来衡量和检查所取得的成果，纠正所发生的偏差，使目标和计划得以实现的管理活动。

建筑工程施工项目质量控制的流程图可以用图 3-2 表示。质量控制是动态控制，是有限循环的开环控制，强调过程控制。要做到主动控制与被动控制相结合，并力求加大主动控制在控制过程中的比例。

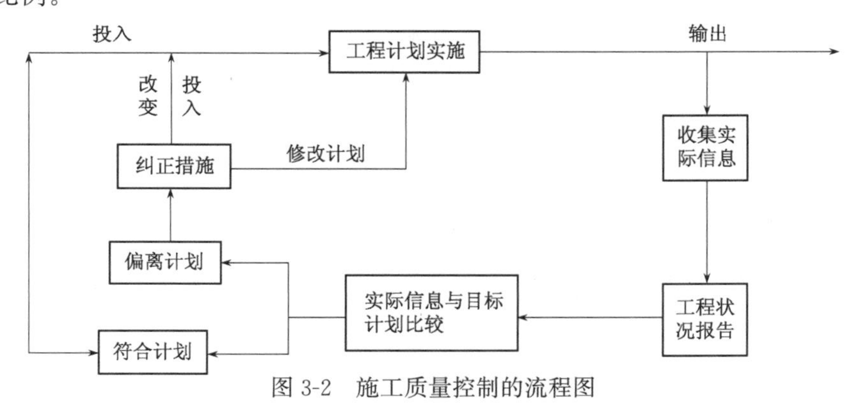

图 3-2　施工质量控制的流程图

1.2　施工质量问题处理

施工现场管理人员应区分工程质量不合格、质量问题和质量事故，应准确判定工程质量不合格，正确处理工程质量不合格和工程质量问题的基本方法和程序。了解工程质量事故处理的程序，在工程质量事故处理过程中如何正确对待有关各方，并应掌握工程质量事故处理方案确定基本方法和处理结果的鉴定验收程序。

1.2.1 典型案例

某建筑工地正在施工的学生宿舍楼在某天凌晨两点左右，发生一起6层的悬臂式雨篷从根部突然断裂的恶性质量事故，雨篷悬挂在墙面上。事故幸好发生凌晨两点，未造成人员伤亡。该工程为6层砖混结构宿舍楼，建筑面积2784m^2。这是一起严重的质量事故。

1. 原因分析

经过事故的调查、原因分析，发现造成该质量事故的主要原因是施工队伍素质差。在施工时将受力钢筋位置放错，使悬臂结构受拉区无钢筋而产生脆性破坏。监理单位在验收时责任心不强，没有发现钢筋安装所存在的质量问题。

2. 责任划分

本工程质量安全事故主要责任是施工单位人员施工时，没有按照设计图纸的要求把钢筋绑扎好，出现了钢筋的位置错误，导致结构受力不合理，因此应承担事故的主要责任。因为本工程施工过程中实施了工程监理，监理单位接受了建设单位委托，并收取了监理费用，具备了承担责任的条件。而施工过程中，监理未能发现钢筋位置放错的质量问题，因此必须承担相应责任。

3. 事故处理

因为悬臂式雨篷已经破坏，因此采取了返工处理。处理后应重新进行验收。

4. 经验总结

现场质量检查时应注意以下几点，以保证质量满足设计要求：

（1）施工单位的检查。施工单位开工前检查、工序交接检查、隐蔽工程检查、停工后复工前的检查、分项、分部工程完工后，应经检查认可，签署验收记录后，才允许进行下一工程项目施工、加强对成品保护检查。

（2）现场隐蔽工程验收注意要点。按施工图核查纵向受力钢筋，检查钢筋品种、直径、数量，位置、间距、形状；检查混凝土保护层厚度，构造钢筋是否符合构造要求；钢筋锚固长度，箍筋加密区及加密间距；检查钢筋接头：如绑扎搭接，要检查搭接长度，接头位置和数量（错开长度、接头百分率）；焊接接头或机械连接，要检查外观质量，取样试件力学性能试验是否达到要求，接头位置（相互错开）、数量（接头百分率）。

1.2.2 施工质量问题处理

1. 质量问题原因与后果

建筑工程施工工期较长，所用材料品种繁杂，施工过程中受社会环境和自然条件方面异常因素的影响；使产生的工程质量问题表现形式千差万别，类型多种多样。这使得引起工程质量问题的原因也错综复杂，往往一项质量问题是由于多种原因引起。虽然每次发生质量问题的类型各不相同，但是通过对大量质量问题调查与分析发现，其发生的原因有不少相同或相似之处，归纳其最基本的因素主要有以下几方面：

（1）设计计算问题。设计考虑不周，结构构造不合理，设计计算与实际不准确，内力分析有误，沉降缝及伸缩缝设置不当，悬挑结构未进行抗倾覆验算等都是引发质量问题的原因。

（2）地质勘察失真。未认真进行地质勘察，提供地质资料、数据有误；地质勘察时，钻孔间距太大，深度不够，不能全面反映地基的实际情况，地质勘察报告不详细、不准确等，导致采用错误的基础方案。造成地基不均匀沉降、失稳，使上部结构或墙体开裂、破坏，或引发建筑物倾斜、倒塌等质量问题。

(3) 地基处理不恰当。对软弱土、冲填土、杂填土、湿陷性黄土、膨胀土、岩层出露、溶岩、溶洞、土洞等不均匀地基未进行加固处理或处理不当。

(4) 施工与管理不到位。许多工程施工质量问题，往往是由施工和管理所造成。例如：

1) 图纸不熟悉、未经会审，盲目施工；未经监理、设计单位同意，擅自修改设计。

2) 不按有关施工验收规范施工。如现浇混凝土结构不按规定的位置和方法任意留设施工缝；未按规定的混凝土强度拆除模板。

3) 未按图施工。把连续梁按简支梁施工；混凝土强度出现差错；没有按设计要求预留孔洞或预埋铁件等。

4) 未按有关操作规程施工。如振捣混凝土时，插点不均匀、违反操作方法，致使混凝土振捣不实，整体性差；砖砌体砌筑上下通缝，灰浆不均匀饱满，游丁走缝，灰缝不横平竖直等都是导致砖墙破坏、倒塌的主要原因。

5) 施工管理紊乱，施工方案考虑不周，施工顺序错误。技术组织措施制定不当，技术交底不清，违章作业。不重视质量检查和验收工作等等，都是导致质量问题的祸根。

6) 未提供合格的材料及设备。

(5) 建筑结构使用问题。建筑物使用不当，亦易造成质量问题。如不经校核、验算，就改变建筑使用功能；任意开槽、打洞、削弱承重结构的截面等；使用过程中地基渗漏、维护不当造成的不均匀沉降或破坏等。

2. 质量问题影响因素分析

由于影响工程质量的因素众多，一个工程质量问题的实际发生，既可能因设计计算和施工图纸中存在错误，也可能因施工中出现不合格或质量问题，也可能因使用不当，或者由于设计、施工甚至使用、管理、社会体制等多种原因的复合作用。要分析究竟是哪种原因所引起，必须对质量问题的特征表现，以及其在施工中和使用中所处的实际情况和条件进行具体分析。分析方法很多，但其基本步骤和要领可概括如下。

(1) 基本步骤。

1) 进行细致的现场分析研究，观察记录全部真实记录，充分了解与掌握引发质量问题的现象和特征。

2) 收集调查与问题有关的全部设计和施工资料，分析摸清工程在施工或使用过程中所处的环境及面临的各种条件和情况。

3) 找出可能导致质量问题的所有因素。分析、比较和判断，找出最可能造成质量问题的原因。

4) 进行必要的计算分析或模拟实验予以论证确认。

(2) 分析要领。分析的要领一般采用逻辑推理法，其基本原理是：

1) 确定质量问题的初始点，即所谓原点，它是一系列独立原因集合起来形成的爆发点。因其反映出质量问题的直接原因，在分析过程中具有关键性作用。

2) 围绕原点对现场各种现象和特征进行分析，区别导致同类质量问题的不同原因，逐步揭示质量问题萌生、发展和最终形成的过程。

3) 综合考虑原因复杂性，确定诱发质量问题的起源点即真正原因。工程质量问题原因分析是对一堆模糊不清的事物和现象客观属性和联系的反映，它的准确性与管理人员的能力学识、经验、态度有极大关系，其结果不但是简单的信息描述，而且是逻辑推理的产物。

3. 工程质量问题的处理

工程质量问题是由于工程质量不合格或工程质量缺陷所引起，在任何工程施工过程中，由于种种主观和客观原因，出现不合格项或质量问题往往难以避免。为此，作为施工管理者必须掌握如何防止和处理施工中出现的不合格项和各种质量问题。对已发生的质量问题，应掌握其处理方式和程序。

（1）处理方式。

工程的施工过程中或完工以后，经过验收，发现工程存在着不合格项或质量问题时，首先分析发生质量问题的原因，并应根据其性质和严重程度按如下方式处理。

1）当施工引起的质量问题在萌芽状态，应及时制止，并要求施工单位立即更换不合格材料、设备或不称职人员，或要求施工单位立即改变不正确的施工方法和操作工艺。

2）当因施工引起的质量问题已出现时，应立即向施工单位发出通知，要求采取足以保证施工质量的有效措施，对质量问题进行补救处理。

3）当某道工序或分项工程完工以后，出现不合格项，要求施工单位及时采取措施予以整改。现场管理者应对补救方案进行确认，跟踪处理过程，对处理结果进行验收，否则不允许进行下道工序或分项的施工。

4）在交工使用后的保修期内发现的施工质量问题，应责令施工单位进行修补、加固或返工处理。

5）对于非施工单位原因而造成的质量问题，发生在上述四种情况时，也可以由施工单位对施工质量问题进行处理，但应由责任方承担责任，并给施工单位一定的费用补偿。

（2）处理程序。

当发现工程施工质量问题时，应按以下程序对质量问题进行处理。

1）当发生工程质量问题时，首先应判断其严重程度。对可以通过返修或返工弥补的质量问题，责成施工单位写出质量问题调查报告，提出处理方案，处理方案经审核后，批复施工单位处理，必要时应经建设单位和设计单位认可，处理结果应重新进行验收。

2）对需要加固补强的质量问题，或者是质量问题影响到了下道工序和分项工程质量时，应暂停施工，特别是停止有质量问题的部位或与其有关联的部位及下道工序的施工。必要时，要求施工单位采取保护措施，并责成施工单位提交质量问题调查报告，由设计单位提出处理方案，并征得建设单位同意，批复施工单位处理。处理结果应重新验收。

3）施工单位在接到质量问题通知后，应尽快进行质量问题调查并完成报告编写。调查的主要目的是明确质量问题的范围、程度、性质、影响和原因，为问题处理提供可靠、真实的依据。调查报告主要内容包括：

① 与质量问题相关的工程情况。

② 质量问题发生的时间、地点、部位、性质、现状及发展变化等详细情况。

③ 调查中的有关数据和资料。

④ 原因分析与判断。

⑤ 是否需要采取临时防护措施。

⑥ 质量问题处理补救的建议方案。

⑦ 涉及的有关人员和责任及预防该质量问题重复出现的措施。

4）通过审核、分析质量问题调查报告，判断和确认质量问题产生的原因。

原因分析是确定处理措施方案的基础，正确的处理来源于对原因的正确判断。只有对调查提供的充分资料、数据进行详细深入的分析后，才能由表及里，去伪存真，找出质量问题的真正起源点。

5）在原因分析的基础上，认真审核签认质量问题处理方案。质量问题处理方案应以原因分析为基础，如果某些问题一时认识不清，且一时不致产生严重恶化，可以继续进行调查、观测，以便掌握更充分的资料和数据，做进一步分析，找出起源点，方可确认处理方案，避免急于求成造成反复处理的不良后果。审核确认处理方案应牢记“安全可靠，不留隐患，满足建筑物的功能和使用要求，技术可行，经济合理”的原则。针对确认不需专门处理的质量问题，应能保证它不构成对工程安全的危害，且满足安全和使用要求，并必须征得设计和建设单位的同意。

6）责令施工单位按既定的处理方案实施处理并进行跟踪检查。发生的质量问题不论是否由于施工单位原因造成，通常都是先由施工单位负责实施处理。对因设计单位原因等非施工单位责任引起的质量问题，应通过建设单位要求设计单位或责任单位提出处理方案，处理质量问题所需的费用或延误的工期，由责任单位承担，若质量问题属施工单位责任，施工单位应承担各项费用损失和合同约定的处罚，工期不予顺延。

7）质量问题处理完毕，组织有关人员对处理的结果进行严格的检查、鉴定和验收，写出质量问题处理报告，报建设单位和监理单位存档。主要内容包括。

① 基本处理过程描述。

② 调查与核查情况，包括调查的有关数据、资料。

③ 原因分析结果。

④ 处理的依据。

⑤ 审核认可的质量问题处理方案。

⑥ 实施处理中的有关原始数据、验收记录、资料。

⑦ 对处理结果的检查、鉴定和验收结论。

⑧ 质量问题处理结论。

1.3 施工质量事故处理

1.3.1 典型案例

1. 案例一

（1）背景：

某房地产公司开发住宅楼，结构为七层砖混结构，基础采用锤击沉管灌注桩。桩径 0.4m，桩长 18m，总桩数为 560 根。采用锤击式沉管灌注桩，桩径为 377mm。该工程的地质条件为：表层厚 1～4.5m 为杂填土、素填土；下层为厚 2.5m 的饱和粉土层；最下层为可塑的粉质黏土层。场地地下水丰富。地下水位距地表为 2.1m 左右。施工完成 175 根桩后挖桩检查，发现多数桩在地表下 1～3m 范围内严重缩颈，甚至有断桩的情况。

（2）事故原因调查分析：

在锤击振动沉管施工过程中，由于高含水量的粉土层产生超静孔隙水压力，粉土被液化。

当拔管速度过快时，在管底产生真空负压，使液化土体产生的挤压力超过管内混凝土的自重压力。当拔管到离地面大约3m时，管内混凝土严重不足，自重压力减少，管内混凝土不易流出管外，而造成缩颈与断桩。另外施工程序不妥，采用不跳打的连续成桩工艺，每天成桩数量较多（在10根以上），相邻桩的施工振动和挤压也是产生缩颈、断桩的原因之一。

（3）事故处理：

1）对用预制混凝土桩尖的锤击沉管灌注桩的打桩机械进行技术改造。在模管外增加一根钢套管，上下用管箍与模管连接。在拔管过程中钢套管暂不拔出，待混凝土流出模管外，才逐步用卡箍拔移钢套管。

2）改善施工工艺流程。采用间隔跳打，并采用慢拔、少振等措施。

3）改善混凝土的配合比，改用小粒径骨料，减少混凝土的用水量。掺用“高效减水剂”增加混凝土和易性。

4）控制沉桩速率，每台桩机每天成桩数不超过6根，而且采取停停打打，打打停停的成桩方法。

5）对已缩颈与断桩的桩，进行挖开加固处理。

2. 案例二

（1）背景：

某工程地下室混凝土工程，共340m^3。由于地下室为抗渗混凝土结构，要求底板连同外墙混凝土墙壁的下部一部分同时浇筑，整个底板不留施工缝。该工程于2005年12月31日上午8时起采用泵送混凝土连续浇筑，到2006年1月1日上午9时30分，历时25.5h。1月3～4日拆模后，发现在混凝土墙壁与底板交接处的45°斜坡面附近，出现了不同程度的蜂窝、孔洞及露筋现象。蜂窝、孔洞深度一般在30～80mm，最深处达150mm，露筋最长处的水平投影长度为3m。

（2）事故原因调查分析：

针对底板与外墙壁一部分共同浇筑不留施工缝的工程，一般应采用先浇筑底板混凝土，待底板部分振捣密实后再浇筑墙壁的施工方案。但施工人员却认为先振捣墙壁，让混凝土通过墙壁从模板下口流出扩展到底板上，再振捣底板上的混凝土更为方便些。实际上是先浇筑并振捣了墙壁混凝土，后浇筑并振捣底板混凝土，再反过来振捣墙壁混凝土。有时由于忙乱而没有补振，有时虽进行补振但振捣棒的作用范围达不到墙板根部。

这种先浇筑四周，后浇筑中央，先振捣墙壁，后振捣底板的操作方法，导致了墙壁与底扳相交处45°坡面的混凝土徐徐下沉，形成了蜂窝或孔洞，下沉少的就形成了浅层的裂缝。

（3）事故处理：

1）将所有蜂窝、孔洞处的浮石浮渣凿除，对窄缝要适当扩充凿呈上口大的形状，以补浇筑微膨胀细石混凝土。将凿开处冲洗干净，保持湿润。

2）支模后，采用C30细石混凝土（原为C25混凝土），水灰比小于0.6，坍落度小于50mm，浇筑混凝土时用小振动棒逐个振捣密实。

3）初凝后覆盖湿麻袋，浇水养护7d。

1.3.2 施工质量事故处理

1. 工程质量事故的特点

工程质量事故是较为严重的工程质量问题，其影响因素及原因分析方法与工程质量问题基本相同，工程质量事故具有复杂性、严重性、可变性和多发性的特点。

（1）复杂性

建筑施工与一般工业相比具有产品固定，生产流动；产品多样，结构类型不一；露天作业多，自然条件复杂多变；材料品种、规格多，材质性能各异；多工种、多专业交叉施工，相互干扰大；工艺要求不同，施工方法各异，技术标准不一等特点。因此，影响工程质量的因素繁多，造成质量事故的原因错综复杂，即使是同一类质量事故，而原因却可能多种多样截然不同。例如，就钢筋混凝土楼板开裂质量事故而言，其产生的原因就可能是：设计计算有误；结构构造不良；地基不均匀沉陷；温度应力、地震力、膨胀力、冻胀力的作用；也可能是施工质量低劣、偷工减料或材质不良等等。所以使得对质量事故进行分析，判断其性质、原因及发展，确定处理方案与措施等都增加了复杂性及困难。

（2）严重性：

工程一旦出现质量事故，其影响较大。轻者影响施工顺利进行、拖延工期、增加工程费用，重者则会留下隐患成为危险的建筑，影响使用功能或不能使用，更严重的还会引起建筑物的失稳、倒塌，造成人民生命、财产的巨大损失。例如，1995年韩国汉城三峰百货大楼出现倒塌事故死亡400余人，在国内外造成很大影响，甚至导致韩国国内人心恐慌，国际形象下降；1999年我国重庆市綦江县彩虹大桥突然整体垮塌，造成40人死亡，14人受伤，直接经济损失631万元，主要是吊杆锁锚问题、主拱钢管焊接问题、钢管混凝土问题、设计粗糙、桥梁管理不善等原因造成，在国内一度成为人们关注的热点，引起全社会对建设工程质量整体水平的怀疑，构成社会不安定因素。所以对于建设工程质量问题和质量事故均不能掉以轻心，必须予以高度重视。

（3）可变性：

许多工程的质量问题出现后，其质量状态并非稳定于发现的初始状态，而是有可能随着时间而不断地发展、变化。例如，桥墩的超量沉降可能随上部荷载的不断增大而继续发展；混凝土结构出现的裂缝可能随环境温度的变化而变化，或随荷载的变化及负担荷载的时间而变化等。因此，有些在初始阶段并不严重的质量问题，如不能及时处理和纠正，有可能发展成一般质量事故，一般质量事故有可能发展成为严重或重大质量事故。例如，开始时微细的裂缝有可能发展导致结构断裂或倒塌事故；土坝的涓涓渗漏有可能发展为溃坝。所以，在分析、处理工程质量问题时，一定要注意质量问题的可变性，应及时采取可靠的措施，防止其进一步恶化而发生质量事故；或加强观测与试验，取得数据，预测未来发展的趋势。

（4）多发性：

建筑工程中的质量事故，往往在一些特殊的工程部位中经常发生。例如，悬挑梁板断裂、雨篷坍覆、钢屋架失稳等。因此，总结经验，吸取教训，采取有效措施予以预防十分必要。

2. 工程质量事故的分类

当建筑结构不能满足适用性要求、不能满足安全可靠性和耐久性等要求时，称之为质量事故。小的质量事故，影响建筑物的使用性能和耐久性，造成浪费；严重的质量事故会使构件破坏，甚至引起房屋倒塌，造成人员伤亡和重大的财产损失。因此，必须高度重视建筑工程质量，它是关系的企业和社会的重大事情。为了保证建筑工程质量，我国有关部门颁布了一系列的规范、规程等法规性文件，对建筑工程勘测、设计、施工、验收和维修等各个建设阶段都有明确的质量保证要求。只要严格遵守这些规定，一般不会发生质量事故。多年来，我国建筑业得到了很大的发展，建筑工程的质量基本上是好的。但是，建筑工程质量事故还时有发生，严重的建筑物倒塌事故每年也有发生，这不能不引起重视。

（1）质量事故的分类方法很多。一般有以下一些分类的方法：

1）按事故的严重程度分类。有重大质量事故（如引起楼房倒塌、人员伤亡）、严重质量事故（如墙体严重开裂、构件断裂等）、一般质量事故（如房屋漏雨、变形过大、隔热隔声不好等）。

2）按事故发生的阶段分类。有施工过程中发生的事故、使用过程中发生的事故和改建时或改建后引起的事故。

3）按事故发生的部位来分类。有地基基础事故、主体结构事故、装修工程事故等。

4）按结构类型分类。有砌体结构事故、混凝土结构事故、钢结构事故、木结构和组合结构事故等。

（2）国家现行对工程质量通常采用按造成损失严重程度进行分类，其基本分类如下：

1）一般质量事故：凡具备下列条件之一者为一般质量事故。

① 直接经济损失在5000元（含5000元）以上，不满5万元的；

② 影响使用功能和工程结构安全，造成永久质量缺陷的。

2）严重质量事故：凡具备下列条件之一者为严重质量事故。

① 直接经济损失在5万元（含5万元）以上，不满10万元的；

② 严重影响使用功能或工程结构安全，存在重大质量隐患的；

③ 事故性质恶劣或造成2人以下重伤的。

3）重大质量事故：凡具备下列条件之一者为重大质量事故，属建设工程重大事故范畴。

① 直接经济损失10万元以上；

② 工程倒塌或报废；

③ 由于质量事故，造成人员死亡或重伤3人以上。

3. 工程质量事故处理的依据和程序

（1）工程质量事故处理的依据。工程质量事故处理的主要依据有四个方面：质量事故的真实资料；具有法律效力的工程承包合同、设计委托合同、材料或设备购销合同以及监理合同或分包合同等合同文件；有关的技术文件、档案；相关的建设法规。在这四方面依据中，前三种是与特定的工程项目密切相关的具有特定性质的依据。第四种属于法规性依据，是具有很高权威性、约束性、通用性和普遍性的依据。因而它在工程质量事故的处理事务中，也具有极其重要的、不容置疑的作用。现将这四方面依据介绍如下。

1）质量事故的真实资料。要清楚质量事故的原因和确定处理方案，首要的是要掌握质量事故的实际情况。有关质量事故真实的资料主要是指施工单位的质量事故调查报告。质量事故发生后，施工单位有责任就所发生的质量事故进行周密的调查、研究掌握情况，并在此基础上写出调查报告。在调查报告中首先就与质量事故有关的实际情况做详尽的说明，其内容应包括：

① 质量事故发生的时间、地点。

② 质量事故状况的描述。例如，发生的事故类型（如建筑物倾斜、砖砌体裂缝）；发生的部位（如基础、梁、板、柱，及其所在的具体位置）；分布状态及范围；严重程度（如裂缝长度、宽度、深度等）。

③ 质量事故发展变化的情况（其范围是否继续扩大，程度是否已经稳定等）。

④ 有关质量事故的观测记录、事故现场状态的照片或录像。

2）有关合同及合同文件。合同文件包括：工程承包合同；设计委托合同；设备与器材购销合同；监理委托合同等。

3）有关的技术文件和档案。

① 设计文件。设计文件就是施工图纸和技术说明等。它们是施工的重要依据。在处理质量事故时，一方面可以对照设计文件，核查施工质量是否完全符合设计的规定和要求；另一方面可以根据所发生的质量事故情况，核查设计中是否存在问题或缺陷，成为导致质量事故的一方面原因。

② 与施工有关的技术文件、档案和资料。属于这类文件、档案有：

A. 施工组织设计或施工方案、施工计划等。

B. 施工记录、施工日志等。如：施工时的气温、降雨、风、浪等有关的自然条件；施工人员的情况；施工工艺与操作过程的情况；使用的材料情况；施工场地、工作面、交通等情况；地质及水文地质情况等。借助这些资料可以追溯和探寻事故的可能原因。

C. 有关建筑材料的质量证明资料。如：材料出厂合格证或检验报告、出厂日期、施工单位抽检或试验报告等。

D. 现场制备材料的质量证明资料。如：混凝土拌合料的级配、水灰比、坍落度检测记录；混凝土试块强度试验报告，沥青拌合料配比、出机温度和摊铺温度记录等。

E. 质量事故发生后，对事故状况的观测记录、试验记录或试验报告等。如：对地基沉降的观测记录；对建筑物倾斜或变形的观测记录；对地基钻探取样记录与试验报告：对混凝土结构物钻取试样的记录与试验报告等。

F. 其他有关资料。

上述各种技术资料对于分析质量事故原因，判断其发展变化趋势，推断事故影响及严重程度，考虑处理方案等都是不可缺少的，起着重要的作用。

4）相关的建设法规

《中华人民共和国建筑法》、《中华人民共和国民法典》、《中华人民共和国招标投标法》、《中华人民共和国城市规划法》以及《建设工程质量管理条例》、《建设工程安全管理条例》、《工程建设标准强制性条文》、《工程建设重大事故报告和调查程序的规定》等法律法规的颁布实施，对加强建筑活动的监督管理，维护市场秩序，保证建设工程质量提供了有力的保障。

（2）工程质量事故处理一般程序。建筑工程质量事故发生后，特别是重大质量事故发生后，必须要进行原因调查分析及处理。找出产生事故的原因，吸取经验教训，防止类似事故的发生。由于事故的处理，涉及有关单位或个人的责任，并伴随经济赔偿。因此，事故的调查要排除各种干扰，以建筑法律、法规为准绳，以事实为依据，按照公平、公正的原则进行。

事故处理一般包括以下内容：现场调查取证。事故发生时施工单位采取必要的措施，防止事故扩大并保护好现场。同时，要求质量事故发生单位迅速按类别和等级向相应的主管部门上报，并写出质量事故报告；初步分析事故发生的原因，并决定进一步调查及必要的测试项目；进一步深入调查及检测；根据调查及测试结果进行计算分析、邀请专家会商，最后写出事故调查报告，送主管部门并报告有关单位；编写技术处理方案，进行质量事故处理；质量事故验收，最终完成质量事故处理报告。具体内容如下：

1）现场调查取证。基本情况调查取证包括对建筑的勘察、设计、施工和监理以及有关资料的收集，向施工现场的管理人员、质检人员、设计代表、工人等进行咨询和访问。一般包括：

① 工程概况。发生事故的单位名称，建筑所在场地特征，如地形、地貌；环境条件；建筑结构主要特征，如结构类型；事故发生时工程进度情况或使用情况。

② 事故情况。发生事故的时间、经过、见证人及人员伤亡和经济损失情况。可以采用照相、录像等手段获得现场实况资料。

③ 地质水文资料。主要看有关勘测报告。重点查看勘察情况与实际情况是否相符，有无异常情况。

④ 设计资料。任务委托书、设计单位的资质、主要负责人及设计人员的水平，设计依据的有关规范、规程、设计文件及施工图。重点看计算简图是否妥当，各种荷载取值及不利组合是否合理，计算是否正确，构造处理是否合理。

⑤ 施工记录。施工单位及其等级水平，具体技术负责人水平及资历。施工时间、气温、风雨、日照等记录，施工方法，施工质检记录，施工日记，施工进度，技术措施，质量保证体系。

⑥ 使用情况。房屋用途，使用荷载，使用变更、维修记录，腐蚀性条件，有无发生过灾害等。

2）技术鉴定及材料检测。在初步调查研究的基础上，往往需要进一步作必要的检验和测试工作，甚至做模拟实验。一般包括：

① 对地基钻孔不完整的地层剖面且有怀疑的地基应进行补充勘测。基础如果用了桩基，则要进行测试，检测是否有断桩、孔洞等不良缺陷。

② 测定建筑物中所用材料的实际性能，对构件所用的原材料（如水泥、钢材、焊条、砌块等）可抽样复查；考虑到施工中采用混凝土强度等级及预留的试块未必能真实反映结构中混凝土的实际强度，可用回弹法、声波法、取芯法等非破损或微破损方法测定构件中混凝土的实际强度。对于钢筋，可从构件中截取少量样品进行必要的化学成分分析和强度试验。对砌体结构要测定砖或砌块及砂浆的实际强度。

③ 建筑物表面缺陷的观测。对结构表面裂缝，要测量裂缝宽度、长度及深度，并绘制裂缝分布图。

④ 对结构内部缺陷的检查。可用锤击法、超声探伤仪、声发射仪器等检查构件内部的孔洞、裂纹等缺陷。可用钢筋探测仪测定钢筋的位置、直径和数量。对砌体结构应检查砂浆饱满程度、砌体的搭接错缝情况，遇到砖柱的包心砌法及砌体、混凝土组合构件，尤应重点检查其芯部及混凝土部分的缺陷。

⑤ 必要时可通过模型试验或现场加载试验，通过试验检查结构或构件的实际承载力。

在一般调查及实际测试的基础上，选择有代表性的或初步判断有问题的构件进行复核计算。这时应注意按工程实际情况选取合理的计算简图，按构件材料的实际强度等级，断面的实际尺寸和结构实际所受荷载或外加变形作用，按有关规范、规程进行复核计算。这是评判事故的重要根据。

3）专家会商。在调查、测试和分析的基础上，为避免偏差，可召开专家会议，对事故发生原因进行认真分析、讨论，然后作出结论。会商过程中专家应听取与事故有关单位人员的申诉与答辩，综合各方面意见后下最后结论。

事故的调查必须真实地反映事故的全部情况，要以事实为根据，以规范、规程为准绳，以科学分析为基础，以实事求是和公正公平的态度写好调查报告。报告一定要准确可靠，重点突出，真正反映实际情况，让各方面专家信服。调查报告的内容一般应包括：

① 工程概况。重点介绍与事故有关的工程情况。

② 事故概括及初步估计的直接损失。事故发生的时间、地点、事故现场情况及所采取的应急措施；与事故有关单位、人员情况；估计的直接损失等。

③ 事故发生原因的初步分析。

④ 现场检测报告（如有模拟实验，还应有实验报告）。

⑤ 复核分析，事故原因推断，明确事故责任。

⑥ 对工程事故的处理建议。

⑦ 相关各种资料。

4）技术处理方案编写。质量事故技术处理方案，一般应委托原设计单位提出，由其他单位提供的技术处理方案应经原设计单位同意签认。技术处理方案的制定，应征求建设单位意见。技术处理方案必须依据充分，应在质量事故的部位、原因全部查清的基础上进行编写，必要时，应委托法定工程质量检测单位进行质量鉴定或请专家论证，以确保技术处理方案可靠、可行、保证结构安全和使用功能。

5）质量事故处理报告。施工单位按照技术处理方案对质量事故处理完成后，经过自检后报验结果，经过有关各方进行检查验收，必要时应进行处理结果鉴定。要求事故单位整理编写质量事故处理报告，并审核签认，组织将有关技术资料归档。

工程质量事故处理报告主要内容：

① 工程质量事故情况、调查情况、原因分析（选自质量事故调查报告）。

② 质量事故处理的依据。

③ 质量事故技术处理方案。

④ 实施技术处理施工中有关问题和资料。

⑤ 对处理结果的检查鉴定和验收。

⑥ 质量事故处理结论。

⑦ 工程复工，恢复正常施工。

4. 质量事故处理方案确定及鉴定验收

（1）质量事故处理方案的确定。

工程质量事故处理方案是指技术处理方案，其关键就是消除质量隐患，以达到建筑物的安全可靠和正常使用的各项功能及寿命要求，并保证施工的正常进行。其一般处理原则是：正确确定事故性质，是表面性还是实质性、是结构性还是一般性、是迫切性还是可缓性；正确确定处理范围，除直接发生部位，还应检查处理事故相邻影响作用范围的结构部位或构件。其处理基本要求是：安全可靠，不留隐患；满足建筑物的功能和使用要求；技术上可行，经济合理原则。

对各类质量事故的技术处理方案多种多样，但根据质量事故的情况可归纳为三种类型的处理方案，应选择最适用处理方案的方法，方能满足安全、技术、经济和可行。

1）工程质量事故处理方案类型。

① 修补处理。修补处理是最常用的一类处理方案。通常当工程的某个检验批、分项或分部的质量虽未达到规定的规范、标准或设计要求，存在一定缺陷，但通过修补或更换器具、设备后还可达到要求的标准，又不影响使用功能和外观要求，在此情况下，可以进行修补处理。

属于修补处理这类具体方案很多，诸如封闭保护、复位纠偏、结构补强、表面处理等。某些事故造成的结构混凝土表面裂缝，可根据其受力情况，仅作表面封闭保护。某些混凝土结构表面的蜂窝、麻面，经调查分析，可进行剔凿、抹灰等表面处理，一般不会影响其使用和外观。对较严重的质量问题，可能影响结构的安全性和使用功能的，必须按一定的技术方案进行加固补强处理，这样往往会造成一些永久性缺陷，如改变结构外形尺寸，影响一些次要的使用功能等。

② 返工处理。如果工程质量未达到规定的标准和质量要求，存在严重质量缺陷，对结构的使用和安全构成重大影响，又无法通过修补处理的情况下，可对该检验批、分项、分部甚至整个工程返工处理。例如，某工程混凝土楼板施工后，其厚度没有达到 120mm 要求，实际为 80mm，而且误差也超出了规定的要求，属于严重的质量缺陷，也无法修补，只有返工处理。又如某钢结构工程高强螺栓的安装要求螺栓露出螺母不少于 2 扣，经验收 30%达不到要求，应进行返工处理。

③ 不做处理。某些工程质量问题虽然不符合规定的要求和标准构成质量事故，但视其严重情况，经过分析、论证、法定检测单位鉴定和设计等有关单位认可，对工程或结构使用及安全影响不大，也可不做专门处理。通常不用专门处理的情况有以下几种：

A. 不影响结构安全和正常使用。例如，某些基础混凝土承台平面尺寸超过设计要求，处理起来工程量较大，不经济，但是回填土后不影响使用及外观，可不做处理。又如，有的工业建筑物出现放线定位偏差，且严重超过规范标准规定，若要纠正会造成重大经济损失，若经过分析、论证其偏差不影响生产工艺和正常使用，在外观上也无明显影响，可不做处理。

B. 有些质量问题，经过后续工序可以弥补。例如，混凝土墙表面轻微麻面，可通过后续的抹灰、喷涂或刷白等工序弥补，亦可不做专门处理。

C. 经法定检测单位鉴定合格。例如，某检验批混凝土试块强度值不满足规范要求（强度不足），通过法定检测单位对混凝土实体采用非破损检验等方法测定其实际强度已达规范允许和设计要求值时，可不做处理。

对经检测未达要求值，但相差不多，经分析论证，只要使用前经再次检测达到设计强度，也可不做处理，但应严格控制施工荷载。

D. 出现的质量问题，经检测鉴定达不到设计要求，但经原设计单位核算，仍能满足结构安全和使用功能。例如，某结构构件混凝土强度不足，影响结构承载力，但经实际检测所得混凝土强度复核验算，仍能满足设计的承载力，可不进行专门处理。这是因为一般情况下，规范标准给出了满足安全和功能的最低限度要求，而设计往往在此基础上留有一定余量，这种处理方式实际上是挖掘了设计潜力或降低了设计的安全系数。

不论哪种情况，特别是不做处理的质量问题，均要备好必要的书面文件，对技术处理方案、不做处理结论和各方协商文件等有关档案资料认真组织签认。对责任方应承担的经济责任和合同中约定的罚则应正确判定。

2）工程质量事故处理方案的辅助方法。选择工程质量处理方案，是管理者重要的工作，它直接关系到工程的质量、费用和工期。处理方案选择不合理，不仅劳民伤财，严重的会留有隐患，危及人身安全，特别是对需要返工或不做处理的方案，更应慎重对待。

下面给出一些可采取的选择工程质量事故处理方案的辅助决策方法。

① 实验验证。对某些有严重质量缺陷的项目，可采取合同规定的常规试验以外的试验方法

进一步进行验证，以便确定缺陷的严重程度。例如，混凝土构件的试件强度低于要求的标准不太大（例如10%以下）时，可进行加载试验，以证明其是否满足使用要求。根据试验验证结果的分析、论证，再研究选择最佳的处理方案。

② 定期观测。对于某些工程，在发现其质量缺陷时其状态可能尚未达到稳定仍会继续发展，在这种情况下一般不宜过早做出决定，可以对其进行一段时间的观测，然后再根据情况做出决定。这些缺陷的工程，短期内其影响可能不十分明显，需要较长时间的观测才能得出结论。

③ 专家论证。对于某些工程质量问题，可能涉及的技术领域比较广泛，或问题很复杂，有时仅根据合同规定难以决策，这时可提请专家论证。采用这种办法时，应事先做好充分准备，尽早为专家提供尽可能详尽的情况和资料，以便使专家能够进行较充分的、全面和细致地分析、研究，提出切实的意见与建议。

④ 方案比较。这是比较常用的一种方法。同类型和同性质的事故可先设计多种处理方案，然后结合当地的资源情况、施工条件等逐项给出权重，做出对比，从而选择具有较高处理效果又便于施工的处理方案。

（2）质量事故处理的鉴定验收。质量事故的技术处理是否达到了预期目的、是否消除了工程的不合格现象、是否仍存在着隐患，因此，处理了事故后的工程要通过组织检查和必要的鉴定，进行验收并予以最终确认。

1）检查验收。工程质量事故处理完成后，在施工单位自检合格的基础上报验，严格按照施工质量验收标准及有关规范的规定进行，按照质量事故技术处理方案、设计要求，通过实际测量，检查各种资料数据进行验收，并应办理交工验收文件，组织各有关单位对验收结果进行会签。

2）必要的鉴定。为了保证工程质量事故的处理效果能符合设计和规范要求，凡涉及结构承载力等使用安全和其他重要性能的处理工作，常需做必要的试验和检验鉴定工作。或在质量事故处理过程中的建筑材料及构配件保证资料严重缺乏，或对检查验收结果各参与单位有争议时，常常要用到下列方法进行检验：混凝土钻芯取样，用于检查密实性和裂缝修补效果，或检测实际强度；结构荷载试验，确定其实际承载力；超声波检测焊接或结构内部质量；池、罐、箱柜工程的渗漏检验等。检测鉴定必须委托具有资质的法定检测单位进行。

3）验收结论。质量事故不管是经过技术处理，还是通过检查鉴定不需专门处理的，均应有明确的书面结论。若对后续工程施工有特定要求，或对建筑物使用有一定限制条件，应在结论中提出。

验收结论通常可以用以下几种方式表示：

① 事故已排除，可以继续施工。

② 隐患已消除，结构安全有保证。

③ 经修补处理后，完全能够满足使用要求。

④ 基本上满足使用要求，但使用时应有附加限制条件，例如限制荷载等。

⑤ 对耐久性的结论。

⑥ 对建筑物外观影响的结论。

⑦ 对短期内难以作出结论的，可提出进一步观测检验意见。

对于质量事故处理后符合《建筑工程施工质量验收统一标准》GB 50300—2013的规定的，应予以验收、确认，并应注明责任方主要承担的经济责任。对经加固补强或返工处理仍不能满足安全使用要求的分部工程、单位（子单位）工程，应拒绝验收。

1.4 质量事故处理应急预案

1.4.1 质量事故应急预案

应急预案又称应急计划，是指政府或企业为降低事故后果的严重程度，以对危险源的评价和事故预测结果为依据而预先制定的事故控制和抢险救灾方案，是事故应急救援活动的行动指南；是针对可能发生的重大事故（件）或灾害，为保证迅速、有序、有效地开展应急与救援行动、降低事故损失而预先制定的有关计划或方案。

应急预案明确了在突发事故发生之前、发生过程中以及刚刚结束之后，谁负责做什么，何时做，以及相应的策略和资源准备等。

应急预案是应急管理的文本体现，是应急管理工作的指导性文件，其总目标是控制紧急事件的发展并尽可能消除事故，将事故对人、财产和环境的损失减到最低限度。

应急预案实际上是一个透明和标准化的反应程序，使应急救援活动能按照预先周密的计划和最有效的实施步骤有条不紊地进行。这些计划和步骤是快速响应和有效救援的基本保证。应急预案应该有系统完整的设计、标准化的文本文件、行之有效的操作程序和持续改进的运行机制。

根据国际劳工组织（ILO）《重大工业事故预防实用规程》，应急救援预案的定义为：

（1）基于在某一处发现的潜在事故及其可能造成的影响所形成的一个正式的书面计划，该计划描述了在现场和场外如何处理事故及其影响；

（2）重大危险设施的应急计划包括对紧急事件的处理；

（3）应急计划包括现场计划和场外计划两个重要组成部分；

（4）企业管理部门应确保遵守符合国家法律规定的标准要求，不应把应急计划作为在设施内维持良好标准的替代措施。

1.4.2 应急预案分类

1. 按功能与目标分类

应急预案从功能与目标上可以划分为三类：综合预案、专项预案、现场预案。

（1）综合预案。综合预案从总体上阐述应急方针、政策、应急组织机构及相应的职责，应急行动的思路等。综合应全面考虑管理者和应急者的责任和义务，并说明紧急情况应急救援体系的预防、准备、应急和恢复等过程的关联。通过综合预案可以很清晰地了解应急体系及文件体系，特别是针对政府综合预案可作为应急救援工作的基础和“底线”，即使对那些没有预料的紧急情况也能起到一般的应急指导作用。综合应急预案非常复杂、庞大。

（2）专项预案。专项预案是针对某种具体的、特定类型的紧急情况而制定的。某些专项应急预案包括准备措施，但大多数专项预案通常只有应急阶段部分，通常不涉及事故的预防和准备及事故后的恢复阶段。专项预案是在综合预案的基础上充分考虑了某特定危险的特点，对应急的形势、组织机构、应急活动等进行更具体的阐述，具有较强的针对性，但需要做好协调工作。对于有多重危险的灾害来说，专项应急预案可能引起混乱，且在培训上需要更多的费用。

（3）现场预案。现场预案是在专项预案的基础上，根据具体情况需要而编制的。它是针对特定的具体场所，通常是该类型事故风险较大的场所或重要防护区域所制定的预案。现场预案是一系列简单行动的过程，它是针对某一具体现场的该类特殊危险及周边环境情况，在详细分析的基础上，对应急救援中的各个方面做出的具体而细致的安排，它具有更强的针对性和对现场救援活动的指导性，但现场预案不涉及准备及恢复活动，一些应急行动计划不能指出特殊装置的特性及其他可能的危险，需通过补充内容加以完善。

2. 按应急级别分类

根据可能的事故后果的影响范围、地点及应急方式，我国事故应急救援体系可将事故应急预案分为五个级别。

（1）Ⅰ级（企业级）应急预案。这类事故的有害影响局限在一个单位（如某个工厂、建设单位、建设项目等）的界区之内，并且可被现场的操作者遏制和控制在该区域内。这类事故可能需要投入整个单位的力量来控制，但其影响预期不会太大。

（2）Ⅱ级（县、市/社区级）应急预案。这类事故所涉及的影响可扩大到公共区（社区），但可被该县（市、区）或社区的力量，加上所涉及的工厂或工业部门的力量所控制。

（3）Ⅲ级（地区/市级）应急预案。这类事故影响范围大，后果严重，或是发生在两个县或县级市管辖区边界上的事故。应急救援需动用地区的力量。

（4）Ⅳ级（省级）应急预案。对可能发生的特大火灾、爆炸、毒物泄漏事故，特大危险品运输事故以及属省级特大事故隐患、省级重大危险源应建立省级事故应急反应预案。它可能是一种规模极大的灾害事故，或可能是一种需要用事故发生的城市或地区所没有的特殊技术和设备进行处理的特殊事故。这类意外事故需用全省范围内的力量来控制。

（5）Ⅴ级（国家级）应急预案。对事故后果超过省、直辖市、自治区边界以及列为国家级事故隐患、重大危险源的设施或场所，应制定国家级应急预案。

1.4.3 应急预案编制要求

应急预案要求能够发挥应急预案应有的作用并能较好的实施。编制应急预案时应注意下列几点要求。

（1）把握好“应急救援”的核心要求。预案的核心是应急救援，且在确保安全的前提下，争分夺秒，实施紧急的抢险和排险救援工作，实施“安、急、抢、排、救”的五字应急救援要求。

（2）突出重点，加强针对性。预案编制中的重点内容有五个。

1）对纳入预案的突发事态及其急迫和困难程度类别界定的阐述。

2）各类事态下进行安全抢（排）险救援工作的总体方案、各环节的工作要求和技术措施。

3）抢险救援工作的机制、组织和指挥系统。

4）抢险救援工作总体和分项（分部、分环节）的工作（作业）程序与监控要求。

5）应急救援所需人力、设备、物资的配备、调集和供应安排。

预案应突出这五项重点内容，在各项中又应突出起控制作用的、要求严格实施的（即禁止随意更改、变通）、在各项之间有紧密联系和配合关系，以及本行政区域、本企业和本工程的特定情况、条件和要求的内容。

加强针对性，即密切结合本行政区域、本行业、本企业和本工程在安全生产方面的实际情况，基础条件和存在问题，分析可能发生事故的类型、级别及引起原因，有针对性地制定预案，力争达到以下救援的要求。

（3）确保反应迅速、启动及时。在预案中，必须建立起通畅的、保证不会发生贻误和阻滞、影响及时启动应急救援工作的迅速反应系统，包括事故急报（以最快的速度上报安全生产监督管理部门和上级主要负责人与安全生产管理部门）系统、应急救援机制启动系统、“战时”（应急救援期间）人员上岗就位系统和应急救援资源调配系统等，以实现在事故发生后，及时上报和启动救援工作的要求。

（4）确保操作程序简单、工作要求明确，迅速而有序地进行救援工作。应达到两个层次的要求：第一层是预案规定的操作程序应简单，工作要求应明确，以便各级指挥和工作人员能按照预案紧张有序地开展应急救援工作；第二层是预案可以实现快速调整，应避免因调整造成程序的紊乱和配合的脱节。因此，在编制预案时，应同时编制修改调节程序，根据情况和安排的变化，可以迅速完成对预案的修改。

（5）确保分工合理、责任明确、协调配合顺畅。预案能否顺利实施并达到快速、高效的要求，除方案合理、措施得当外，还需要有统一的指挥和各司其职、各尽其责。这就要求预案必须解决好实现分工合理、责任明确和协调配合通畅所要求的各项有关问题。在政府级预案中，应当明确政府行政主管部门、施工单位及其他有关方面的分工、配合和协调要求及相应的责任；在企业级和项目级预案中，也需要考虑政府行政主管部门介入后的相应安排。

1.4.4 建筑工程公司事故应急救援预案实例

（1）概述。根据建设工程的特点，工地现场可能发生的质量特大事故有：坍塌、倾斜、火灾等，应急预案的人力、物资、技术准备主要针对这几类事故。应急预案应立足于事故的救援，立足于工程项目自援自救，立足于工程所在地人民政府和当地社会资源的救助。

（2）应急组织。

应急领导小组：项目经理为该小组组长，主管安全生产的项目副经理、技术负责人为副组长；

现场抢救组：项目部安全部负责人为组长，安全部全体人员为现场抢救组成员；

医疗救治组：项目部医务室负责人为组长，医疗室全体人员为医疗救治组成员；

后勤服务组：项目部后勤部负责人为组长，后勤部全体人员为后勤服务组成员；

保安组：项目部保安部负责人为组长，全体保安员为组员。

应急组织的分工及人数应根据事故现场需要灵活调配。

应急领导小组职责：建筑工地发生特大质量事故时，负责指挥工地抢救工作，向各抢救小组下达抢救指令任务，协调各组之间的抢救工作，随时掌握各组最新动态并作出最新决策，第一时间向110、119、120、企业救援指挥部、当地政府安监部门、公安部门求援或报告灾情。平时应急领导小组成员轮流值班，值班者必须住在工地现场，保证通信工具畅通，发生紧急事故时，在项目部应急组长抵达工地前，值班者即为临时救援组长。

现场抢救组职责：采取紧急措施，尽一切可能抢救伤员及被困人员，防止事故进一步扩大。

医疗救治组职责：对抢救出的伤员，视情况采取急救处置措施，尽快送医院抢救。

后勤服务组职责：负责交通车辆的调配，紧急救援物资的征集及人员的餐饮供应。

保安组职责：负责工地的安全保卫，支援其他抢救组的工作，保护现场。

（3）救援器材。应急小组应配备下列救援器材：

医疗器材：担架、氧气袋、塑料袋、小药箱；

抢救工具：一般工地常备工具即基本满足使用；

照明器材：手电筒、应急灯 36V 以下安全线路、灯具；

通信器材：电话、手机、对讲机、报警器；

交通工具：工地常备一辆值班面包车。

灭火器材：灭火器日常按要求就位，紧急情况下集中使用。

(4) 应急知识培训。应急小组成员在项目安全教育时必须附带接受紧急救援培训。培训内容：伤员急救常识、灭火器材使用常识、各类重大事故抢险常识等。务必使应急小组成员在发生重大事故时能较熟练地履行抢救职责。

(5) 通信联络。项目部必须将 110、119、120、项目部应急领导小组成员的手机号码、企业应急领导组织成员手机号码、当地安全监督部门电话号码，明示于工地显要位置。工地抢险指挥及保安员应熟知这些号码。

(6) 事故报告。工地发生重大质量事故后，企业、项目部除立即组织抢救伤员，采取有效的措施防止事故扩大，保护事故现场，做好善后工作外，还应按国家有关规定报告有关部门。

1.5 BIM 技术在施工质量管理中的应用

利用 BIM 技术对施工过程进行质量控制是该技术对传统施工带来的巨大变革，能够解决传统施工中无法避免的问题。特别是针对现代社会中使用较多的大空间、大跨度、受力体系、形体关系相对复杂的建筑，BIM 技术更是带来了前所未有的技术应用。从整体上关注工程质量，BIM 能够提供一个多维度的清晰工程建设概况模型，为管理者提供一个更为清晰、直观的工程模型，为质量监管创造条件。

BIM 技术在施工质量控制中的应用主要体现在施工深化设计、构件碰撞检测、施工工序管理、施工动态模拟、施工方案优化、安装质量管控和三维扫描复查等方面。其中：

(1) 构件碰撞检测。在传统图纸设计中，在结构、水暖电力等各专业设计图纸汇总后，由总工程师人工发现和协调问题，因此人为失误在所难免，往往会造成建设投资浪费。使用 BIM 碰撞检测可以有效避免此类问题出现。一般情况下，先进行土建碰撞检测；然后进行设备内部各专业碰撞检测；再进行结构与给排水、暖、电专业碰撞检测；最后结构各管线之间的交叉问题。用 BIM 的三维技术在前期可以进行碰撞检查，优化工程设计，减少在建筑施工阶段可能存在的错误损失和返工的可能性。

(2) 施工工序管理。利用 BIM 技术可以对工序活动投入对质量和工序活动的效果进行更好的控制，主要工作是通过 BIM 确定工序质量工作计划和设置工作质量控制点，实行重点控制。主要关注材料、设备质量与施工记录，BIM 能够保证工程施工质量信息及时、准确地记录。

(3) 施工动态模拟及施工方案优化。对于施工规模大，复杂程度高的项目，可以采用基于 BIM 技术的施工动态模拟，可以直观、精确地反映整建筑施工过程，从而比较不同施工方案并进行优化，有效缩短工期、降低成本、提高质量。

(4) 三维扫描复查。在施工过程中，可以对在建主体结构进行三维数字激光扫描，扫描后形成建筑结构的点云模型，将 BIM 模型与点云模型进行比较，可以直观看出已施建筑与拟建模型之间是否有偏差，各构件的垂直、水平、角度是否满足要求。如有不符合要求的位置，及时进行整改，确保后续的施工质量。

施工进度管理

建设进度管理是指对工程项目施工在既定工期内，根据工程进度总目标及资源优化配置的原则编制计划并付诸实施，然后在进度计划的实施过程中经常检查实际进度是否按计划要求进行，对出现的偏差情况进行分析，采取补救措施或调整、修改原计划后再付诸实施，如此循环，直到建设工程竣工验收交付使用。建设工程进度管理的最终目的是确保施工项目按预定的时间动用或提前交付使用，建设工程进度控制的总目标是建设工期。建筑施工项目进度控制的总目标是确保施工项目的既定目标工期的实现，或者在保证施工质量和不因此而增加施工实际成本的条件下，适当缩短施工工期。

2.1 施工进度控制案例

某企业工业厂房施工过程安排包括施工准备、进口处施工、地下工程、垫层、构件安装、屋面工程、门窗工程、地面工程、装修工程，施工单位组织安排如下网络图 3-3 所示，原计划工期为 210 天，当第 95 天进行检查时发现，工作④—⑤（垫层）前所有工作已全部完成，工作⑤—⑥（构件安装）刚开工，由此可知实际进度比计划拖后了 15 天。试进行施工进度控制分析。

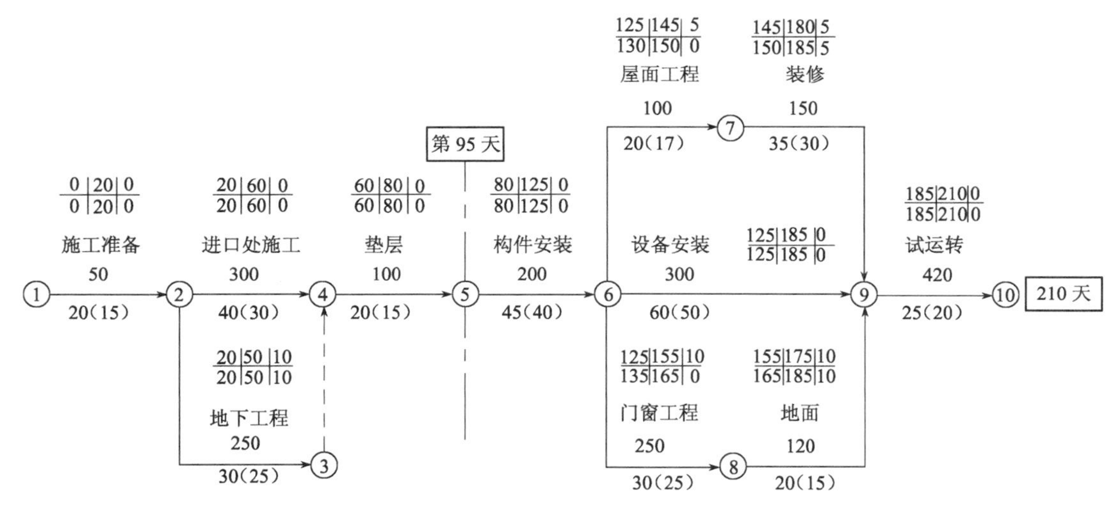

图 3-3 网络进度计划图

图 3-3 中，箭线上的数字为缩短工期需增加的费用（单位：元/天）；箭线下的括弧外的数字为工作正常施工时间；括弧内数字为工作最快施工时间。

分析：因为工作⑤—⑥是关键工作，它拖后 15 天可能导致总工期延长 15 天，应当进行计划进度控制，使其按原计划完成，办法就是缩短工作⑤—⑥及其以后计划工作时间，调整步骤如下：

第一步：先压缩关键工作中费用增加率最小的工作，其压缩量不能超过实际可能压缩值。从图 3-3 中可见，三个关键工作⑤—⑥、⑥—⑨、⑨—⑩中，赶工费最低是 $a_{⑤-⑥}=200$，可压缩量=45−40=5（d），因此先压缩工作⑤—⑥5 天，而需要支出压缩费 5×200=1000 元，至此工期缩短 5 天，但⑤—⑥不能再压缩了。

第二步：删去已压缩的工作，按上述方法压缩未经调整的各关键工作中费用增加率最省者。比较⑥—⑨和⑨—⑩两个关键工作，$a_{⑥-⑨}=300$ 元最少，所以压缩⑥—⑨，但压缩⑥—⑨工作必须考虑与其平行作业的工作，他们最小时差为 5 天，所以只能先压缩 5 天，增加费用 5×300=1500 元。至此工期已压缩了 10 天，而此时⑥—⑦与⑦—⑨也变成关键工作，如再压缩⑥—⑨还需考虑⑥—⑦或⑦—⑨也要同时压缩，不然则不能缩短工期。

第三步：此时可以压缩的工作为：一是同时压缩⑥—⑦和⑥—⑨，每天费用增加为 100+300=400 元，压缩量为 3 天；二是同时压缩⑦—⑨和⑥—⑨，每天费用增加为 150+300=450 元，压缩量为 5 天；三是压缩⑨—⑩，每天费用增加为 420 元，压缩量为 5 天。三者相比较，同是压缩⑥—⑦和⑥—⑨费用增加最少。故工作⑥—⑦和⑥—⑨压缩各压缩 3 天，费用增加(100+300)×3=1200 元，至此，工期已压缩了 13 天。

第四步：分析仍能压缩的关键工作，此时可以压缩的工作为：一是同时压缩⑦—⑨和⑥—⑨，每天费用增加为 150+300=450 元，压缩量为 5 天；二是压缩⑨—⑩，每天费用增加为 420 元，压缩量为 5 天。两者相比较，压缩工作⑨—⑩每天费用增加最少。工作⑨—⑩只需压缩 2 天，费用增加 420×2=840 元。至此，工期已压缩 15 天已完成，总费用共增加 1000+1500+1200+840=4540 元。

调整后的工期仍为 210 天，但各工作的开工时间和部分工作作业时间有所变动，劳动力、物资、机械计划及平面布置均按调整后的进度计划作相应调整。调整后的网络计划如图 3-4 所示。

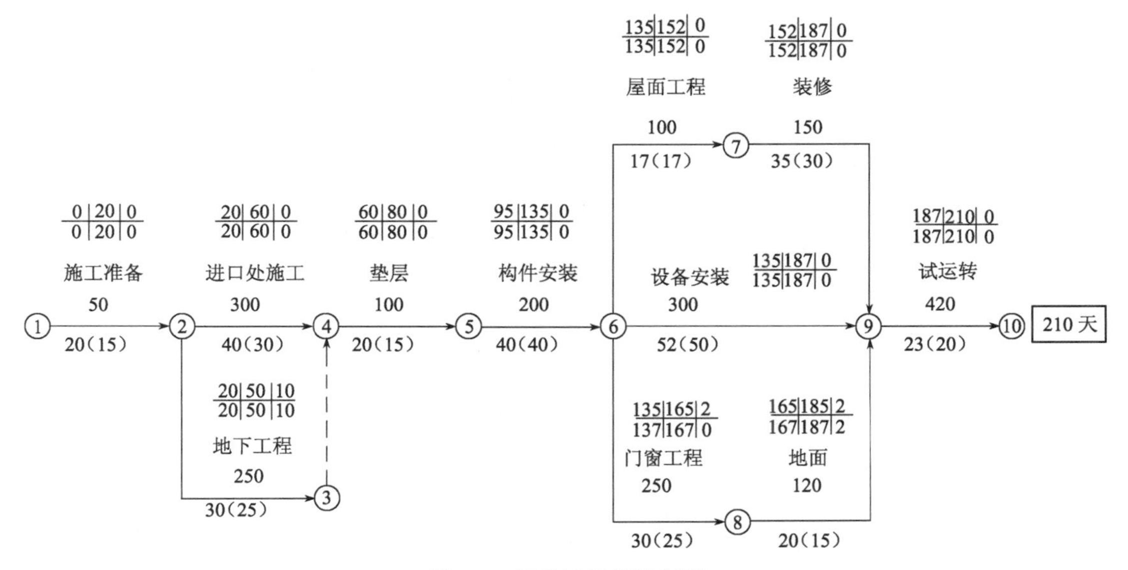

图 3-4　调整后网络计划图

2.2 施工进度控制方案编制

2.2.1 影响施工进度控制的因素

由于施工项目具有规模庞大、建筑结构与施工技术复杂、建设周期长及相关单位多、协调难度大等特点，决定了建筑工程进度将受到诸多因素的影响。在编制施工进度计划和有效地控制施工进度时，就必须对影响施工进度的有利因素和不利因素进行充分的认识和估计。这样，一方面可以促进对有利因素的充分利用和对不利因素的妥善预防；另一方面也便于事先制定预防措施，事中采取有效对策，事后进行妥善补救，以缩小实际进度与计划进度的偏差，实现对建筑工程进度的主动控制和动态控制。

影响建筑工程施工进度的因素有很多，如人的因素，技术因素，设备、材料及构配件因素，机具因素，资金因素，水文、地质与气象因素，以及其他自然与社会环境等方面的因素。其中，人的因素是最大的干扰因素。从产生的根源看，有的来源于建设单位及其上级主管部门；有的来源于勘察设计、施工及材料、设备供应单位；有的来源于政府、建设主管部门、有关协作单位和社会；有的来源于各种自然条件；也有的来源于建设、监理单位本身。在建筑工程施工过程中，常见的影响因素如下：

1. 相关单位的影响

如业主使用功能改变而进行设计变更；应提供的施工场地条件不能及时提供或所提供的场地不能满足工程正常需要；不能及时向施工承包单位或材料供应商付款等。勘察设计提供资料不准确，特别是地质资料出现错误或遗漏；设计内容不完善，规范应用不恰当，设计有缺陷或错误；设计对施工的可能性未考虑或考虑不周；施工图纸供应不及时、不配套，或出现重大差错等。

2. 施工技术失误

如施工单位施工措施不当，施工方案编制没有针对性，脱离工程实际，不能正确指导工程施工；应用新技术、新材料、新工艺缺乏经验，不能保证施工质量而影响到施工进度；施工安全措施不当；不可靠技术的应用等。

3. 自然环境因素

如复杂的工程地质条件；不明的水文气象条件；地下埋藏文物的保护、处理；洪水、地震、台风等不可抗力等。

4. 社会环境因素

如外单位临近工程施工干扰；节假日交通，市容整顿的限制；临时停水、停电、断路；以及在国外常见的法律及制度变化，经济制裁，战争、骚乱、罢工、企业倒闭等。

5. 施工组织管理因素

如向有关部门提出各种申请审批手续的延误；合同签订时遗漏条款、表达失当；计划安排不周密，组织协调不力，导致停工待料、相关作业脱节；领导不力，指挥失当，使参加工程建设的各个单位、各个专业、各个施工进程之间交接、配合上发生矛盾等。

6. 材料、设备因素

如材料、构配件、机具、设备供应环节的差错，品种、规格、质量、数量、时间不能满足工程的需要；特殊材料及新材料的不合理使用；施工设备不配套，选型失当，安装失误，有故障等。

7. 资金因素

如甲方拖欠资金，资金不到位，资金短缺；汇率浮动和通货膨胀等。

2.2.2 施工进度控制的基本方法

1. 施工进度控制原理

(1) 动态控制原理。施工进度控制是一个不断进行的动态控制，也是一个循环进行的过程。它是从工程施工开始，实际进度就出现了运动的轨迹，也就是计划进入执行的动态。实际进度按照计划进度进行时，两者相吻合；当实际进度与计划进度不一致时，便产生超前或落后的偏差。分析偏差的原因，采取相应的措施，调整原来计划，使两者在新的起点上重合，继续按其进行施工活动，并且尽量发挥组织管理的作用，使实际工作按计划进行。但是在新的影响因素作用下，又会产生新的偏差。施工进度计划控制就是采用这种动态循环的控制方法。动态控制基本原理如图 3-5 所示。

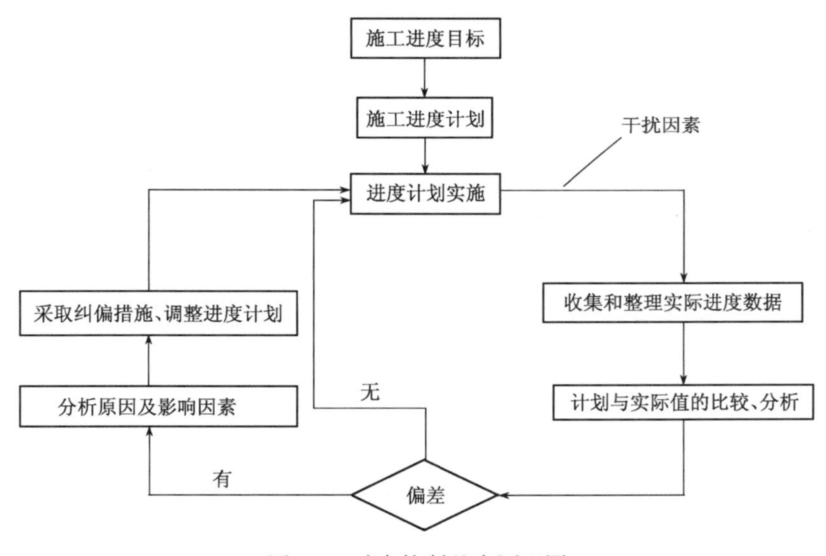

图 3-5 动态控制基本原理图

(2) 系统性原理。

1) 施工项目计划系统。为了对建筑工程施工实行进度计划控制，首先必须编制工程施工的各种进度计划。其中有工程施工总进度计划、单位工程施工进度计划、分部、分项工程施工进度计划、季度和月（旬）作业计划，这些计划组成一个工程施工进度计划系统。计划的编制对象由大到小，计划的内容从粗到细。编制时从总体计划到局部计划，逐层进行控制目标分解，以保证计划控制目标落实。执行计划时，从月（旬）作业计划开始实施，逐级按目标控制，从而达到对施工整体进度目标控制。

2) 施工进度实施组织系统。施工实施全过程的各专业队伍都是遵照计划规定的目标去努力完成每个任务的。施工项目经理和有关劳动调配、材料设备、采购运输等各职能部门都按照施工进度规划要求进行严格管理、落实和完成各自的任务。施工组织各级负责人，从项目经理、施工队长、班组长及其所属全体成员组成了施工项目实施的完整组织系统。

3）施工进度控制组织系统。为了保证施工的工程进度实施还有一个工程进度的检查控制系统。自公司经理、项目经理，一直到作业班组都设有专门职能部门或人员负责检查汇报，统计整理实际施工进度的资料，并与计划进度比较分析和进行调整。当然不同层次人员负有不同进度控制职责，分工协作，形成一个纵横连接的施工项目控制组织系统。事实上有的领导可能是计划的实施者又是计划的控制者。实施是计划控制的落实，控制是保证计划按期实施。监理工程师是对建筑施工进度进行检查和控制，确保进度目标实现。

4）信息反馈原理。信息反馈是工程施工进度控制的主要环节，施工的实际进度通过信息反馈给基层施工项目进度控制的管理人员，在分工的职责范围内，经过对其加工处理，再将信息逐级向上反馈，直到主控制室，主控制室整理统计各方面的信息，经比较分析做出决策，调整进度计划，仍使其符合预定工期目标。若不应用信息反馈原理，不断地进行信息反馈，则无法进行计划控制。施工项目进度控制的过程就是信息反馈的过程。

5）弹性原理。施工项目进度计划工期长、影响进度的因素多，其中有的已被人们掌握，根据统计经验估计出影响的程度和出现的可能性，并在确定进度目标时，进行实现目标的风险分析。在进度计划编制者具备了这些知识和实践经验之后，编制施工进度计划时就会留有余地，即使施工进度计划具有弹性。在进行施工项目进度控制时，便可以利用这些弹性，缩短有关工作的时间，或者改变它们之间的搭接关系，使检查之前拖延了的工期，通过缩短剩余计划工期的方法，仍然达到预期的计划目标。

6）封闭循环原理。进度计划控制的是按照 PDCA 循环工作法进行，计划（Plan）、实施（Do）、检查（Check）、处理（Action）发现和分析影响进度的原因，确定调整措施再计划。从编制项目施工进度计划开始，经过实施过程中的跟踪检查，收集有关实际进度的信息，比较和分析实际进度与施工计划进度之间的偏差，找出产生的原因和解决办法，确定调整措施，再修改原进度计划，形成一个封闭的循环系统。

7）网络计划技术原理。在施工项目进度的控制中利用网络计划技术原理编制进度计划，根据收集的实际进度信息，比较和分析进度计划，又利用网络计划的工期优化，工期与成本优化和资源优化的理论调整计划。网络计划技术原理是施工项目进度控制的完整的计划管理和分析计算理论基础。

2. 施工进度控制方法

施工进度控制方法就是利用实际进度与计划进度相比较的方法和相对原进度计划的调整方法，施工进度比较分析与计划调整是施工进度控制的重要环节。施工进度常用的控制方法有：横道进度计划实施中的控制方法、网络进度计划实施中的控制方法、S 形曲线控制方法、香蕉型曲线比较法和列表控制法等。

（1）横道进度计划实施中的控制方法。

用横道编制施工进度计划，指导施工实施已是人们常用的、很熟悉的方法。它简明形象直观，编制方法简单，使用方便。横道进度控制法就是把在项目施工中检查实际进度收集的信息，经整理后直接用横道线并列标于原计划的横道线一起，进行直观比较的方法。如表 3-1 所示。其中双线条表示计划进度，粗实线则表示工程施工的实际进度。从比较中可以看出，在第 8 天末进行施工进度检查时，挖土方工作已经完成；支模板的工作按计划进度应当完成，而实际施工进度只完成了 83%的任务，已经拖后了 17%；绑扎钢筋工作正常，但只完成了 50%的任务，施工实际进度与计划进度一致。

某钢筋混凝土施工实际进度与计划进度比较表 **表 3-1**

工作编号	工程名称	工作天数（天）	施工进度计划（天）																
			1	2	3	4	5	6	7	8	9	10	11	12	13	14	15	16	17
1	挖土方	6																	
2	支模板	6																	
3	绑扎钢筋	9																	
4	浇混凝土	6																	
5	回填土	6																	

计划进度
实际进度
▲ 检查日期

通过上述记录与比较，为进度控制者提供了实际施工进度与计划进度之间的偏差，为采取调整措施提供了明确的任务。这是人们施工中进行施工进度控制经常用的一种最简单、熟悉的方法。但是它仅适用于施工中的各项工作都是按均匀的进展，即每项工作在单位时间里完成的任务量都是各自相等的。

根据施工中各项工作的进展速度是否相同，以及进度控制要求和提供的进度信息不同，可以采用以下列两种方法：

1）匀速施工横道比较法。

匀速施工是指在施工中，每个施工工作施工进展速度都是匀速的，即在单位时间内完成的任务量都是相等的，累计完成的任务量与时间成直线变化，如图 3-6 所示。完成任务量可以用实物工程量、劳动消耗量和工作量三种物理量表示，为了比较方便，一般用它们实际完成量的累计百分比与计划的应完成量的累计百分比进行比较。

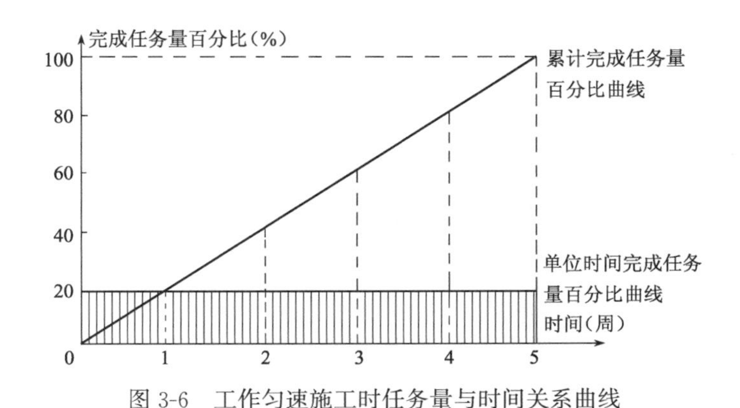

图 3-6　工作匀速施工时任务量与时间关系曲线

作图比较方法的步骤为：

① 编制横道进度计划。

② 在进度计划上标出检查日期。

③ 将检查收集的实际进度数据，按比例用涂黑的粗线标于计划进度线的下方。如表 3-1 所示。

④ 比较分析实际进度与计划进度。

A. 涂黑的粗线右端与检查日期相重，表明实际进度与施工计划进度相一致。

B. 涂黑的粗线右端在检查日期左侧，表明实际进度拖后。

C. 涂黑的粗线右端在检查日期的右侧，表明实际进度超前。

必须指出：该方法只适用于工作从开始到完成的整个施工过程中，其施工速度是不变的，累计完成的任务量与时间成正比，如图 3-7 所示。

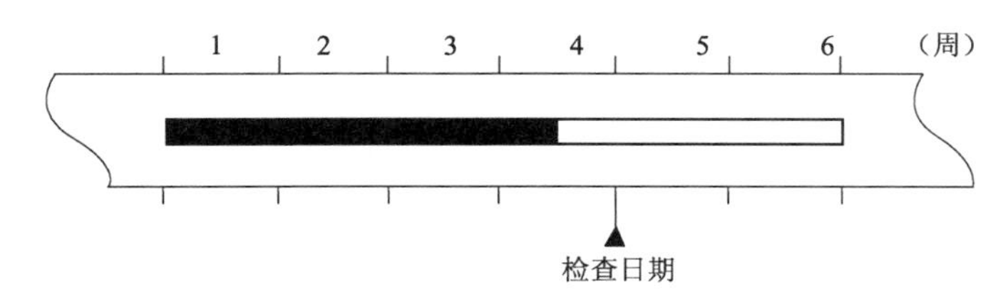

图 3-7　匀速施工横道比较图

若工作的施工速度是变化的，则这种方法不能进行工作的实际进度与计划进度之间的比较，否则就会出现错误的结论。

2）非匀速施工横道比较法。

非匀速施工是指在工程项目施工中，每项工作在不同单位时间里的施工进展速度不相等时，累计完成的任务量与时间的关系就可能不是线性关系，如图 3-8 所示。此时，应采用非匀速进展横道比较法进行工作实际进度与计划进度的比较。

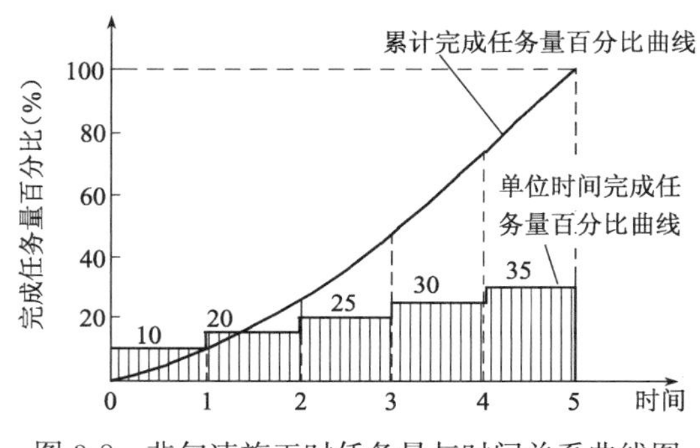

图 3-8　非匀速施工时任务量与时间关系曲线图

非匀速施工横道比较法在用涂黑粗线表示工作实际进度的同时，还要标出其对应时刻完成任务量的累计百分比，并将该百分比与其同时刻计划完成任务量的累计百分比相比较，判断工作实际进度与计划进度之间的关系。

采用非匀速施工横道比较法时，其方法步骤如下：

① 编制横道图进度计划。

② 在横道线上方标出各主要时间工作的计划完成任务量累计百分比。

③ 在横道线下方标出相应时间工作的实际完成任务量累计百分比。

④ 用涂黑粗线标出工作的实际进度，从开始之日标起，同时反映出该工作在实施过程中的连续与间断情况。

⑤ 通过比较同一时刻实际完成任务量累计百分比和计划完成任务量累计百分比，判断工作实际进度与计划进度之间的关系。

A. 任务量为二者之差。

B. 当同一时刻横道线上方累计百分比小于横道线下方累计百分比，表明实际进度超前，超前的任务量为二者之差。

C. 当同一时刻横道线上下方两个累计百分比相等，表明实际进度与计划进度一致。由此可知，由于工作进展速度是变化的，因此，在图 3-10 中的横道线上，无论是计划的还是实际的，只能表示工作的开始时间、完成时间和持续时间，并不表示计划完成的任务量和实际完成的任务量。此外，采用非匀速进展横道比较法，不仅可以进行某一时刻（如检查日期）实际进度与计划进度的比较，而且还能进行某一时间段实际进度与计划进度的比较。当然，这需要实施部门按规定的时间记录当时的任务完成情况。

【例 3-1】某工程主体施工中的混凝土工作按施工进度计划安排需要 7 个月完成，每月计划完成的任务量百分比如图 3-9 所示。第 6 月末检查时，试用横道比较法进行分析。

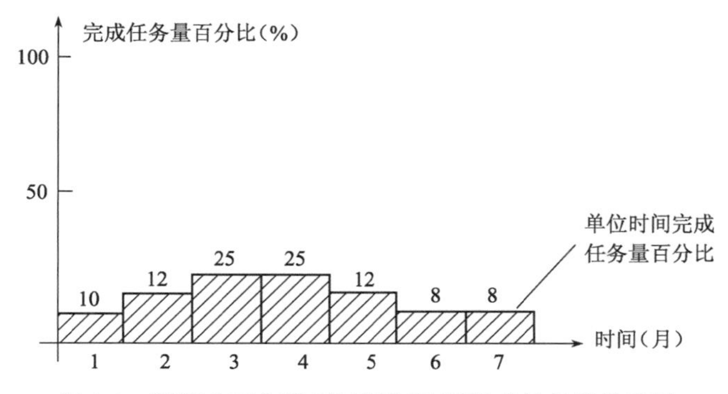

图 3-9　混凝土工作进展时间与计划完成任务量关系图

【解】

1. 编制横道进度计划，如图 3-10 所示。

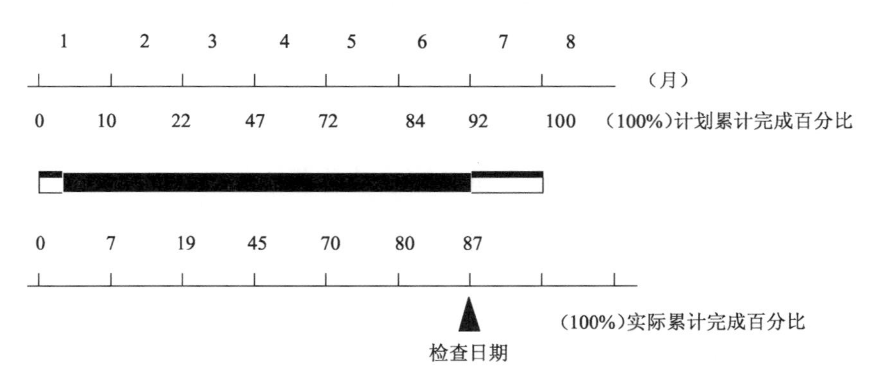

图 3-10　非匀速施工横道分析图

2. 在横道线上方标出混凝土工作每月计划累计完成任务量的百分比，分别为 10%、22%、47%、72%、84%、92%和 100%。

3. 在横道线下方标出第 1 月至检查日期（第 6 月末），每月实际累计完成任务量的百分比，分别为 7%、19%、45%、70%、80%、87%。

4. 用涂黑粗线标出实际投入的时间，图 3-10 表明，该工作实际开始时间晚于计划开始时间，在开始后连续工作，没有中断。

5. 比较实际进度与计划进度。从图 3-10 中可以看出，该工作在第一月实际进度比计划进度拖后 3%，以后各月末累计拖后分别为 3%、2%、2%、4%和 5%。

由上述横道比较法可以看出，横道比较法具有形象直观、易于掌握、使用方便等优点，但是由于其以横道计划原理为基础，因而带有不可克服的局限性。在横道计划中，各项工作之间的逻辑关系表达不明确，关键工作和关键线路无法确定。一旦某些工作实际进度出现偏差时，难以预测其对后续工作和工程项目总工期的影响，也就难以确定相应的施工进度计划调整方法。因此，横道图比较法主要用于工程项目中某些工作实际进度与计划进度的局部比较。

（2）网络进度计划实施中的控制方法。

国内外工程实践证明，用网络计划技术对建筑施工进度进行控制，是行之有效的方法。由于计算机技术的应用，使网络进度计划对工期调整或工期优化更加方便。用网络计划技术编制好施工进度计划后，不但能明确看到工程每项施工过程内容，而且能事先知道某项施工过程可利用的机动时间（时差），以及某项施工过程是没有机动时间的关键工作，因而明确了工程的重点施工过程。如果在实际施工中将实际的施工进度逐日地记录下来后，与计划进度进行对比、分析，能够发现它的进度是按时、提前或拖后，通过查明分析影响原因，及时采取补救措施，或修改调整原计划，使之按计划总工期完成或提前完成。

施工进度网络进度计划控制方法如下。

1）施工阶段定期跟踪检查。

① 绘制网络计划。

② 实际进度与计划进度检查及对比。

按施工进度网络计划开工后，就要逐日记录施工进度情况，每隔一定时间进行一次全面的检查将实际的施工进度与计划进度进行对比，如发现有拖延进度的情况，应分析其对总工期的影响程度，如有影响则在网络图上进行调整，所调整的作业时间，要采取措施保证实现。

【例 3-2】 图 3-11 是某一工程施工进度网络计划，计划总工期为 19 天。开工后 3 天进行检查，如点划线所示工序②→③还需要 1 天才能完成，工序②→④需要 2 天才能完成，工序①→⑥延迟了 2 天。现在看来，工序②→③比计划提前 1 天完成任务，而工序②→④则延迟了 1 天，①→⑥工序则延迟了 2 天。这样，通过实际进度与原进度的比较，分析提前或是拖延对计划工期的影响，从而采取必要的措施，进行相应的调整。在本例中，由于②→③是关键工序，其工期提前了 1 天，一般情况下，如果不受到平行作业的影响，总工期应该会缩短 1 天。由于②→④工序比原计划延迟了 1 天，可以使总工期延长 1 天，但②→④有 2 天机动时间，不影响总工期。而工序①→⑥虽然延迟了 2 天，但其工序有 4 天的机动时间，所以也不会因为延迟 2 天而影响总工期。在这种情况下，就需要按提前 1 天安排新的进度和资源需求计划。

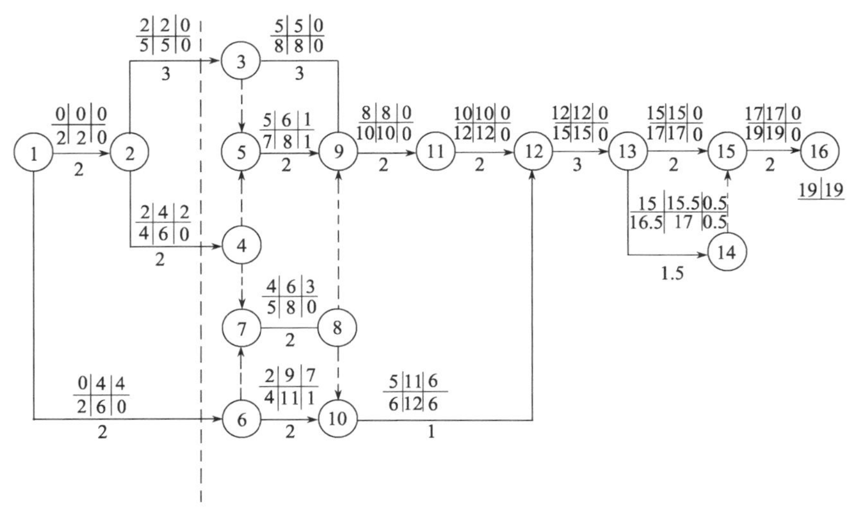

图 3-11　网络进度计划控制图

2）网络进度计划调整。

根据上述分析结果，通过计算编制新的网络进度计划（如图 3-12 所示），可以明显地看到，工期提前 1 天，并没有因为②→④和①→⑥的延迟而影响总工期。经过调整，②→④和⑦→⑧仍处在非关键工序上。

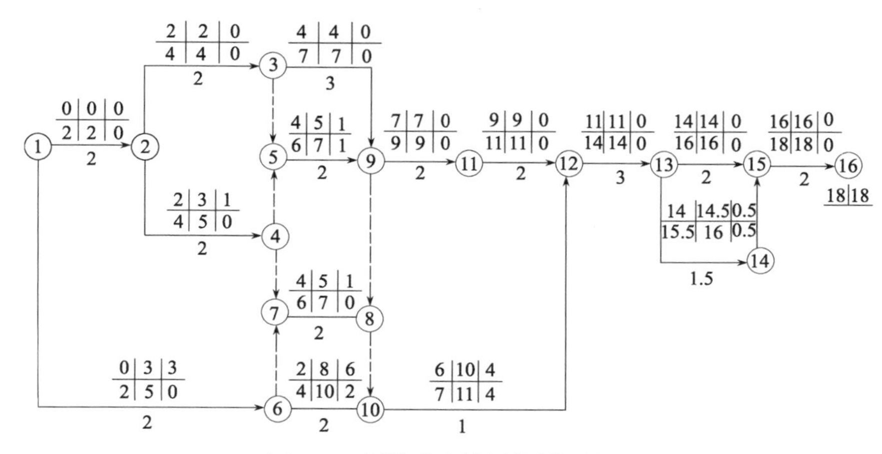

图 3-12　网络进度计划控制调整图

（3）S 形曲线控制方法。

S 形曲线控制法是以横坐标表示施工进度时间，纵坐标表示累计完成任务量，而绘制出一条按计划时间累计完成任务量 S 形曲线，将施工项目的各检查时间实际完成的任务量与 S 形曲线进行实际进度与计划进度相比较的一种方法。它与横道进度计划实施中的控制方法明显不同。从整个建筑工程的施工全过程而言，一般是开始和结尾阶段，单位时间投入的资源量较少，中间阶段单位时间投入的资源量较多，与其相关，单位时间完成的任务量也是呈同样变化的，如图 3-13（*a*）所示，而随时间进展累计完成的任务量，则应该呈 S 形折线变化，如图 3-13（*b*）所示。

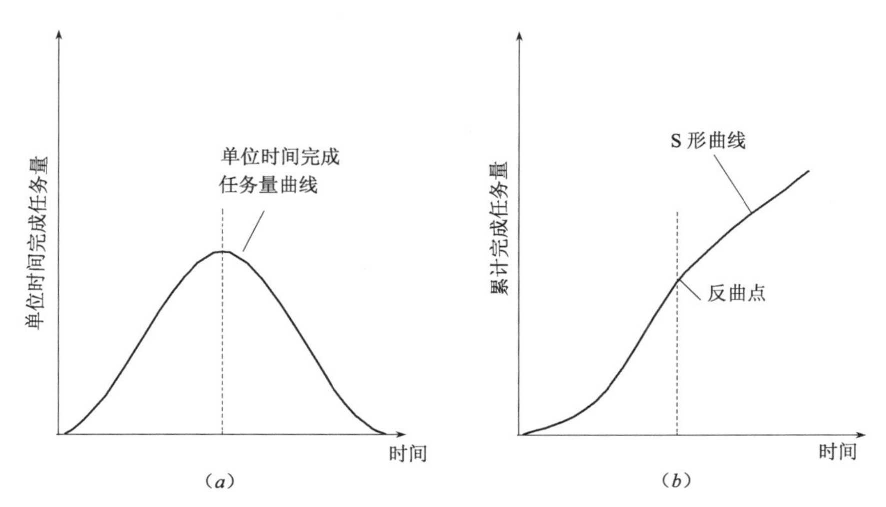

图 3-13　时间与完成任务量关系曲线

1）S 形曲线绘制。

S 形曲线的绘制步骤如下：

① 先确定工程进展速度曲线。在实际工程中计划进度曲线，无论计划或实际进度曲线，很难找到如图 3-13（a）所示的定性分析的连续曲线，但根据每个单位时间内完成的实物工程量或投入的劳动力与费用，计算出计划单位时间完成的任务量值 q_j，则 q_j 为离散型的，如图 3-14（a）所示。

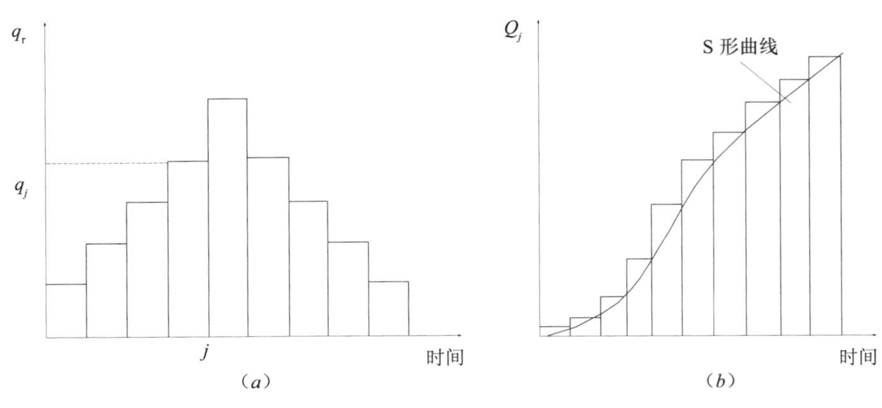

图 3-14　时间与实际完成任务量关系曲线图

② 计算规定时间 j 计划累计完成的任务量。其计算方法等于各单位时间完成的任务量累加求和，可以按下式计算：

$$Q_j = \sum_{j=1}^{j} q_j$$

式中　Q_j——某时间 j 计划累计完成的任务量；

q_j——单位时间 j 的计划完成的任务量；

j——某规定计划时刻，$j=1$、2、3……

③ 按各规定时间的 Q_j 值，绘制 S 形曲线如图 3-14（b）所示。

2）S 形曲线进度控制比较。

S 形曲线进度控制比较法，同横道图一样，是在 S 形曲线图上直观地进行施工项目实际进度与计划进度相比较。一般情况，施工进度控制人员在计划实施前绘制出 S 形曲线。在项目施工过程中，按规定时间将检查的实际完成情况，绘制在与计划 S 形曲线同一张图上，可得出实际进度 S 形曲线如图 3-15 所示，比较两条 S 形曲线可以得到如下信息：

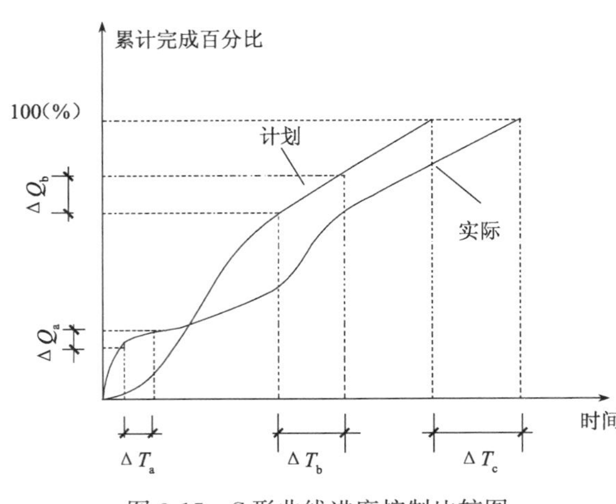

图 3-15　S 形曲线进度控制比较图

① 施工实际进度与计划进度比较。当实际工程进展点落在计划 S 形曲线左侧则表示此时实际进度比计划进度超前；若落在其右侧，则表示拖后；若刚好落在其上，则表示二者一致。

② 施工实际进度比计划进度超前或拖后的时间如图 3-15 所示。ΔT_a 表示 T_a 时刻实际进度超前的时间；ΔT_b 表示 T_b 时刻实际进度拖后的时间。

③ 施工实际进度比计划进度超额或拖欠

的任务量如图 3-15 所示。ΔQ_a 表示 T_a 时刻，超额完成的任务量；ΔQ_b 表示在 T_b 时刻，拖欠的任务量。

④ 预测工程进度。

如图 3-15 所示，后期工程按原计划速度进行，则工期拖延预测值为 ΔT_c。

【例 3-3】某建筑工程施工项目计划要求工期为 100 天。要求用 S 形曲线控制方法进行施工实际进度与计划进度的比较。

【解】

1. 首先根据各施工过程的任务量（此时用劳动量或工作量——费用，以便于综合统计）计算出施工项目施工的总任务量，然后根据计划要求的每旬形象进度计算出每旬应完成的任务量和每旬累计完成任务量的百分比，并据此绘制出计划进度要求的 S 形曲线，如图 3-16 中用虚线绘制的 S 形曲线。

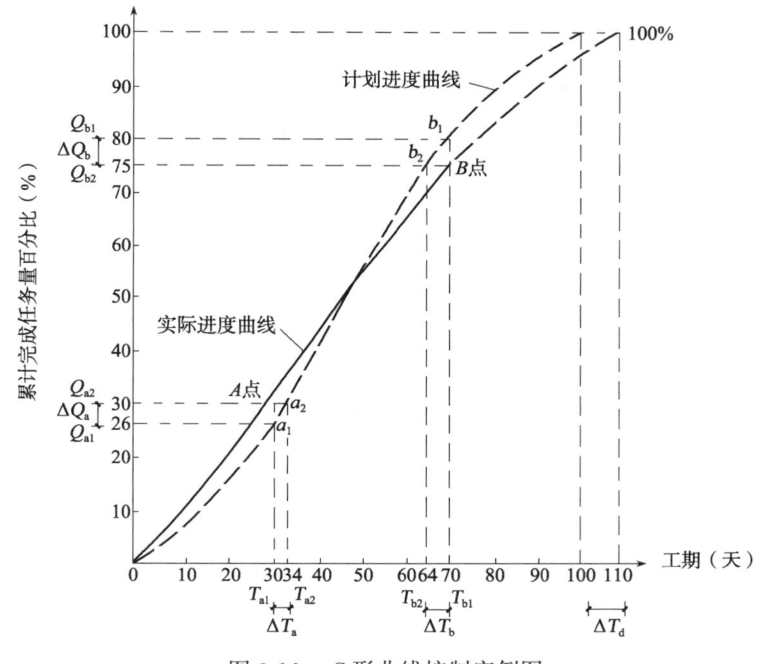

图 3-16 S 形曲线控制实例图

2. 工程实际施工过程中，根据每旬检查工程形象进度时记录的有关数据资料，计算出每旬施工实际完成的任务量和累计完成任务量的百分比，并据此绘制出工程施工的实际进度曲线，如图 3-16 中用实线绘制的曲线。

3. 在某一检查日期（如 30 天的 A 点和 70 天的 B 点）对实际进度与计划进度的 S 形的曲线进行比较，比较的主要内容是：检查日期的实际进度比计划进度提前或拖后了多少天完成任务，超额（或多）或拖后（或少）完成的任务量占总任务量的百分比是多少。具体作图方法和计算结论如下。

(1) 以 A 点为端点作一条垂直虚线和一条水平虚线，分别交于计划进度 S 形曲线的 a_1 和 a_2 点，再分别通过 a_1 和 a_2 点共作两条垂直虚线和两条水平虚线，分别交于横轴线 T_{a1} 和 T_{a2} 点，纵轴线上的 Q_{a1} 和 Q_{a2} 点，如图 3-16 所示。从图中可知：$T_{a1}=30$ 天，$T_{a2}=34$ 天，$Q_{a1}=26\%$，$Q_{a2}=30\%$，A 点所在的一段实际进度曲线均在 S 形曲线的左上方，所以此段的实际进度比计划进度均超前完成。提前工期天数 $\Delta T_a = T_{a1} - T_{a2} = 30 - 34 = -4$ 天，表示累计完成30%的任务量按计划进度需要34天完成，而实际进度只用了30天完成，比计划进度要求提前了4天完成任务；超额完成的任务量为 $\Delta Q_a = Q_{a1} - Q_{a2} = 26\% - 30\% = -4\%$，表示第30天检查时，施工实际进度累计完成的任务量为30%，而计划进度要求第30天只累计完成任务量的26%即可，实际进度超额计划进度4%。

（2）以 B 点为端点作一条垂直虚线和一条水平虚线，分别交于计划进度S形曲线的 b_1 和 b_2 点，再分别通过 b_1、b_2 点共作两条垂直虚线和两条水平虚线，分别变于横轴线上方 T_{b1} 和 T_{b2} 点，纵轴线上 Q_{b1} 和 Q_{b2} 点。从图3-16中可知：$T_{b1}=70$ 天，$T_{b2}=64$ 天，$Q_{b1}=80\%$，$Q_{b2}=75\%$，B 点所在的一段实际进度曲线均在S形曲线的右下方，所以此段的实际进度比计划进度均拖后。拖后工期天数 $\Delta T_b = T_{b1} - T_{b2} = 70 - 64 = 6$ 天，表示累计完成75%的任务量按计划进度需要64天完成，而实际进度却用了70天才完成，比计划进度要求拖后6天完成任务；拖后完成的任务量为 $\Delta Q_b = Q_{b1} - Q_{b2} = (80-75)\% = 5\%$，表示第70天检查时，施工实际进度累计完成的任务量为75%，而计划进度要求为80%，所以实际进度比计划进度拖后了5%。

（3）预测后期施工的发展趋势和工期。当施工到70天时，实际进度与计划进度产生了较大的偏差，如果不采取措施进行调整，后期施工将沿 B 点的施工速度直线微有下弯地进展，见图3-16中 B 点之后的虚线，预测拖延工期 $\Delta T_d = 110 - 100 = 10$ 天。

（4）香蕉曲线控制方法。

香蕉曲线控制方法是用两条S形曲线组合而成的闭合曲线。从S曲线比较法可知，根据计划进度的要求而确定的施工进展时间与相应累计完成任务量的关系都可以绘制成一条进度计划的S形曲线。对于一个施工项目的网络计划来说，都可以绘制出两条曲线。以其中各项工作的最早开始时间和累计任务完成量而绘制S曲线，称为ES曲线；以其中各项工作的最迟开始时间和累计完成的任务量而绘制S曲线，称为LS曲线。ES曲线和LS曲线从计划开始时刻开始和完成时刻结束，具有相同的起点和终点，因此，两条曲线是闭合的。在一般情况下，ES曲线上的其余各点均落在LS曲线的相应点的左侧，形成一个形如"香蕉"的曲线，由此称为香蕉曲线，如图3-17所示。

1）香蕉曲线控制法的用途。

香蕉曲线控制法能直观地反映施工项目的实际进展情况，并可以获得比S曲线控制方法更多信息。其主要作用有。

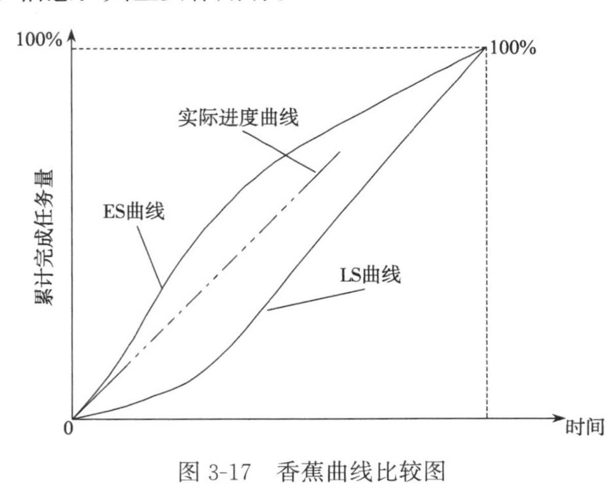

图3-17　香蕉曲线比较图

① 合理安排施工项目进度计划。

如果施工项目中的各项工作均按其最早开始时间安排进度，将导致项目的投资加大；而如果各项工作都按其最迟开始时间安排进度，则一旦受到进度影响因素的干扰，又将导致工期拖延，使工程进度风险加大。因此，科学合理的进度计划优化曲线应处于香蕉曲线所包络的区域之内，如图3-17中的点画线所示，使实际进度的波动范围控制在总时差范围内。

② 进行施工实际进度与计划进度的ES

和 LS 曲线比较。

在施工项目的实施过程中，根据每次检查收集到的实际完成任务量，绘制出实际进度 S 曲线，便可以与计划进度进行比较。工程项目实施进度的理想情况是任一时刻工程实际进展点应落在香蕉控制曲线的范围之内。如果工程实际进展点落在 ES 曲线的左侧，表明此刻实际进度比各项工作按其最早开始时间安排的计划进度超前；如果工程实际进展点落在 LS 曲线的右侧，则表明此刻实际进度比各项工作按其最迟开始时间安排的计划进度拖后。

③ 预测后期工程进展趋势。

利用香蕉控制曲线可以对后期工程的 ES 和 LS 曲线发展趋势情况进行预测。

④ 分别根据各项工作按最早开始时间、最迟开始时间安排的进度计划，确定工程项目在各单位时间计划完成的任务量，即将各项工作在某一单位时间内计划完成的任务量求和。

2）香蕉曲线的绘制方法。

香蕉控制曲线的绘制方法与 S 形曲线的绘制方法基本相同，所不同之处在于香蕉曲线是以工作按最早开始时间安排进度和按最迟开始时间安排进度分别绘制的两条 S 曲线组合而成。其绘制步骤如下。

① 以施工项目的网络计划为基础，计算各项工作的最早开始时间和最迟开始时间。

② 确定各项工作在各单位时间的计划完成任务量。分别按以下两种情况考虑。

A. 根据各项工作按最早开始时间安排的进度计划，确定各项工作在各单位时间的计划完成任务量。

B. 根据各项工作按最迟开始时间安排的进度计划，确定各项工作在各单位时间的计划完成任务量。

C. 计算施工项目总任务量，即对所有工作在各单位时间计划完成的任务量累加求和。

D. 分别根据各项工作按最早开始时间、最迟开始时间安排的进度计划，确定不同时间累计完成的任务量或任务量的百分比。

E. 绘制香蕉控制曲线。分别根据各项工作按最早开始时间、最迟开始时间安排的进度计划而确定的累计完成任务量或任务量的百分比描绘各点，并连接各点得到 ES 曲线和 LS 两条曲线，由 ES 曲线和 LS 曲线组成香蕉曲线。

在工程项目实施过程中，根据检查得到的实际累计完成任务量，按同样的方法在原计划香蕉曲线图上绘出实际进度曲线，便可以进行实际进度与计划进度的比较。

【例 3-4】某工程项目施工网络计划如图 3-18 所示，每项工作完成的任务量以劳动消耗量表示，并标注在图中箭线上方括号内；箭线下方的数字表示各项工作的持续时间（周）。试绘制香蕉形曲线。

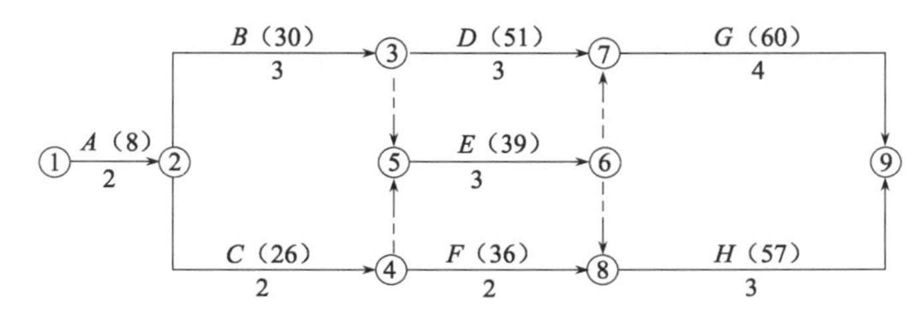

图 3-18　某工程项目施工网络计划

【解】假设各项工作均为匀速进展，即各项工作每周的劳动消耗量相等。

1. 确定各项工作每周的劳动消耗量。

工作　A：8÷2=4　　　　工作　B：30÷3=10

工作　C：26÷2=13　　　工作　D：51÷3=17

工作　E：39÷3=13　　　工作　F：36÷2=18

工作　G：60÷4=15　　　工作　H：57÷3=19

2. 计算工程项目劳动消耗总量 Q。

$$Q=4+10+13+17+13+18+15+19=109$$

3. 根据各项工作按最早开始时间安排的进度计划，确定工程项目每周计划劳动消耗量及各周累计劳动消耗量，如图 3-19 所示。

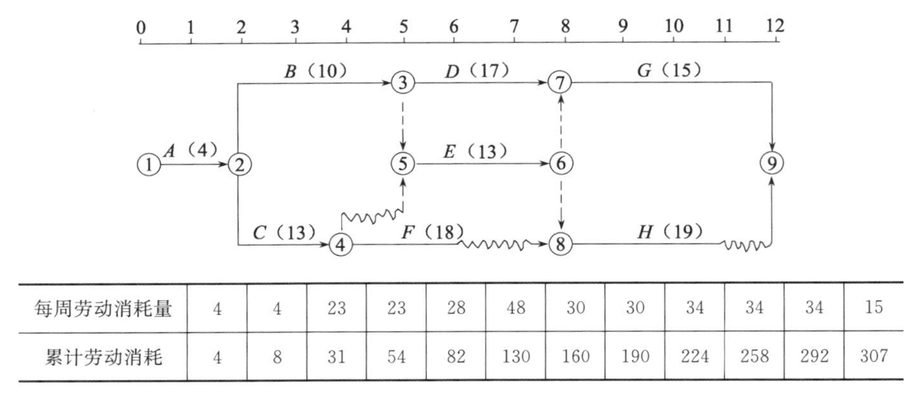

每周劳动消耗量	4	4	23	23	28	48	30	30	34	34	34	15
累计劳动消耗	4	8	31	54	82	130	160	190	224	258	292	307

图 3-19　按最早开始时间安排进度计划及劳动消耗总量图

4. 根据各项工作按最迟开始时间安排的进度计划，确定工程项目每周计划劳动消耗量及各周累计劳动消耗量，如图 3-20 所示。

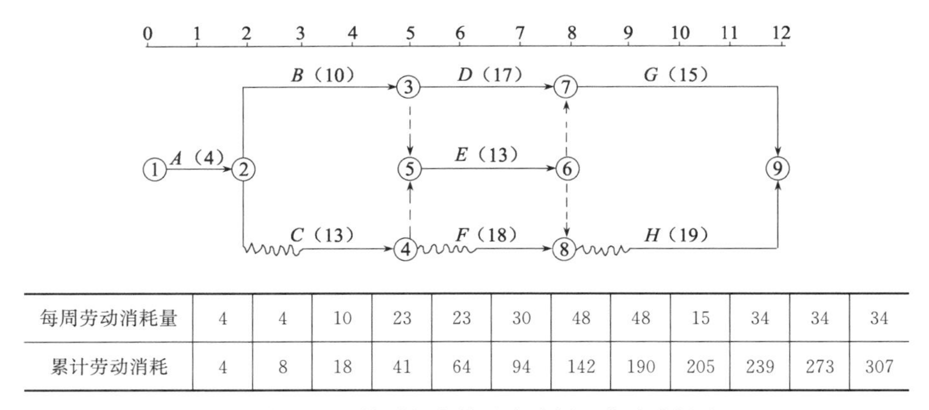

每周劳动消耗量	4	4	10	23	23	30	48	48	15	34	34	34
累计劳动消耗	4	8	18	41	64	94	142	190	205	239	273	307

图 3-20　按最迟开始时间安排进度计划及劳动消耗总量图

5. 根据不同的累计劳动消耗量分别绘制 ES 曲线和 LS 曲线，最后完成香蕉曲线的绘制，如图 3-21 所示。

（5）前锋线控制法。

当施工项目的进度计划用时标网络计划表达时，可以在时标网络计划图上直接绘制实际进度前锋线以进行施工实际进度和计划进度的比较。

前锋线控制法是通过绘制某检查时刻施工项目实际进度前锋线，进行工程实际进度与计划

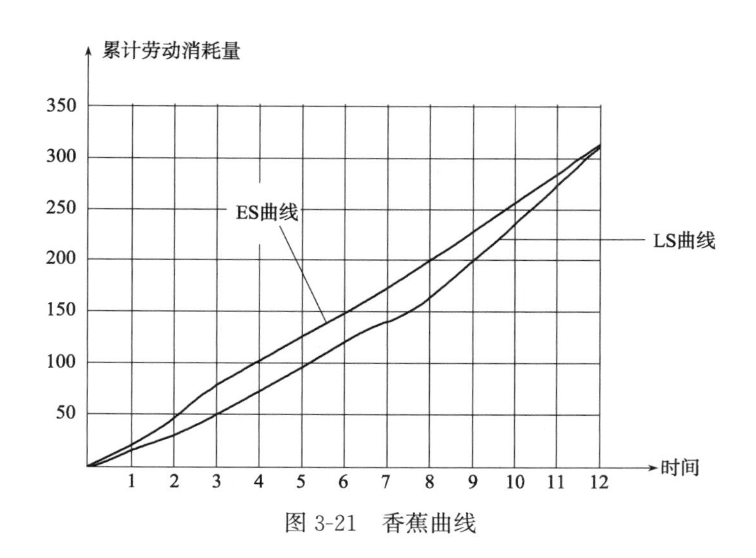

图 3-21 香蕉曲线

进度比较的方法。所谓前锋线，是指在原时标网络计划上，从计划规定的检查时刻的时标点出发，用点划线依次将各项工作实际进度位置点连接而成的折线。前锋线控制法就是通过实际进度前锋线与原进度计划中各工作箭线交点的位置来判断工作实际进度与计划进度的偏差，进而判定该偏差对后续工作及总工期影响程度的一种方法。

采用前锋线控制法进行实际进度与计划进度的比较，其步骤如下。

1）绘制时标网络计划图。

施工项目实际进度前锋线是在时标网络计划图上标示，为清楚起见，可在时标网络计划图的上方和下方各设一时间坐标。

2）绘制实际进度前锋线。

从时标网络计划图上方时间坐标的检查日期开始绘制，依次连接相邻工作的实际进展位置点，最后与时标网络计划图下方坐标的检查日期相连接。

工作实际进展位置点的标定方法有两种。

① 按该工作已完任务量比例进行标定。

假设施工项目中各项工作均为匀速施工，根据实际进度检查时刻该工作已完任务量占其计划完成总任务量的比例，在工作箭线上从左至右按相同的比例标定其实际进展位置点。

② 按尚需作业时间进行标定。

当某些工作的持续时间难以按实物工程量来计算而只能凭经验估算时，可以先估算出检查时刻到该工作全部完成尚需作业的时间，然后在该工作箭线上从右向左逆向标定其实际进展位置点。

3）进行实际进度与计划进度的比较。

前锋线可以直观地反映出检查日期有关工作实际进度与计划进度之间的关系。对某项工作来说，其实际进度与计划进度之间的关系可能存在以下三种情况：

① 工作实际进展位置点落在检查日期的左侧，表明该工作实际进度拖后，拖后的时间为二者之差。

② 工作实际进展位置点与检查日期重合，表明该工作实际进度与计划进度一致。

③ 工作实际进展位置点落在检查日期的右侧，表明该工作实际进度超前，超前的时间为二

者之差。

4）预测进度偏差对后续工作及总工期的影响。

通过实际进度与计划进度的比较确定进度偏差后，还可根据工作的自由时差和总时差预测该进度偏差对后续工作及项目总工期的影响。由此可见，前锋线控制法既适用于工作实际进度与计划进度之间的局部比较，又可用来分析和预测工程项目整体进度状况。值得注意的是，以上比较是针对匀速进展的工作。

【例 3-5】已知某工程施工网络计划如图 3-22 所示，在第 5 天检查时，发现 A 工作已完成，B 工作已经进行了一天，C 工作进行了两天，D 工作尚没有进行，试用前锋线控制方法进行实际进度和计划进度的比较。

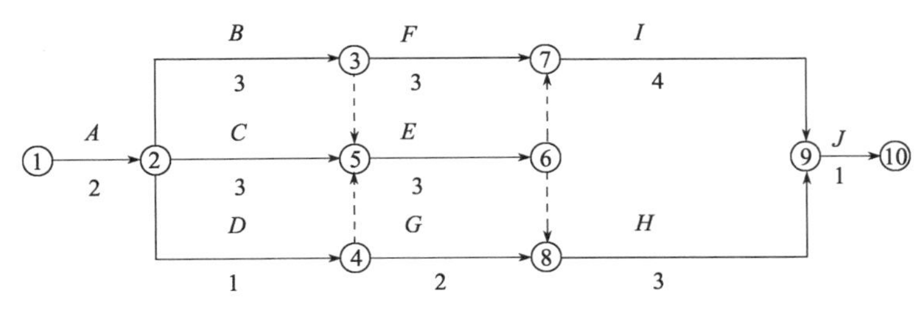

图 3-22　某工程施工网络计划图

【解】1. 根据题意先绘制施工进度时标网络计划，在第 5 天实际进度检查时把实际进展情况绘制成前锋线，如图 3-23 中的点划线。

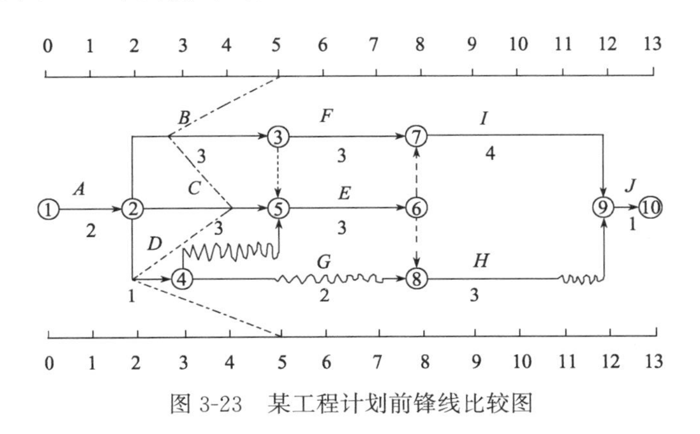

图 3-23　某工程计划前锋线比较图

2. 前锋线比较。

（1）工作 B 实际进度拖后两天，将其后续工作 F 最早开始时间推迟两天，因 B、F、I 工作处在关键线路上，因此影响总进度计划两天。

（2）工作 C 实际进度拖后一天，将影响后续工作 E 的最早开始时间，影响总工期一天。

（3）工作 D 实际进度拖后一天，影响后续工作 G 的正常进行，但 G 工作有 3 天自由时差，不影响总工期。

综上所述，如果不采取措施加快进度，该工程项目总工期将影响两天。

（6）列表控制方法。

列表控制方法是在记录检查日期施工实际进展情况时，记录应该进行的工作名称及其已经作业的时间，然后列表计算有关时间参数，并根据工作总时差进行实际进度与计划进度比较的方法。一般是工程进度计划用非时标网络图表示时，可以采用列表控制法进行实际进度与计划进度的比较。

采用列表控制法进行实际进度与计划进度的比较，其步骤如下。

1）对于实际进度检查日期应该进行的工作，根据已经作业的时间，确定其尚需作业时间。

2）根据原进度计划计算检查日期应该进行的工作从检查日期到原计划最迟完成时尚余时间。

3）计算工作尚有总时差，其值等于工作从检查日期到原计划最迟完成时间尚余时间与该工作尚需作业时间之差。

4）比较实际进度与计划进度，可能有以下几种情况。

① 如果工作尚有总时差与原有总时差相等，说明该工作实际进度与计划进度一致。

② 如果工作尚有总时差大于原有总时差，说明该工作实际进度超前，超前的时间为二者之差。

③ 如果工作尚有总时差小于原有总时差，且为非负值，说明该工作实际进度拖后，拖后的时间为二者之差，但不影响总工期。

④ 如果工作尚有总时差小于原有总时差，且为负值，说明该工作实际进度拖后，拖后的时间为二者之差，此时工作实际进度偏差将影响总工期。

【例 3-6】已知某拟建工程施工网络计划如图 3-24 所示，在第 5 天检查时，发现 *A* 工作已完成，*B* 工作已经进行了一天，*C* 工作进行了两天，*D* 工作尚没有进行，试用列表控制方法进行实际进度和计划进度的比较。

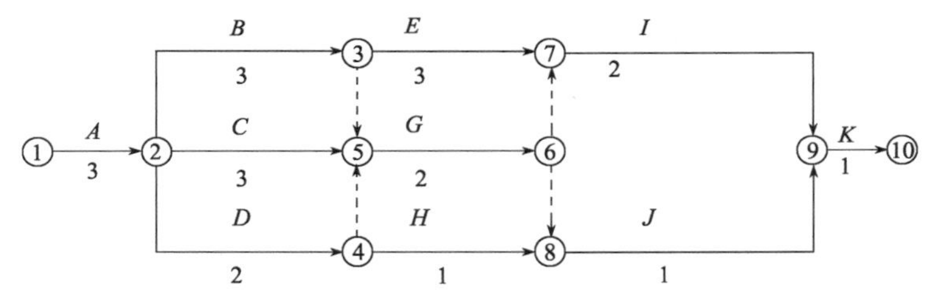

图 3-24　某拟建工程网络计划图

［**解**］根据上述公式，计算有关时间参数和总时差，判断工作实际进度情况，如表 3-2 所示。

工程进度检查比较表　　　　**表 3-2**

工作代号	工作名称	检查计划时尚需作业时间	到计划最迟完成时尚余天数	原有总时差	尚有总时差	情况判断
2—3	*B*	2	1	0	−1	拖延工期 1 天
2—5	*C*	1	2	1	1	正常
2—4	*D*	2	2	2	0	正常

2.2.3　施工进度控制措施

为了实施对工程进度有效控制，进度控制管理人员（施工和监理人员）必须根据建设工程的具体情况，认真分析影响进度的各种原因，制定符合实际、具有针对性的进度控制措施，以确保建筑施工进度控制目标的实现。进度控制的措施主要包括组织、技术、经济及合同措施。

1. 组织措施

建筑施工进度控制的组织措施主要包括：

(1) 建立进度目标控制体系，明确现场承包商和监理组织机构中进度控制人员及其职责分工。

(2) 建立工程进度报告制度及进度信息沟通网络，确保各种信息的准确和及时。

(3) 建立进度计划审核制度和进度计划实施中的检查分析制度。

(4) 建立进度协调会议制度，一般可以通过例会进行协调，确定协调会议举行的时间、地点、协调会议的参加人员等。

(5) 建立图纸审查、工程变更和设计变更管理制度。

2. 技术措施

建筑施工进度控制的技术措施主要包括：

(1) 审查承包商提交的进度计划，使承包商能在满足进度目标和合理的状态下施工。

(2) 编制监理人员所需的进度控制实施细则，指导监理人员实施进度控制。

(3) 采用网络计划技术及其他科学适用的计划技术，并结合计算机各种进度管理软件的应用，对建筑工程施工进度实施动态控制。

3. 经济措施

建筑施工进度控制的经济措施主要包括：

(1) 管理人员及时办理工程预付款及工程进度款支付手续。

(2) 管理单位应要求业主对非施工单位原因的应急赶工给予优厚的赶工费用或给予适当的奖励。

(3) 施工工期提前建设单位对施工单位应有必要的奖励政策。

(4) 管理单位协助业主对施工单位造成的工程延误收取误期损失赔偿金，加强索赔管理，公正地处理索赔。

4. 合同措施

建筑施工进度控制的合同措施主要包括：

(1) 加强合同管理，协调合同工期与进度计划的管理，保证合同中工期目标的实现。

(2) 推行 CM 承发包模式，对建设工程实行分段设计、分段发包和分段施工。

(3) 严格控制合同变更，对各方提出的工程变更和设计变更，管理工程师应严格审查后再补入合同文件之中。

(4) 加强风险管理，在合同中应充分考虑风险因素及其对进度的影响，以及相应的处理方法。

2.3 BIM 技术在施工进度管理中的应用

随着 BIM 技术的出现并不断成熟，应用 BIM 技术可以大大提高项目管理水平。因此将 BIM 引入到项目进度管理中，有助于提高进度管理效率。基于 BIM 技术的虚拟施工，可以根据可视化效果看到并了解施工的过程和结果，更容易观察施工进度的发展，且其模拟过程不消耗施工资源，可以很大程度地降低返工成本和管理成本，降低风险，增强管理者对施工过程的控制能力。

基于 BIM 技术的进度管理主要包括进度计划的编制和执行监控两部分内容。

2.3.1 进度计划编制

基于 BIM 的进度计划编制应注意以下几个方面：

（1）BIM 技术在进度管理中具有很大优势。国内外关于 BIM 技术在建设项目进度管理中的研究现状，多集中在 4D 模拟实现。目前，实现了 BIM 模型与进度信息的关联，从而创建四维建筑信息模型，应用动态施工过程模拟、实时进度跟踪等功能支持项目计划与进度控制。基于 BIM 技术的进度管理通过虚拟施工过程进行反复的模拟，让那些在施工阶段可能出现的问题在模拟的环境中提前发生，逐一修改，并提前制定应对措施，使进度计划和施工方案最优，再用来指导实际的醒目施工，从而保证项目施工的顺利完成。

（2）根据实际需要建立进度模拟模型。进度模拟模型可选择使用以下几种：体量模型。建立体量模型时主要考虑对工作面的表达是否清晰，按照进度计划中工作面的划分进行建模。简化模型。当工作的细分要求较高时，应建立简化模型进行模拟，简化模型在体量模型的基础上能反映工程的一些特点。简化模型的建模速度也较快。多专业合成模型。当需要反映局部工作的施工特点时，可采用多专业合成模型。

（3）基于 BIM 技术的进度自动生成系统。通过运用 BIM 中空间、几何、逻辑关系和工程量等数据建立一个自动生成工程项目进度计划的系统。通过系统自动创建任务时长，并利用有效生产率计算活动持续时间，最后结合任务间逻辑关系输出进度计划，可以大大提高进度计划制定的效率和速度。

（4）进度施工模拟。基于 BIM 技术的可视化与集成化特点，在已经生成进度计划前提下利用 BIM 5D 等软件可进行精细化施工模拟。从基础到上部结构，对所有的工序都可以提前进行预演，可以提前找出施工方案和组织设计中的问题，进行修改优化，实现高效率、优效益的目的。

（5）实现进度计划动态管理和修改纠偏。基于 BIM 技术的进度控制系统，实现进度计划的动态管理与联动修改。当出现工程变更时可以将变更信息联动传递到进度管理系统；当需要修改进度信息时，3D 模型信息与资源需求量也会相应改变。

2.3.2 基于 BIM 的进度控制实施要点

与传统进度控制相比，基于 BIM 的进度控制应注意以下几个方面：

（1）执行进度计划跟踪。进度计划的跟踪需要在进度计划软件中输入进度信息与成本信息，对进度计划的完成情况形成动画展示。相比传统工作来说并未增加工作量。

（2）进度计划数据分析。同样适用赢得值法进行分析，但是数据主要通过自动估算以及批量导入，相比传统估算方式，会更加准确，而且修改起来更加快捷。由于 BIM 在信息集成上的优势，在工作滞后分析上可利用施工模拟查看工作面的分配情况，分析是否有互相干扰的情况。在组织赶工时利用施工进度模拟进行分析，分析因赶工增加资源对成本、进度的影响，分析赶工计划是否可行。

（3）形象进度展示。在输入进度信息的基础上，利用施工模拟展示进度执行情况，用于会议沟通、协调。对进度计划的实际情况展示方面，施工模拟具有直观的优势，能直观了解全局的工作情况。对于滞后工作、对后续工作的影响也能很好展示出来，能快速让各方了解问题严重性。

（4）总包例会协调。在会议上通过施工模拟与项目实际进展照片的对比，分析上周计划执行情况、布置下周生产计划、协调有关事项。

（5）进度协调会的协调。当交叉作业频繁、工期紧迫等特殊阶段时、当专业工程进度严重滞后或对其他专业工程进度造成较大影响时，应组织相关单位召开协调会并形成纪要。会议应使用4D、5D施工模拟展示项目阶段进度情况，分析总进度情况，分析穿插作业的滞后对工作面交接的影响。辅以进度分析的数据报表，增强沟通、协调能力。

（6）进度计划变更的处理。若进度计划变更不影响模型的划分，即修改进度计划并同步至软件中。若进度计划变更影响模型的划分，先记录变更部位，划定变更范围，逐项修改模型划分与匹配信息。模型修改完成后，将进度计划与模型重新同步至软件中进行匹配，完成变更的处理。处理完成后，留下记录，记录应包括变更部位、变更范围、时间、版本。

单元 3

施工成本管理

3.1 施工项目成本管理案例（施工项目的成本管理体系设计）

3.1.1 传统管理模式的思考

传统管理模式对施工项目的成本管理，主要方法是两算对比和限额领料。在投标准备阶段，先要编制施工图预算，在项目开工前，编制施工预算。在工程准备阶段，将施工预算中的工、料和施工机械台班的计划消耗与施工图预算的定额消耗量进行对比，原则上施工预算中的工、料、施工机械台班的计划消耗量不允许超过施工图预算的定额消耗量。在工程实施阶段，以派工任务单和限额领料卡来控制工、料和施工机械台班的消耗。在工程完工以后，将实际的消耗量与施工预算进行对比。这种传统的管理模式对降低工程成本也确实起到了一定的作用。

但是，随着社会生产力的发展和技术的进步，对工程项目管理的要求越来越高，传统的管理模式不能适应现代项目管理的要求。

一方面，预算定额的滞后不能适应技术的进步和发展，不能真实反映当前的施工技术水平，在实际项目中需要调整。另一方面，由于施工预算编制者的水平和责任心等原因，造成施工图预算中的工、料和施工机械台班用量往往偏大，容易引起源头失控。再者，成本的核算在技术方面也存在一定的困难。工程建设项目不同于工业产品，其周期长，消耗资源品种繁多，要在施工过程中核算成本，首先必须进行在建工程盘点和库存材料的盘点，班组余料还要办理假退假领手续，每一具体施工作业活动实际消耗的工、料和施工机械台班要有记录可查，对已完工程的成本核算复杂而烦琐，花费了很多时间，由于管理水平和技术手段相对落后，核算出来的结果只能是静态的、被动的和不全面的，且与工程的进度脱节、缺乏必要的关联，难以及时、正确地反映工程施工过程中实际成本费用的状况。这种成本管理和核算的方法起不到对工程成本主动地动态监控作用。

现代项目管理要求必须突破旧的传统管理方式，以全新的思路来构建建设工程项目成本管理的框架，采用新的管理思路和现代技术手段，对工程成本实施与工程进度同步的、全方位的和全过程的动态管理和监控，方能实现有效的成本管理。

3.1.2 施工项目成本管理体系的设计

1. 成本管理体系设计的基本原则

（1）全员、全面和全程化管理原则。

因为工程建设成本涉及工程项目管理的各个方面，项目管理每个岗位的每个行动都会直接或间接地影响工程建设成本的发生和变化。因此，工程建设的成本管理工作必然是一个全面的和全过程化的管理，而且必须要有全员的参与。谁负责管理，谁就应当对所管理事项的费用控制负责，实行工作质量、进度和成本三项责任的统一。凡涉及工程建设各相关管理部门的管理制度或程序也都应包含成本管理的内容，成本管理的理念应融入企业文化之中。

（2）程序控制的原则。

项目管理机构必须制定成本管理制度和相关的工作程序，以明确参与工程建设项目管理的各部门、各管理岗位的成本管理责任，实现成本管理的制度化和规范化。与工程建设有关的一切费用项目和费用预算，必须按程序经过审批，使与工程建设有关的费用开支（指可控成本），有人负责，有据可查，随时处于可控状态。

（3）最优化选择的原则。

在方案策划、规范和标准的选用、设备的造型、工程设计、现场规划和施工方案的选择等立项决策阶段，应用价值工程方法进行技术经济分析，多方面比较论证，选择最优方案。既要考虑在技术上可行可靠，又要考虑其经济成本。必要时，还应制定切实可行的降低成本技术措施计划，以保证实现对成本费用的源头控制。

（4）定值和限额控制的原则。

与工程建设有关的一切费用项目和费用预算，都应在控制指标所规定的限额控制范围之内。各级管理负责人在审批有关的费用项目和费用预算时，不允许突破控制指标。执行部门发生的费用开支，必须在批准的费用限额内按批准的费用计划来控制使用。严格控制未经批准的费用项目或超限额费用的发生。

（5）动态监测和适时调整的原则。

在工程建设的各个不同阶段，对工程建设的投资，由估算到概算再到预算，有一个随着设计的深入细化而逐步精确的过程，即使是在施工设计已定、按图施工阶段，也会发生工程的变更和施工方法的调整，成本管理所依据的基准和控制指标必须适应这个变化。

同时，受经验和条件所限，预期的计划不一定完全切合实际。因此，必须建立成本费用的信息管理和监控系统，对所发生的成本费用实施动态的跟踪监测。根据对成本费用的动态跟踪监测结果，对原制定的控制指标或费用预算及其费用计划，做适应性调整，使其更加符合实际和切实可行。

（6）前馈预防的原则。

通过对成本费用的动态跟踪监测，对费用计划（或控制指标或费用预算）在执行过程中发生的偏差，要认真分析总结，提出纠正措施，以防止偏差的继续扩大和避免不必要的损失。同时这也是一个经验的积累过程，对今后可能发生的类似项目提出前馈性预防，使以后工程少走弯路。

2. 成本管理的流程及方法

成本管理一般流程如下。

第一步：成本预测，领导决策，制定计划指标，源头控制；

第二步：对计划实施进行监控，信息反馈；

第三步：偏差的预防与纠正；

第四步：核算总结。

从控制指标的设定、到对执行计划的审批和实施的监控、再到信息的反馈和源头的预防和纠正，这是一个不断滚动循环和提高的过程，并且贯穿于工程建设的全过程。具体方法如下。

(1) 事先的源头控制。

1) 制定计划、分解落实控制指标。

建安工程承包合同签订以后，承包公司总部要对合同工程的预期成本做出自己的衡量及评估，考虑其利润目标和工程的风险，然后给项目经理部核定工程项目的成本总指标。项目经理部要对这个成本总指标向公司负责，在保证工程质量、进度的前提下，努力实现公司总部所要求的利润目标。(参与报价的人员要与公司有关部门、项目部的预算人员共同编制费用控制计划，以达到工程成本费用的盈亏互补，使公司规定的利润目标具有可执行性。)

项目经理部依据上述成本总指标，编制工程项目成本费用总预算（执行计划)。并按费用来源渠道和各级管理部门职责分工及其责任范围，将可控成本进行分解，提出各管理部门在其负责范围内各项费用所允许开支的预算控制总额，即该管理部门及责任者的岗位成本管理指标，经公司总经理或项目总经理批准后执行。

各级管理部门及责任人应对其责任范围的成本管理指标向项目经理部负责。内部控制成本的执行指标，下达给负责实施的有关部门经理或管理人员，并实行兑现的奖惩规定，方能起到激励作用。

2) 预算外费用立项申请及限额控制。

项目经理部应制定《费用预算的申报和审批制度》和各级管理权限的规定，明确各费用项目的归口管理部门和责任人，以及其审批权限。

各归口或使用部门在发生费用开支前，事先应提出费用预算和费用计划，并按程序立项申报。经授权人批准后，费用计划被纳入财务资金计划，费用预算即为实施该费用项目所允许开支的最高限额。使用部门应在此限额内按批准的费用计划控制使用。

被授权负责费用项目和费用预算审批的管理责任人，应对自己所负责部分的成本管理指标负责，并在控制指标限额范围内审查或批准费用预算，严格控制未经立项审批或超限额费用的发生。

各归口或使用部门在申报费用项目和编制费用预算时，应事前论证，考虑立项的必要性和经济合理性，选择最优的解决方案，必要时应制定切实可行的降低成本技术措施计划；工程、服务或物资采购合同的订立，应引入市场机制，尽可能采取竞争性招标（或议标）方式，在确保质量、安全、进度的前提下，保证成本费用的降低。

3) 财务收支计划和资金计划的综合平衡。

与工程建设有关的一切费用预算，都必须纳入工程项目总的年（季或月）财务资金计划。财务部门汇总编制项目总的以及年（季或月）度财务预算和资金平衡计划，经公司总经理或项目总经理批准后执行，严格控制计划外的开支。

年度财务预算的调整一般在每年第三季度末进行，季度或月度费用开支计划原则上不允许调整。

对于临时发生的计划外或超预算的开支，必须是为保证工程质量和满足工程进度所急需，而且需经上级授权人按照有关审批程序进行批准。

(2) 事中的监督和过程控制。

对工程建设所发生的一切成本费用开支的监控是由财务部门和合同成本管理部门共同实施的。

财务部门按批准的费用计划提供所需资金，监督其使用状况，并通报成本费用开支的实际发生数据。合同成本管理部门负责成本管理计划执行情况的监督和数据的处理分析。监控方法如下。

1）建立台账管理，进行全过程跟踪。

对所有与工程建设有关的成本费用开支（包括分包合同费用）项目，建立分项或汇总管理台账，对成本费用开支的实际状况进行全过程跟踪监控，随时将预算成本（控制指标）、计划成本（批准的费用预算）和实际支出相对照，以避免未经立项或超限额费用的发生。

2）利用现金流量表，对投入产出做动态分析。

与总的以及年（季）度费用计划相对应，按照费用实际支出状况编制现金流量表，并与工程的实际进展状况相对照，利用“S”曲线赢得值技术方法，对投入与产出进行与工程进度同步的动态监控分析。工程项目实际发生的总费用开支应与工程建设的实际进展相吻合。

现金流量表主要内容：资金流入（含预付款、垫付流动资金、保留金、工程进度款、其他应收未收款等）和资金流出（含采购款、施工设备租赁款、工资、管理费等实施工程的相关支出、预付款保留金扣除、其他应付未付款等），内容深度应满足成本管理要求。

3）重视施工过程结算。

施工过程结算是指工程项目实施过程中，发承包双方依据施工合同，对约定结算周期（时间或进度节点）内完成的工程内容（包括现场签证、工程变更、索赔等）开展工程价款计算、调整、确认及支付等的活动。施工过程结算将工程变更和索赔都纳入了计量范畴，赋予了发包人结算权利以贯彻施工过程结算的强制性，是竣工结算的有效依据，将施工过程结算落实为竣工结算的基础，能够提升竣工结算工作效率，缩短竣工结算时间；将造价管理贯穿于施工全程，促使对工程变更、现场签证、索赔等引起价款调整的诸多因素及时调查，并及时转移、分担、防范和化解工程造价风险。施工过程结算是建筑业结算方式的重大变革。一方面，施工过程结算是项目过程管理在造价上的集中体现，是实现工程造价动态控制、完善工程全过程造价管理的有效载体；另一方面，其能够有效破解拖欠工程款和拖欠农民工工资问题，为规范结算工作提供依据。

4）与工程进度同步监控分包工程款的进度支付。

项目管理部应建立科学的工程进度统计体系，准确反映工程进展的实际状况。与此同时，规范外包工程价款的支付程序，依据工程的实际进展，核查分包商的进度支付申请，使工程价款的支付与工程的实际进度、工程质量以及实际完成的工程数量相适应，以避免提前或超额支付。

（3）偏差的预防与纠正。

1）执行情况与综合统计报告。

财务部门和合同成本管理部门，应对所有费用预算（或费用计划）的执行情况进行数据管理和分析评价，并定期（或不定期）编制和发布费用预算（费用计划）执行情况的综合统计报告，对执行情况提出分析评价意见。

2）成本预警系统。

应用先进的工程管理软件（如P3e/c），可以设置临界值，建立成本预警系统。通过全过程的监控，当发现工程建设实际发生的费用开支与预期的计划（控制指标）或与工程建设的实际进展发生较大偏离，且偏差超出所设定的临界值时，成本预警系统自动发生警报信号，提醒有关方面要特别关注。

(4) 依据信息的反馈，有关管理部门应及时掌握计划执行情况，分析偏差发生原因，及早采取补救和纠正措施。如果是计划或原预算有误，则应对原计划、控制指标或控制限额进行调整。对控制指标、控制限额或费用计划的调整，必须按程序申报并经原审批者的批准。

(5) 财务核算和项目的评估总结。

工程建成移交，总承包商完成全部合同工作后，由合同成本管理部门负责与建设单位办理工程总决算。财务部门会同合同成本管理部门对该工程项目进行核算总结。项目总成本的最终核算由财务部门负责。对整个合同项目的最终评价和综合评估由项目总经理组织实施。

3.1.3 赢得值技术的运用

如何将工程成本与工程进度结合起来实施同步的监控，是项目成本管理者所面临的难题之一，现代项目管理所采用的赢得值技术为实施有效的进度和成本管理打开了方便之门。在工程进度、资源、成本费用和统计分析中引入一个中间变量“赢得值”，通过这个中间变量，可以将已完成和未完成的各种施工作业活动、各种资源和费用的投入综合在一起，统一度量、进行比较和分析，从而简明、客观地反映出工程的实际进展与各种资源和费用投入的关联信息。

在先进的计算机管理软件（P3e/c或Exp）支持下，运用进度、资源、费用图表、曲线或直方图，将实际发生与预期计划相对照，同时把资源、费用与进度放到一起来进行动态的比较和分析，与进度同步监控资源的投入和成本费用的开支，有助于全面和全过程的成本管理的实现。

3.1.4 全员的参与和激励机制

全员的参与是成本管理的极为重要的环节。施工企业要创造良好的企业文化氛围，使成本管理的理念成为全员的自觉行动。项目经理部应建立必要的激励机制，充分调动每一个员工的工作积极性和岗位责任性，保证每一项工作的质量，减少或避免因工作延误或工作失误而造成的成本费用的增加。对节省成本费用有贡献者，应给予适当的精神或物质奖励。

项目管理者应组织针对成本管理岗位责任目标的执行绩效进行考评，对成本管理卓有成效的管理部门和管理者应予奖励。对放松管理责任的管理部门和管理者应予批评。管理绩效和管理者的收益挂钩便是一种很有效的激励方式。

3.1.5 成本管理部门和财务部门的主要职责

成本管理部门的重要职责是与财务部门和其他相关部门一起完成的，主要工作有以下几项。

(1) 测算动态的内控成本；

(2) 控制分解给各部门的成本指标和费用指标；

(3) 特别是对建设单位、供应、设计、施工服务分包商合同中种类罚款条件，提出各归口管理部门的管理控制要求。包括索赔，或补偿，或压价盈利等；

(4) 利用S曲线进行综合分析比较，对进度、成本进行同步的监督管理；

(5) 管理各类银行保函（履约保函、预付款保函、质量保证期保函等），行使保函权益；

(6) 最终决算，比较各项内控成本计划与实际的差异，建立成本档案，为今后对比报价提供基础；

(7) 兑现奖惩规定，进一步激励士气。

财务部门的重点应是融资、资金筹措、资金流量和资金成本管理、资金调拨、资金安全、银行存款条件选择、财务制度的制定和监督。财务部门要制定费用控制的管理制度（如资金的申请和报销）、按期编制财务报表和分类业务报表、进行成本分析和成本预测。

3.2 施工项目成本管理方案的编制

3.2.1 影响施工项目成本的因素

影响施工项目成本的因素主要可分为施工方案、施工进度、施工质量、施工安全、物资采购供应管理以及资金筹集使用管理等六个方面，以上六方面又可以归结为三大因素。

1. 技术

技术系统是项目成本管理主控因素的核心，施工活动的关键是技术性活动，确定科学、合理的施工方案与施工工艺是技术系统的重要内容。

2. 管理

项目管理，人是每一要素，工程施工项目的第一责任人项目经理必须具备较高的政治素质，较全面的施工技术知识，较高的组织领导工作能力，组织领导工作能力高低的关键就在于能否充分调动广大劳动者的积极性。

3. 资金

资金是项目管理系统的关键部分，工程施工是一种生产活动过程，同时也是经济活动过程。工程施工要投入人工、机械、材料及资金。投入太多会造成浪费，投入不足又会影响施工进度与工程质量，管理者全盘计划与生产要素的投入是相伴发生的，是一个投入和产出的系统。

3.2.2 施工项目成本管理的重点

1. 劳动管理

施工项目经理部要科学、规范地进行施工项目管理工作，首先必须做好劳动管理工作。做好劳动管理工作，节约使用劳动力，提高劳动生产率，充分发挥每个职工的积极性、主动性、创造性，对于降低施工项目成本、提高经济效益及搞好施工项目管理工作具有十分重要的意义。因此，劳动管理是施工项目成本管理的重点。

2. 材料管理

在施工项目成本中，材料费约占70%，有的甚至更多。而目前施工项目现场材料管理中存在着诸多问题，如要料没有计划、收料没有验收、发料没有手续、使用不按照定额等。因此，材料管理既是施工项目成本管理的重点，也是施工项目成本管理的难点。

要搞好施工项目现场的材料管理工作，必须对材料的采购、收料、验收、入库、发料、使用六个环节进行重点控制。

（1）材料采购要从材料价格、数量、质量三个方面进行控制。

（2）材料收料时要从材料价格、数量、质量三个方面按材料采购计划和采购人员的进料通知单进行复核。

（3）主管验收的人员在收到收料人员的收料小票后，按收料小票上的规格、数量、质量要求对进入施工项目现场的材料进行验收。收料人员与验收人员应该各自独立，不能收验合一。经验收符合要求后，填写材料验收单。

（4）经验收符合要求的材料进行入库。对于五金、电料等小型材料一般进入库房，对于砖、砂、石、钢材、管材等材料一般是露天存放。

（5）材料的发放是材料收料与使用之间的连接环节，是控制材料用量的关键。材料发放人员严格按照限额领料单中的数量进行发放，不得超发。材料的发放和领用必须办理领料手续。

（6）材料使用必须按定额执行，并加强材料使用管理，杜绝浪费现象，要及时收回未使用完的材料。

3. 机械设备管理

机械设备管理的好坏，对减轻工人劳动强度、提高效率、减少原材料消耗、降低施工项目成本，具有极其重要的作用。

要搞好施工项目机械设备管理，主要做好三项工作。

（1）正确选择机械设备的获取方式。施工项目现场获取机械设备的方式主要有两种，即购买和租赁。是选择购买还是租赁，应根据建筑业企业的实际情况而定，并考虑机械设备在满足施工项目施工的前提下，哪种方式获取机械设备更经济。

（2）提高机械设备的完好率和利用率。

（3）加强机械设备的日常维护管理和维修管理，要定人定机。

4. 施工项目的分包管理

施工项目施工中，一般会有部分工程内容委托其他施工单位，即分包单位完成。施工项目的分包管理主要内容有：

（1）确定分包工程的范围：

施工项目经理部一般将自己不熟悉、专业化程度高或利润低、风险大的一部分工程内容进行分包。分包工程的范围必须在施工合同中约定，施工合同中未约定的，必须经建设单位认可，而且施工项目的主体结构工程不得分包，否则属于违法分包。

（2）选择分包单位：

施工项目经理部一般通过内部招标方式来确定分包单位。施工项目经理部选择分包单位时，必须做好两项工作。

1）审核分包单位的资质。如将施工项目分包给不具备相应资质的分包单位，属于违法分包。

2）全面分析分包单位标函的内容，进行分包价格控制。由于总包单位选择分包单位不当而引起的一切问题，责任仍然要由总包单位承担；分包工程价格的高低，对施工项目成本影响巨大。因此，施工项目经理部必须在全面分析分包单位的标函后确定分包单位。

5. 施工项目间接费的管理

间接费主要包括项目管理人员的工资及工资附加费、五险一金、办公费、小车使用费、业务招待费、差旅费等。企业直接成本进行管控的同时也应重视并加强间接费控制。实践发现，现场管理费往往也是一笔较大的支出，因此对间接费实施控制对企业实现效益最大化的目标具有重要意义。

项目在对间接费实行责任成本管理时，需对各项间接费进行测算。第一，项目部需要结合当地的政策法规，完成相关的规费的测算；第二，根据精细化管理的定编定员和人均管理费定额的标准制定现场管理费项目责任成本标准，并在实际工作中执行，对存在重大偏差或不在测算范围的支出要及时向上级汇报，在允许的情况下做出适当的调整；第三，对公司有明文规定测算标准的管理费项目即按照标准执行，若与精细化管理的要求存在差异的，要遵照精细化的规定，达到对成本的有效控制。

6. 工程变更与索赔管理

（1）工程变更。

工程变更是指在施工项目施工过程中，由于种种原因发生了未预料到的情况，使得施工项目的实际条件与规划条件不一致，需要采取一定的措施进行处理。施工项目施工中经常发生工程变更，而且工程变更大都会造成施工费增加。因此进行施工项目成本管理必须根据工程变更情况有处理对策，以明确各方的责任和经济承担。在处理工程变更问题时，首先要根据变更的内容和原因，明确承担责任者。如果施工合同中有约定，按施工合同约定执行；如果施工合同中未约定，双方可协商处理，如协商不成可由仲裁机构或法院判明责任和损失的承担者。通常由于发包人原因造成的工程变更，责任和损失由发包人承担；由于客观条件影响造成的工程变更，在施工合同约定范围内，按施工合同约定处理，否则由双方协商处理；如属于不可预见费用的支付范畴，则由承包人承担。

（2）施工索赔。

施工索赔是指在施工合同实施工过程中，合同一方因对方不履行或未能正确履行合同所规定的义务而受到损失，向对方提出索赔要求。

对承包人来说，一般只要不是自身责任，而造成施工项目停工或工期延长或施工项目成本增加，都有可能提出索赔。包括两种情况。

1）发包人违约，未履行施工合同责任，承包人可提出赔偿要求。

2）发包人未违反合同，而由于其他原因，给承包人造成损失，承包人可提出补偿要求。

施工项目经理在进行施工项目成本管理过程中，发现有超出了施工合同范围的工作或者施工受到了计划的干扰，引起停工、窝工及施工费用增加时，就要考虑提出施工索赔问题。通过施工索赔，可收回超出计划成本外的开支，增加施工项目收入。

3.2.3 施工项目成本管理的步骤和方法

施工企业在与客户签订工程施工合同后成立工程项目部，项目部的主要职责一方面是根据施工合同的要求，按质按时地完成施工工作；另一方面是通过对整个项目进行事前、事中和事后的成本控制以实现该项目的预期利润。项目部作为成本中心，它所需要控制的成本范围是由企业决定的。施工企业根据工程合同标的，采用倒推法，在扣除预期利润、税金后确定合同总成本，该计划成本就是项目部的预算成本的上限。施工项目成本管理可以划分为事前计划、事中控制和事后考评三个阶段：事前计划包括编制资源计划、成本估算、成本预算三个步骤；事中控制包括成本核算与分析、成本控制两方面；事后考评指的是成本决算。在施工成本管理时，可以用六大步骤来具体管理项目成本管理活动。

1. 资源计划编制

编制资源计划的目的是要确定完成项目活动需要的物质资源（如人员、设备、物资）的种类和需要量。项目部管理人员在接受任务以后，首先根据合同和施工设计图对该项目进行工作分解，编制工程项目分解表。即将项目划分为一个个较小的、更易管理的工作项目，以便识别出项目中需要的资源、技术、时间，提高资源、成本及时间估算的准确性。工程项目分解表也是进行项目成本估算、预算和控制的基础。其次，确定工程项目分解表中每一工作项目所需的人员、物资、设备等资源的种类、数量及使用时间，并将其汇总确定完成整个工程所需各项资源的种类、数量及时间。在这一过程中，项目部需考虑企业现有的可供使用的人员、物资及设备情况，并结合企业或行业的定额标准进行分析。在确定人工定额时，可根据不同的工作性质采用不同的定额标准。例如技术性较强的工种，辅助工种采用时间定额计算；钢筋、混凝土等工种可采用产量定额计算。确定机械台班定额时也可采用同样的方法。第三，通过市场询价及分析预测方式制定各类资源的单价表。最后，将以上各项数据分类、汇总、计算，制定出工程项目计划人力资源需求表、物资需求表、设备需求表。此三项需求表应包含各类资源的需求数量、单价、总价。另外，对于不同的施工方案可能有不同的资源组合方式，那么就需要项目管理人员在综合考虑成本、技术、时间及质量等多种因素的基础上做出选择。

2. 成本估算

成本估算是在编制资源计划的基础上对于工程项目成本做出一个更全面的计划。管理人员通过对合同标的、各类资源计划需求表、企业内外部资源单价及企业历史项目成本数据的分析，在编制资源计划的基础上对于工程项目成本做出一个更全面的计划，采用施工项目成本估算实物法，进一步确定出该项目的直接工程成本、间接成本及其他费用。具体估算步骤是：

（1）根据已经编制好的资源需求表汇总后估算出工程项目的直接工程费。

直接工程费包括人工费、材料费、机械使用费（含自有施工机械和租赁机械所发生的安装、拆卸、使用和进出场费）；

（2）以直接工程费为基础，按合同约定或历史经验估算工程其他直接费用（其他直接费用包括材料二次搬运费、临时设施费、生产工具用具使用费、检验试验费、场地清理费等）；

（3）将以上两项合计后估算出直接工程成本；

（4）估算间接费用：间接费＝直接费×间接费费率。在确定间接费率时可参照企业以往的经验或合同条款；

（5）估算工程施工预算总成本：预算总成本＝人工费＋材料费＋施工机械使用费＋其他直接费用＋间接费。

3. 成本预算

工程项目成本预算与估算是不同的，最大的区别在于预算提供的成本是按时间分布的，目的是要实现对成本实施情况的动态监控。成本预算是成本管理与控制的最重要的环节之一，它为工程项目以后的成本管理提供了一个可以比较的标准。在这一过程中，所要做的主要工作就是根据项目进度计划的要求，将成本估算的各项结果按时间分解到各年、季度、月、旬或周，以便项目部各部门能够进一步明确责任、开展工作。成本预算工作的结果是要完成成本预算单和预算表，以及给出预算成本的时间——成本累计曲线图。

成本预算单是按照各分项目或工作项目给出的，它必须包括分项目内容、负责人或供应商、项目开始和结束的时间、预算成本数额（按人工费、设备费、材料费分别填列）。

4. 成本核算与分析

在任何一个成本管理系统中，成本核算都是非常关键的，因为它起到了承上启下的作用。一方面它为成本控制提供所需的信息，另一方面它又是进行成本分析和考核的依据，通过与预算数据的比较可以明确预算制定得是否合理、执行得是否有效。工程项目的成本核算主要是借助于会计账、表，采用通常的项目成本法进行计算。在此基础上，采用各种成本分析的方法，评判出成本执行的状况。成本分析的方法有与其他类型企业相同的分析方法，如比较法、比率法、因素分析法、目标成本差异分析法，也有其特有的分析方法，如专项成本分析法和综合成本分析法。专项成本分析法又包括成本盈亏异常分析、工期成本分析和质量成本分析。成本盈亏异常分析主要从产值与施工任务单的实际工作量和工程进度是否同步，资源消耗与施工任务单的实耗人工、材料和机械使用情况是否同步，其他费用（如料差、台班费）的产值与实际支付是否同步、预算成本与产值是否同步、实际成本与资源消耗是否同步这五个方面来对比分析成本盈亏的情况。工期成本分析是运用因素分析法，找出目标工期成本与实际工期成本之间产生差异的原因。综合成本分析法是工程项目成本分析广泛采用的一种方法，它通过对计划成本、预算成本和实际成本的“三算”对比，分别计算产生偏差的原因，为今后进一步的成本管理提供帮助。它既要在分项工程成本分析中采用，也要在竣工成本分析中采用。成本核算与分析的结果是产生成本变动因素分析表、成本动态比较表、分项工程成本分析表、月度成本盈亏异常情况分析表、预算成本差异分析表。

5. 成本控制

施工项目的成本控制是控制项目预算的变更并及时调整以达到控制目的过程，它贯穿于整个成本管理过程，这也是它与成本核算与分析的最大不同点。成本核算与分析仅仅是对前期成本预算执行情况的总结和分析，成本控制则是从成本预算开始执行时就已进行了。前面提到的时间——累计成本图、综合成本分析法都是成本控制的方法。可以采用国际上较流行的项目成本管理方法——挣得值法（Earnedvalue），通过使用“挣得值”的概念来进行成本、进度的绩效分析，给出挣得值评价曲线图，针对出现的偏差给出相应建议。它包括三个基本指标：计划成本［指根据批准认可的进度计划和预算，到某一时间点应当完成的工作所需使用资金的累计值（它是可以同时反映出项目进度和费用的指标，BCWS 在施工过程中一般保持不变，除非合同有变更）］、预算成本［指根据批准认可的预算，到某一时间点已经完成的工作所需使用资金的累计值（它以货币的形式反映了满足质量标准的工程项目的实际进度）］、实际成本（指到某一时点已完成的工作所实际花费的总金额）。

6. 成本决算

施工企业所进行的成本决算是以单位工程为对象，以工程竣工后的工程结算为依据，通过对工程成本分析，编制出工程项目决算书，一方面为项目的验收提供依据，另一方面便于企业对项目部进行经营绩效评价。在项目成本决算的过程中，输入系统的是会计报表和各部门工程工作量核算表及其他的竣工资料，经过系统的统计后可生成工程项目竣工财务决算总表。

3.2.4 施工项目成本管理计划的编制

1. 施工项目成本计划的编制程序

施工项目的成本计划工作，是一项非常重要的工作，不应仅仅把它看作是几张计划表的编制，更重要的是项目成本管理的决策过程，即选定技术上可行、经济上合理的最优降低成本方案。同时，通过成本计划把目标成本层层分解，落实到施工过程的每个环节，以调动全体职工的积极性，有效地进行成本控制。编制成本计划的程序，因项目的规模大小、管理要求不同而不同，大中型项目一般采用分级编制的方式，即先由各部门提出部门成本计划，再由项目经理部汇总编制全项目工程的成本计划。小型项目一般采用集中编制方式，即由项目经理部先编制各部门成本计划，再汇总编制全项目的成本计划。无论采用哪种方式，其编制的基本程序如下。

（1）搜集和整理资料。

广泛搜集资料并进行归纳整理是编制成本计划的必要步骤。所需搜集的资料也是编制成本计划的依据。这些资料主要包括：

1）国家和上级部门有关编制成本计划的规定；

2）项目经理部与企业签订的承包合同及企业下达的成本降低额、降低率和其他有关技术经济指标；

3）有关成本预测、决策的资料；

4）施工项目的施工图预算、施工预算；

5）施工组织设计；

6）施工项目使用的机械设备生产能力及其利用情况；

7）施工项目的材料消耗、物资供应、劳动工资及劳动效率等计划资料；

8）计划期内的物资消耗定额、劳动工时定额、费用定额等资料；

9）以往同类项目成本计划的实际执行情况及有关技术经济指标完成情况的分析资料；

10）同行业同类项目的成本、定额、技术经济指标资料及增产节约的经验和有效措施；

11）本企业的历史先进水平和当时的先进经验及采取的措施；

12）国外同类项目的先进成本水平情况等资料。

此外，还应深入分析当前情况和未来的发展趋势，了解影响成本升降的各种有利和不利因素，研究如何克服不利因素和降低成本的具体措施，为编制成本计划提供丰富具体和可靠的成本资料。

（2）估算计划成本，即确定目标成本。

财务部门在掌握了丰富的资料，并加以整理分析，特别是在对基期成本计划完成情况进行分析的基础上，根据有关的设计、施工等计划，按照工程项目应投入的物资、材料、劳动力、机械、能源及各种设施等等，结合计划期内各种因素的变化和准备采取的各种增产节约措施，进行反复测算、修订、平衡后，估算生产费用支出的总水平，进而提出全项目的成本计划控制指标，最终确定目标成本。确定目标成本以及把总的目标分解落实到各相关部门、班组大多采用工作分解法。

工作分解法又称工程分解结构，在国外被简称为WBS，它的特点是以施工图设计为基础，以本企业做出的项目施工组织设计及技术方案为依据，以实际价格和计划的物资、材料、人工、机械等消耗量为基准，估算工程项目的实际成本费用，据以确定成本目标。具体步骤是：首先把整个工程项目逐级分解为内容单一，便于进行单位工料成本估算的小项或工序，然后按小项自下而上估算、汇总，从而得到整个工程项目的估算。估算汇总后还要考虑风险系数与物价指数，对估算结果加以修正。

利用WBS系统在进行成本估算时，工作划分的越细、越具体，价格的确定和工程量估计越容易，工作分解自上而下逐级展开，成本估算自下而上，将各级成本估算逐级累加，便得到整个工程项目的成本估算。在此基础上分级分类计算的工程项目的成本，既是投标报价的基础，又是成本控制的依据，也是和甲方工程项目预算作比较和进行盈利水平估计的基础。成本估算的公式如下：

估算成本＝可确认单位的数量×历史基础成本×现在市场因素系数×将来物价上涨系数

式中可确认单位的数量是指钢材吨数，木材的立方米数，人工的工时数等等；历史基础成本是指基准年的单位成本；现在市场因素系数是指从基准年到现在的物价上涨指数。

（3）编制成本计划草案。

对大中型项目，经项目经理部批准下达成本计划指标后，各职能部门应充分发动群众进行认真的讨论，在总结上期成本计划完成情况的基础上，结合本期计划指标，找出完成本期计划可能有利和不利因素，提出挖掘潜力、克服不利因素的具体措施，以保证计划任务的完成。为了使指标真正落实，各部门应尽可能将指标分解落实下达到各班组及个人，使得目标成本的降低额和降低率得到充分讨论、反馈、再修订，使成本计划既能够切合实际，又成为群众共同奋斗的目标。

各职能部门亦应认真讨论项目经理部下达的费用控制指标，拟定具体实施的技术经济措施方案，编制各部门的费用预算。

（4）综合平衡，编制正式的成本计划。

在各职能部门上报了部门成本计划和费用预算后，项目经理部首先应结合各项技术经济措施，检查各计划和费用预算是否合理可行，并进行综合平衡，使各部门计划和费用预算之间相互协调、衔接；其次，要从全局出发，在保证企业下达的成本降低任务或本项目目标成本实现的情况下，以生产计划为中心，分析研究成本计划与生产计划、劳动工时计划、材料成本与物资供应计划、工资成本与工资基金计划、资金计划等的相互协调平衡。经反复讨论多次综合平衡，最后确定的成本计划指标，也可作为编制成本计划的依据。项目经理部正式编制的成本计划，上报企业有关部门后即可正式下达至各职能部门执行。

2. 施工项目成本计划的编制方法

施工项目成本计划工作主要是在项目经理负责下，在成本预、决策基础上进行的。编制中的关键前提——确定目标成本，这是成本计划的核心，是成本管理所要达到的目的。成本目标通常以项目成本总降低额和降低率来定量地表示。项目成本目标的方向性、综合性和预测性，决定了必须选择科学的确定目标的方法。

（1）常用的施工项目成本计算。

在概、预算编制力量较强、定额比较完备的情况下，特别是施工图预算与施工预算编制经验比较丰富的施工企业，工程项目的成本目标可由定额估算法产生。所谓施工图预算，是以施工图为依据，按照预算定额和规定的取费标准以及图纸工程量计算出项目成本，反映为完成施工项目建筑安装任务所需的直接成本和间接成本。它是招标投标中计算标底的依据，评标的尺度，是控制项目成本支出、衡量成本节约或超支的标准，也是施工项目考核经营成果的基础。施工预算是施工单位（各项目经理部）根据施工定额编制的，作为施工单位内部经济核算的依据。

过去，通常以两算对比差额与技术组织措施带来的节约来估算计划成本的降低额，公式为：

计划成本降低额＝两算对比定额差＋技术组织措施计划节约额

随着社会主义市场经济体制的建立，一些施工单位对这种定额估算法又作了改进，其步骤及公式如下。

1）根据已有的投标、预算资料，确定中标合同价与施工图预算的总价格以及施工图预算与施工预算的总价格差。

2）根据技术组织措施计划确定技术组织措施带来的项目节约数。

3）对施工预算未能包含的项目，包括施工有关项目和管理费用项目，参照估算。

4）对实际成本可能明显超出或低于定额的主要子项，按实际支出水平估算出其实际与定额水平之差。

5）充分考虑不可预见因素、工期制约因素以及风险因素、市场价格波动因素，加以试算调整，得出一综合影响系数。

6）综合计算整个项目的目标成本降低率。

目标成本＝[(1)＋(2)－(3)±(4)]×[1＋(5)]

目标成本降低率＝目标成本降低额/项目的预算成本

（2）计划成本法。

施工项目成本计划中的计划成本的编制方法，通常有以下几种：

1）施工预算法：

施工预算法，是指主要以施工图中的工程实物量，套以施工工料消耗定额，计算工料消耗量，并进行工料汇总，然后统一以货币形式反映其施工生产耗费水平。以施工工料消耗定额所计算的施工生产耗费水平，基本是一个不变的常数。一个施工项目要实现较高的经济效益（即提高降低成本水平），就必须在这个常数基础上采取技术节约措施，以降低消耗定额的单位消耗量和降低价格等措施，来达到成本计划的目标成本水平。因此，采用施工预算法编制成本计划时，必须考虑结合技术节约措施计划，以进一步降低施工生产耗费水平。用公式来表示。

施工预算法的计划成本(目标成本)＝施工预算施工生产耗费水平(工料消耗费用)
－技术节约措施计划节约额

2）技术节约措施法：

技术节约措施法是指以该施工项目计划采取的技术组织措施和节约措施所能取得的经济效果为施工项目成本降低额，然后求施工项目的计划成本的方法。用公式表示：

施工项目计划成本＝施工项目预算成本－技术节约措施计划节约额（降低成本额）

3）成本习性法：

成本习性法，是固定成本和变动成本在编制成本计划中的应用，主要按照成本习性，将成本分成固定成本和变动成本两类，以此作为计划成本。具体划分可采用费用分解法。

① 材料费。与产量有直接联系，属于变动成本。

② 人工费。在计时工资形式下，生产工人工资属于固定成本。因为不管生产任务完成与否，工资照发，与产量增减无直接联系。如果采用计件超额工资形式，其计件工资部分属于变动成本，奖金、效益工资和浮动工资部分，亦应计入变动成本。

③ 机械使用费。其中有些费用随产量增减而变动，如燃料、动力费，属变动成本。有些费用不随产量变动，如机械折旧费、大修理费、机修工及操作工的工资等，属于固定成本。此外还有机械的场外运输费和机械组装拆卸、替换配件、润滑擦拭等经常修理费，由于不直接用于生产，也不随产量增减成正比例变动，而是在生产能力得到充分利用，产量增长时，所分摊的费用就少些，在产量下降时，所分摊的费用就要大一些，所以这部分费用为介于固定成本和变动成本之间的半变动成本，可按一定比例划归固定成本与变动成本。

④ 其他直接费。水、电、风、汽等费用以及现场发生的材料二次搬运费，多数与产量发生联系，属于变动成本。

⑤ 施工管理费。其中大部分在一定产量范围内与产量的增减没有直接联系，如工作人民工资，生产工人辅助工资，工资附加费、办公费、差旅交通费、固定资产使用费、职工教育经费、

上级管理费等，基本上属于固定成本。检验试验费、外单位管理费等与产量增减有直接联系，则属于变动成本范围。此外，劳动保护费中的劳保服装费、防暑降温费、防寒用品费，劳动部门都有规定的领用标准和使用年限，基本上属于固定成本范围。技术安全措施，保健费，大部分与产量有关，属无变动成本。工具用具使用费中，行政使用的家具费属固定成本；工人领用工具，随管理制度不同而不同，有些企业对机修、电、钢筋、车、钳、刨工的工具按定额配备，规定使用年限，定期以旧换新，属于固定成本，而对壮工、木工、抹灰工、油漆工的工具采取定额人工数、定价包干，则又属于变动成本。

在成本按习性划分为固定成本和变动成本后，可用下列公式计算：

施工项目计划成本＝施工项目变动成本总额(C2Q)＋施工项目固定成本总额(C1)

4）按实计算法：

按实计算法，就是施工项目经理部有关职能部门（人员）以该项目施工图预算的工料分析资料与控制计划成本的方法。根据施工项目经理部执行施工定额的实际水平和要求，由各职能部门归口计算各项计划成本。

① 人工费的计划成本，由项目管理班子的劳资部门（人员）计算。

人工费的计划成本＝计划用工量×实际水平的工资率

式中，计划用工量＝2(某项工程量×工日定额)，工日定额可根据实际水平考虑先进性，适当提高定额。

② 材料费的计划成本，由项目管理班子的材料部门（人员）计算。

材料费的计划成本＝(主要材料的计划用量×实际价格)＋(装饰材料的计划用量×实际价格)＋(周转材料的使用量×日期×租赁价格)＋(构配件费用)

单元4

施工项目沟通管理

《建设工程项目管理规范》GBT 50326—2017 第 16.1.1 条："组织应建立项目相关方沟通管理机制，健全项目协调制度，确保组织内部与外部各个层面的交流与合作。"这意味着在施工项目管理中，沟通是项目组织协调的重要手段，也是解决组织之间和个人之间信息障碍的有效方法。

因此，项目管理机构应将沟通管理纳入日常管理计划，沟通信息，协调工作，避免和消除在项目运行过程中的障碍、冲突和不一致；项目各相关方应通过制度建设、完善程序，实现相互之间沟通的零距离和运行的有效性。

4.1 施工沟通管理案例

4.1.1 案例背景

某施工企业的两个部门在工作上处于流程的一前一后，工作关系应该说是十分密切。但两个部门的关系却很微妙。

一帆风顺的时候还好，但一碰到需要承担什么风险或是需要对什么错误负责的时候，就开始相互推脱。给人的感觉就是，有了功劳一定要有自己的份，而如果出了什么事就一定要推脱得干干净净。

结果，即使是些很小的事，也动不动就上报到高层领导那里。部门之间总有一种相互不信任的气氛。本来能够两个部门合力一起解决好的问题，往往因为在谁对最后结果负责的纠缠中，增加了问题的复杂性，也拖延了解决问题的时间。

遇到这种情况该怎么办？是从部门沟通上改善好，还是从流程规范上改善好？

4.1.2 案例分析

本案例提出的问题的实质是：上下游部门间合作存在着问题，主要表现是不合作不信任，只管争功诿过，不讲求整体效率，因而存在上下游部门关系急需改进的问题。这个问题也是各企业管理工作当中经常会遇到的典型管理沟通问题，因为其普遍性，所以较详细深入地分析解答，以帮助其他管理者能够举一反三，从中能够借鉴一二。

1. 本案例管理沟通问题产生原因分析

从本案例所描述的情况来看，对于这两个部门的合作情况可做如下基本判断：

（1）该两合作部门没有存在主要负责人或两部门下属之间的个人恩怨问题：一是案例没有表述有相关情况，二是案例描述说"一帆风顺的时候还好，但一碰到需要承担什么风险，或是需要对什么错误负责的时候，就开始相互推脱。"证明了大家只是害怕担负责任，但相互之间还算尊重，对对方没有什么明显恶意。

（2）两个部门都一样害怕担负相关工作失误的直接责任是本案例产生沟通合作问题的主要原因之一。

在一个企业当中，尤其是上下游部门间，确实存在着一项工作成功或失误的功过归属问题，作为部门也好个人也好，人们都是本能地趋利避害，其心理大体如下：一是希望有功时能够全部或部分归功于自己，有过时则希望全部或起码部分归于别人，以保持、巩固、提升自己个人或部门在公司的地位；二是在缺乏仲裁机制或责权划人机制的情况下，个人或部门为了维护或争夺利益，多数情况下会采取暴力式工作方式，目的在于企图通过以势压人压制对方，达到更好地趋利避害的效果。这两种基本心理完全基于利益反映，在缺乏协调机制管理的情况下，非常容易演变成利益冲突和管理纠纷。

正是因为害怕担负责任，所以两个部门在合作时都变得比较谨慎，只要自己认为可能会出现被人误解或不了解的地方，就马上：一是赶紧向上级汇报自己个人或自己部门已经做了什么，目的是想要告诉领导我们应该做的都已经做了，如果再出现什么事情我们不应该有责任；二是鸡毛蒜皮的小事本来完全可以自己处理或与对方部门商量处理，但却仍然不主动决策，也不与合作部门沟通联合决策，而是直接提交给高级领导，以避免自己担负责任和尽量少地与相关部门打交道。

其实这两种做法的实质都是自己不担责任，自己不干自己份内应该干的事，而将事情转嫁给自己的上司去解决，这在管理上属于不正常的错误管理行为，正式称呼叫“反授权现象”，就是说我本来给了你权力做的事你自己不做好，反而将你自己应该做的事再反过来踢回来给我做领导的做，这其实一方面是下级管理者的失职，更是对高级管理人员高价管理资源的浪费。

（3）两部门之间由于利益之争，沟通上没有一个良好机制，最终导致两部门尤其是两部门负责人、骨干之间出现越来越明显的工作情绪，严重时必然酿成吵架、打架等恶性事件，轻点的也是相互尽量减少来往，内心对对方产生一种否定、厌恶的负面情绪；不管是严重也好，不严重也好，但共同的不良后果就是两部门及两部门人员之间逐渐丧失相互之间的信任关系，慢慢地由开始尽量去理解对方的立场和观点，变成了猜测、怀疑对方居心不良，从一开始合作就对合作方存在恶意，既然对方对我们有恶意，那我们就只好而且应当多多防范警惕才能确实保证我部门的利益和声誉。

从本案例描述情况来看，两部门相互之间已经存在着一定的负面评价，但尚未演变成完全没有信任关系，最基本的信任关系似乎还在维系着，暂时不存在信任完全崩溃的问题。

（4）两部门存在的以上问题迟迟没有解决，按管理规律和经验分析，主要由于以下两大原因：一是可能企业对于两部门间的工作流程制度制定不清晰，对于相关工作的职责责任划分不够清晰，尤其是两部门之间的责任交接点上工作责任划分、工作质量评估标准没有清晰规定，既然工作流程没有大家一致认同的划分和质量接收标准，那么一个连续性的工作其责任和贡献就难以清晰划清，没有划清的工作责任、贡献，就为开启两部门间争端提供了源源不绝的火星，所以只要一天工作流程不理顺，合作部门间的争端就一天不会自动停止。二是两部门间在正式沟通和非正式沟通上缺乏有效的沟通机制。

事实上，企业两部门间的工作大部分能够很清晰地界定清楚，但仍然有一小部分尤其是一些执行细节可能仍然无法用固定流程进行界定，理论上也好实践上也好，凡是能够流程化的工作必须事先流程化，对其一一建立起相应的工作流程和工作标准，从而将其转化为人人公认的例行管理事务；而对于那些不好、不能转化为流程制度的部分工作和因工作任务变化而不能完全适用于原有工作流程的工作，则需要两部门领导根据总体工作原则充分沟通协调，以高质量低成本完成工作作为根本目的来修订工作过程，来重新划分两部门间的工作内容和工作责任。从本案例描述来看，该企业同时存在流程不清和沟通不力两方面的问题。

2. 针对本案的建议解决办法

综上所述，表面看，这两个部门的矛盾冲突是一些工作上的小事冲突，是一些工作上不合作的问题，但其实质却是两个部门如何维护自己部门利益并如何在维护自身利益基础上改进与相关部门工作合作的问题。而改进合作的根本方法正如提问者已经意识到了的，只有两个：一是梳理工作流程，二是制定部门间沟通制度，改善沟通，提高协作效率。具体改进做法建议如下：

(1) 首先其中一个部门的负责人寻找一个时间坐下来，与另一部门负责人详细沟通，共同分析研讨目前两部门合作中存在的一些问题，并实事求是地向对方说清楚自己部门和个人对这些事实的基本看法，在充分交换意见的基础上，先做好两件事：一、对两部门合作存在的问题达成共识；二、停止相互指责，共同面对这些问题，转而从流程和沟通制度上寻找解决问题的方法。

(2) 在以上分析研讨的基础上，两个部门各自分别召开专题研讨会，通过集体研讨，对两位部门经理提出的问题及建议解决方案进行深度二次研讨，通过负责具体工作的同事，深化对问题的理解，并且将解决问题的流程建议和沟通制度设计完全深入到具体日常工作的细节中去，目的在于：一、使两部门所有同事而不只是两位经理对合作问题及解决方案建议达成共识；二、同时也使两部门所有员工通过研讨明白了自己以往工作中存在的不足之处和接下来要实施的改进工作中自己应当做什么，以及这样做的理由是什么。

(3) 由两部门经理总结两部门研讨结果，并整合两部门研讨成果，将其转变为两部门都共同认可的一个合作问题及解决建议方案。

(4) 由两部门经理联合署名，将研讨结果形成书面工作流程建议文件和沟通制度建议，呈交上级领导考虑审批。两部门经理在呈交报告时应该共同前往，并简单扼要地向领导做口头要点说明。

(5) 上级领导同意审批了更加完善清晰的工作流程和沟通制度之后，由该上级领导出面，主持召开两部门骨干或全体员工大会，宣读解释新的工作规划，确保所有员工都清晰知道自己以后应当做什么、怎么做。

(6) 在上面的新规划宣读会议中，应当考虑请两部门经理及两部门的主要骨干发布感言，确保核心人员完全理解并真正支持新规划的实行，以防止新规定成为一纸空文。如果员工普遍不理解不支持，新规定归规定，做仍然照旧做，那只能给两部门带来更大的工作打击。

4.2 施工项目沟通管理计划的编制

施工项目管理的核心是施工项目经理，项目经理要花费75%～90%的时间用来沟通，那么沟通管理就是项目管理中的润滑剂。项目沟通管理的目的是使项目组内部成员和项目相关方能及时、准确地得到所需要的信息，并能正确地理解相关信息，为项目的目标实现提供保证，起到协调多方关系的润滑剂作用。

项目的沟通主要包括组织之间和个人之间两个层面。通过沟通需形成人与人、事与事、人与事的和谐统一。项目管理机构是项目各相关方沟通管理的基本主体，其沟通活动需贯穿项目日常管理的全过程。

项目沟通管理计划是项目管理工作中各组织和个人之间能否顺利协调、管理目标能否顺利实现的关键，因此项目管理机构应重视沟通管理计划的编制和实施，在项目运行之前，应由项目负责人组织编制项目沟通管理计划。

4.2.1 施工项目沟通管理计划编制依据

编制项目沟通管理计划包括确定项目各相关方的信息和沟通需求。应主要依据下列资料进行：

（1）合同文件；

（2）组织制度和行为规范；

（3）项目相关方需求识别与评估结果；

（4）项目实际情况；

（5）项目主体之间的关系；

（6）沟通方案的约束条件、假设以及适用的沟通技术；

（7）冲突和不一致解决预案。

对施工单位来说，项目相关方需求识别与评估主要是分析和评估建设单位以及其他相关方对技术方案、工艺流程、资源条件、生产组织、工期、质量和安全保障以及环境和现场文明的需求；以及分析和评估供应、分包和技术咨询单位对现场条件提供、资金保证以及相关配合的需求。

4.2.2 施工项目沟通管理计划的编制内容与要点

1. 根据《建设工程项目管理规范》，项目沟通管理计划应包括下列内容：

（1）沟通范围、对象、内容与目标。

根据项目相关方需求识别与评估结果，应清晰、准确描述沟通的对象及目标，并针对不同的项目相关方进一步明确沟通的范围和具体的内容。

（2）沟通方法、手段及人员职责。

在项目不同的实施阶段，应针对不同的项目相关方的沟通需求，选择拟采取的沟通方法和手段，即信息（包括状态报告、数据、进度计划、技术文件等）流向何人，采用什么方法（包括书面报告、文件、会议等）分发不同类别信息等，同时需明确相关部门及人员的职责。

（3）信息发布时间与方式。

该部分内容应主要说明每一类沟通将发生的时间，确定发布信息的格式、内容、详细程度及应采用的准则定义，明确提供信息更新依据或修改程序，并说明在每一类沟通前应提供的即时信息。

（4）项目绩效报告安排及沟通需要的资源。

在项目各施工阶段达到目标或因其他原因而暂停时，需要对实施情况和结果总结报告，何时报告、采取何种形式报告、报告的形式与内容等均应在计划中明确，另外还应确定沟通所需要的资源。

（5）沟通效果检查与沟通管理计划的调整。

针对项目不同实施阶段的实际情况，应拟采取的检查方法、程序、要求等，拟定可行的沟通效果评价标准，明确调整沟通计划的流程、方法。

项目沟通管理计划应由授权人批准后实施，项目管理机构应定期对项目沟通管理计划进行检查、评价和改进。

2. 施工项目沟通管理计划编制要点

施工项目沟通管理计划应与项目管理的组织计划相协调。如应与施工进度、质量、安全、成本、资金、环保、设计变更、索赔、材料供应、设备使用、人力资源、文明工地建设、思想政治工作等组织计划相协调。

项目沟通管理的关键在于“信息”，因此在编制项目沟通计划时应注意以下几点：

(1) 认识项目各相关方；

(2) 分析项目各相关方需求；

(3) 依照项目各相关方需求找出信息种类；

(4) 将信息种类归类；

(5) 决定信息传递的周期；

(6) 决定信息传递方式；

(7) 搜集信息；

(8) 传递信息；

(9) 检讨信息传递成效。

在实施过程中还应根据项目沟通管理计划规定沟通的具体内容、对象、方式、目标、责任人、完成时间、奖惩措施等，采用定期或不定期的形式对沟通管理计划的执行情况进行检查、考核和评价，并结合实施结果进行调整，确保沟通管理计划的落实和实施。

4.2.3 施工项目沟通管理的程序

1. 施工项目沟通管理的内容

对施工单位而言，施工项目沟通主要包括了项目经理部与项目各主体组织管理层、派驻现场人员之间的沟通、项目经理部内部各部门和相关成员之间的沟通、项目经理部与政府管理职能部门和相关社会团体之间的沟通等。

为了沟通的顺畅，要求项目管理机构在其他方需求识别和评估的基础上，按项目运行的时间节点和不同需求细化沟通内容，界定沟通范围，明确沟通方式和途径，并针对沟通目标准备相应的预案。

2. 施工项目沟通管理的程序

为了做好施工项目各阶段的工作，达到预期的标准和效果，实现项目管理的目标，项目沟通管理应遵循合理的程序，以使得项目组织之间、组织与人员之间、人员之间消除障碍、减少冲突，项目沟通管理可按下列程序开展：

(1) 项目实施目标分解；

(2) 分析各分解目标自身需求和相关方需求；

(3) 评估各目标的需求差异；

(4) 制定目标沟通计划；

(5) 明确沟通责任人、沟通内容和沟通方案；

(6) 按既定方案进行沟通；

（7）总结评价沟通效果。

项目各方的管理机构均应加强项目信息的交流，提高信息管理水平，有效运用计算机信息管理技术进行信息收集、归纳、处理、传输与应用工作，建立有效的信息交流和共享平台，提高执行效率，减少和避免分歧。

3. 施工项目沟通管理的信息

沟通与协调的内容涉及与项目实施有关的所有信息，包括项目各相关方共享的核心信息以及项目内部和项目相关方产生的有关信息。

（1）核心信息应包括单位工程施工图纸、设备的技术文件、施工规范、与项目有关的生产计划及统计资料、工程事故报告、法规和部门规章、材料价格和材料供应商、机械设备供应商和价格信息、新技术及自然条件等。

（2）取得政府主管部门对该项建设任务的批准文件、取得地质勘探资料及施工许可证、取得施工用地范围及施工用地许可证、取得施工现场附近区域内的其他许可证等。

（3）项目内部信息主要有工程概况信息、施工记录信息、施工技术资料信息、工程协调信息、工程进度及资源计划信息、成本信息、资源需要计划信息、商务信息、安全文明施工及行政管理信息、竣工验收信息等。

（4）监理方信息主要有项目的监理规划、监理大纲、监理实施细则等。

（5）项目其他方包括社区居民、分承包方、媒体等提出的重要意见或观点等。

4.2.4 施工项目沟通管理的一般方式

良好的沟通机制和沟通技巧是项目各组织与成员之间思想交流的重要保障。通常，有效的项目沟通管理，使全体项目组成员的思想高度统一、步伐协调一致、一起行动听指挥、各项资料版本统一。

信息沟通、意见交流，将许多独立的个人、团体、组织贯通起来，成为一个整体。信息沟通是人的一种重要的心理需要，是人们用以表达思想、感情与态度，寻求同情与友谊的重要手段。畅通的信息沟通，可以减少人与人的冲突，改善人与人、人与班子之间的关系。

根据施工项目沟通的主要内容，沟通可分为组内沟通、组外沟通、组内与组外沟通。

项目组内的沟通主要指项目组成员内部的交流沟通。为了让项目组每个成员都能很好地领会项目的目标和下一步计划，让每位成员都清楚自己的任务和责任，项目经理必须保持与项目组成员的日常沟通，听取每位成员的工作心得及其工作进展情况，激励项目组成员的工作积极性。

项目组外的沟通主要是与用户之间的交流和沟通。此类沟通的目的是使用户及时了解项目进展情况，保证项目按照计划和用户要求的方向推进，使用户认同项目的进度并建立预期目标。除了平时的口头沟通，项目经理负责根据项目管理规范中的沟通计划（比如双方定期的工作进展报告、交流），反映项目实施中出现的问题，并与用户协商解决方案，正式提出需要用户提供的支持或配合事项及需要用户确定的业务流程等。

1. 内部沟通方式

项目内部沟通可采用委派、授权、会议、文件、培训、检查、项目进展报告、思想工作、考核与激励及电子媒体等方式进行。

（1）项目经理部与组织管理层之间的沟通，主要依据《项目管理目标责任书》，由组织管理层下达责任目标、指标，并实施考核、奖惩。

（2）项目经理部与内部作业层之间的沟通，主要依据《劳务承包合同》和项目管理实施规划。

（3）项目经理部与各职能部门之间的沟通，重点解决业务环节之间的矛盾，应按照各自的职责和分工，顾全大局、统筹考虑、相互支持、协调工作。特别是对人力资源、技术、材料、设备、资金等重大问题，可通过工程例会的方式研究解决。

（4）项目经理部人员之间的沟通，通过做好思想政治工作，召开党小组会和职工大会，加强教育培训，提高整体素质来实现。

2. 外部沟通方式

外部沟通可采用电话、传真、交底会、协商会、协调会、例会、联合检查、项目进展报告等方式进行。

（1）施工准备阶段：项目经理部应要求建设单位按规定时间履行合同约定的责任，并配合做好征地拆迁等工作，为工程顺利开工创造条件；要求设计单位提供设计图纸、进行设计交底，并搞好图纸会审；引进竞争机制，采取招标的方式，选择施工分包和材料设备供应商，签订合同。

（2）施工阶段：项目经理部应按时向建设、设计、监理等单位报送施工计划、统计报表和工程事故报告等资料，接受其检查、监督和管理；对拨付工程款、设计变更、隐蔽工程、签证等关键问题，应取得相关方的认同，并完善相应手续和资料。对施工单位应按月下达施工计划，定期进行检查、评比。对材料供应单位严格按合同办事，根据施工进度协商调整材料供应数量。

（3）竣工验收阶段：按照建设工程竣工验收的有关规范和要求，积极配合相关单位做好工程验收工作，及时提供有关资料，确保工程顺利移交。

3. 沟通的具体形式和做法

（1）随时的交流与沟通：对于重大的工程，会不定期地或在每天下班后进行一次针对当天工作情况的小沟通，时间较短，通常在十几分钟内，目的是为了及时发现项目中出现的问题，并讨论解决措施。一个项目涉及的各种未知和风险因素很多，需要沟通的事情也多。项目经理的任务之一就是做好沟通和交流。这样的沟通以用非正式的口头沟通居多，有些时候也需要书面沟通和正式的口头沟通。

（2）定期的状态评审会议：每周项目组内部有一个定期交流会，主题是互相交流一周内的工作进展情况；分析已经出现和潜在的风险与问题；总结项目实施中取得好的经验，以保证每一位项目成员在项目中都能发挥出良好的作用。特别是在项目开始和收尾阶段，开会的频率要高一些，可以是一周多次，根据具体的项目而定。在项目执行过程中，一般一周一次就可以了。

每周的例会邀请项目相关方各部门的领导参加，有决定权的领导的出席，交流会才有效果。项目经理应积极进行协调，主动邀请其主持此类的会议。通过增进沟通，分散和降低项目实施的风险，保证项目最终的顺利交接和验收。所有与项目相关方之间的交流沟通、项目组内部每周的例行沟通都要列入会议纪要，并统一作为项目管理的文档输出的一部分。

（3）与上级主管的沟通：除了定期的周报和月报，项目经理应与上级主管保持随时的交流与沟通。如果发生突发事件或重要情况，项目经理应立即与上级主管联系，使问题得到及时的反映和解决。

（4）沟通前，项目经理要弄清楚做这个沟通的真正目的是什么？要对方理解什么？漫无目的的沟通就是通常意义上的唠嗑，也是无效的沟通。确定了沟通目标，沟通的内容就围绕沟通要达到的目标组织规划，也可以根据不同的目的选择不同的沟通方式。

（5）项目沟通的方式多种多样：可采取面对面沟通、电话沟通、电子邮件沟通、传真沟通或书面报告等多种方式。电子邮件、项目管理软件等现代化工具可以提高沟通效率，拉近沟通双方的距离，减少不必要的面谈和会议。沟通是信息的传递，也是相互之间加深了解的桥梁，作为项目经理，必须掌握一定的沟通方法和技巧。

（6）沟通是人与人之间交流的方式。主动沟通说到底是对沟通的一种态度。在项目中，我们极力提倡主动沟通，尤其是当已经明确了必须要去沟通的时候。当沟通是项目经理面对项目相关方一业主方建设单位或上级、团队成员面对项目经理时，主动沟通不仅能建立紧密的联系，更能表明你对项目的重视和参与，会使沟通的另一方满意度大大提高，对整个项目非常有利。

要想实现有效的沟通，除了当事人要具备良好的沟通技巧外，沟通方式的正确选择也是非常重要的。

随着互联网的发展，特别是智能手机的普及，移动通信技术有了飞跃性的发展，如QQ、微信、钉钉等即时通信，沟通非常方便，可以多人对话，可以快速截图和发布文件，对解决争议不大的问题效果较好。另外很多施工单位建立了自己的内部局域网，开发了各类项目管理软件和APP，使得信息的收集、整理、统计、分析、传送、更新、储存等变得更快速、高效、实时、共享，为项目沟通管理提供了更为便捷、有效的沟通方式。

4.2.5 施工项目组织协调与冲突管理

1. 施工项目组织协调

施工项目组织协调是指以一定的组织形式、手段和方法，对施工项目中产生的关系不畅进行疏通，对产生的干扰和障碍予以排除的活动。

施工项目组织协调是施工项目管理的一项重要职能。项目经理部应在项目实施的各个阶段，根据其特点和主要矛盾，动态地、有针对性地通过组织协调，及时沟通，排除障碍，化解矛盾，充分调动有关人员的积极性，发挥各方面的能动作用，协同努力，提高项目组织的运转效率，以保证项目施工活动顺利进行，更好地实现项目总目标。

项目管理机构应制定项目组织协调制度，规范运行程序和管理，并针对项目具体特点，建立合理的管理组织，优化人员配置，确保规范、精简、高效，为便于工作沟通和协调的便捷、融洽，项目管理组织结构和职能应保持一致。

在项目运行过程中，项目管理机构应分阶段、分层次、有针对性地进行组织人员之间的交流互动，增进了解，避免分歧，进行各自管理部门和管理人员的协调工作，同时实施沟通管理和组织协调教育，树立和谐、共赢、承担和奉献的管理思想，提升项目沟通管理绩效。

2. 施工项目冲突管理

项目冲突是组织冲突的一种特定表现形态，是项目内部或外部某些关系难以协调而导致的矛盾激化和行为对抗。

常见的项目冲突类型有人力资源的冲突、成本费用冲突、技术冲突、管理程序上的冲突、项目优先权的冲突、项目进度的冲突、项目成员个性冲突等。

造成冲突的原因很多，在施工项目管理中主要有沟通不畅、信息认知差异、资源分配及利益格局的变化、与项目目标的差异等。

为了确保项目目标的顺利实现，项目管理机构必须识别和发现可能的问题，对容易发生冲突和差异的事项，形成预先通报和互通信息的工作机制，采取有效措施避免冲突的发生、升级和扩大，从而化解冲突和不一致。

在日常管理中，消除冲突和障碍可采取下列方法：

（1）选择适宜的沟通与协调途径；

（2）进行工作交底；

（3）有效利用第三方调解；

（4）创造条件使项目相关方充分地理解项目计划，明确项目目标和实施措施。

一般来说，施工项目比较容易发生冲突和不一致的事项主要体现在合同管理方面。项目管理机构在项目实施的各个阶段，都应确保行为的规范和正确、恰当履行合同，保证项目运行节点交替的顺畅。

对此，要求项目管理机构应根据项目运行规律，结合项目相关方的工作性质和特点预测项目可能的冲突和不一致，确定冲突解决的工作方案，并在沟通管理计划中予以体现，即针对预测冲突的类型和性质进行工作方案的调整和完善，确保冲突受控、防患于未然。

项目职业健康与安全管理

《建设工程项目管理规范》GBT 50326—2017中，明确定义了项目安全生产管理的内涵与要求。因此，所谓的项目安全生产管理实际上包括项目职业健康与安全管理。

项目安全生产管理应遵循“安全第一，预防为主，综合治理”的方针，加大安全生产投入，满足本质安全的要求。这里的“本质安全”是指通过在设计、采购、生产等过程采用可靠的安全生产技术和手段，使项目管理活动或生产系统本身具有安全性，即使在误操作或发生故障的情况下也不会造成事故的功能。

工程建设安全生产管理是一项十分特殊的管理要求，国家的强制性规定是项目安全生产管理的核心要求，因此项目安全生产必须以此为重点实施管理。

5.1 案例

5.1.1 脚手架上发生的高处坠落事故案例

（1）某公司制药厂旧厂房维修工地，在外墙窗口抹灰时，脚手架扣件突然断裂，架体横杆塌落，正在作业的2名工人从三楼摔下，1名死亡，1名重伤；

（2）某公司机械厂住宅楼工地，一抹灰工在五层顶贴抹灰用分格条时，脚手板滑脱发生坠落事故，坠落过程中将首层兜网系结点冲开，撞在一层脚手架小横杆上，抢救无效死亡；

（3）某公司玫瑰园小区住宅楼工地，外包队工人在拆除北侧外脚手架时，在未系安全带的情况下，进行拆除作业，不慎坠落，经送医院抢救无效死亡；

（4）某公司胜利花园3号住宅楼工地，一架子工在翻脚手架板时，从14m高处坠落至地面死亡；

（5）某公司金属结构分公司海螺型材技改工地，一工人在5m高脚手架上，用冲击钻打横梁眼时，由于冲击钻后坐力使他后仰，坠落地面，经抢救无效死亡；

（6）某公司华西新区32号住宅楼工地，一架子工在南部六楼脚手架上作业时，因没戴安全带失控坠落，砸破二层兜网，撞在阳台边沿后，掉在首层兜网内，经医院抢救无效死亡；

（7）某公司兴安小区3号住宅楼工地，一架子工在四层脚手架上进行拆除作业时，未系安全带，不慎失足坠落地面，经医院抢救无效死亡；

（8）某公司检察院侦技楼工地，一架子工在搭设外墙脚手架时，违反操作规定擅自到北立面作业，从13m高处坠落，造成重伤；

（9）某建筑工程处福泰小区3号住宅楼工地，一抹灰工在东山墙四层顶位置安装石膏线时，不慎石膏线掉下，砸在脚手架上，将脚手板砸翻，工人顺墙坠落，造成重伤。

5.1.2 脚手架上发生高处坠落事故的主要原因分析

（1）作业人员安全意识淡薄，自我保护能力差，冒险违章作业

一是架子工从事脚手架搭设与拆除时，未按规定正确佩戴安全帽和安全带。许多作业人员自恃“艺高人胆大”，嫌麻烦，认为不戴安全帽或不系安全带，只要小心一些就不会出事，由此导致的高处坠落事故时有发生。二是作业人员危险意识差，对可能遇到或发生的危险估计不足，对施工现场存在的安全防护不到位等问题不能及时发现。

（2）脚手架搭设不符合规范要求

住房和城乡建设部行业标准《建筑施工扣件式钢管脚手架安全技术规范》(JGJ 130—2011)已经于2011年12月1日正式实施。该规范属于强制性标准，在脚手架的设计计算、搭设与拆除、架体结构等方面提出了许多新的要求。但在部分施工现场，脚手架搭设不规范的现象仍比较普遍，一是脚手架操作层防护不规范；二是密目网、水平兜网系结不牢固，未按规定设置随层兜网和层间网；三是脚手板设置不规范；四是悬挑架等设置不规范，由此导致了多起职工伤亡事故的发生。

（3）脚手架料材质不符合要求

脚手架料材质不符合规定要求，特别是钢管和扣件，使用前未进行必要的检验检测。

（4）脚手架搭设与拆除方案不全面，安全技术交底无针对性

项目部重视施工现场、忽视安全管理资料的现象比较普遍，应当编制专项安全技术方案的专项施工工程，如脚手架搭设与拆除、基坑支护、模板工程、临时用电、塔机拆装等，不编制施工方案，或者不结合施工现场实际情况，照抄标准、规范，应付检查。安全技术交底仍停留在“进入施工现场必须戴安全帽”的层次上，缺乏针对性。工程施工中凭个人经验操作，不可避免地存在事故隐患和违反操作规程、技术规范等问题，甚至引发伤亡事故。

（5）安全检查不到位，未能及时发现事故隐患

在脚手架的搭设与拆除和在脚手架上作业过程中发生的伤亡事故，大都存在违反技术标准和操作规程等问题，但施工现场的项目经理、工长、专职安全员在定期安全检查、平时检查中，均未能及时发现问题，或发现问题后未及时整改和纠正，对事故的发生负有一定责任。

5.1.3 在脚手架上发生伤亡事故的预防措施

（1）加强培训教育，提高安全意识，增强自我保护能力，杜绝违章作业

安全生产教育培训是实现安全生产的重要基础工作。企业要完善内部教育培训制度，通过对职工进行三级教育、定期培训，开展班组班前活动，利用黑板报、宣传栏、事故案例剖析等多种形式，加强对一线作业人员，尤其是农民工的培训教育，增强安全意识，掌握安全知识，提高职工搞好安全生产的自觉性、积极性和创造性，使各项安全生产规章制度得以贯彻执行。脚手架等特殊工种作业人员必须做到持证上岗，并每年接受规定学时的安全培训。《建筑施工扣件式钢管脚手架安全技术规范》JGJ 130—2011规定，“脚手架搭设人员必须是经过按现行国家标准《特种作业人员安全技术考核管理规则》考核合格的专业架子工。上岗人员应定期体检，合格者方可持证上岗”。《建筑安装工人安全技术操作规程》规定，“进入施工现场必须戴安全帽，禁止穿拖鞋或光脚。在没有防护设施的高空、悬崖和陡坡施工，必须系安全带”。正确使用个人安全防护用品是防止职工因工伤亡事故的第一道防线，是作业人员的

“护身符”。

（2）严格执行脚手架搭设与拆除的有关规范和要求

1）脚手架作业层防护要求：

脚手板：脚手架作业层的脚手板应铺满、铺稳，离墙面的距离不应大于150mm；脚手板应铺设牢靠、严实，并应用安全网双层兜底。施工层以下每隔10m应用安全网封闭。

防护栏杆和挡脚板：均应搭设在外立杆内侧；上栏杆上皮高度应为1.2m；挡脚板高度不应小于180mm；中栏杆应居中设置。

密目网与兜网：脚手架外排立杆内侧，要采用密目式安全网全封闭。密目网必须用符合要求的系绳将网周边每隔45cm系牢在脚手管上。建筑物首层要设置兜网，向上每隔3层设置一道，作业层下设随层网。兜网要采用符合质量要求的平网，并用系绳系牢，不可留有漏洞。密目网和兜网破损严重时，不得使用。

2）连墙件的设置要求：

连墙件数量的设置应满足JGJ 130—2011的计算要求，还应不大于最大间距（JGJ 130—2011表6.4.2）。连墙件应靠近主节点设置，偏离主节点的距离不应大于300mm；应从底层第一步纵向水平杆处开始设置，当该处设置有困难时，应采用其他可靠措施固定；优先采用菱形布置，或采用方形、矩形布置。开口型脚手架的两端必须设置连墙件，连墙件的垂直间距不应大于建筑物的层高，并且不应大于4m。连墙件中的连墙杆应呈水平设置，当不能水平设置时，应向脚手架一端下斜连接。对高度24m以上的双排脚手架，应采用刚性连墙件与建筑物连接。

3）剪刀撑设置要求：

每道剪刀撑跨越立杆的根数最多5～7根，斜杆与地面的倾角应在45°～60°之间。高度24m及以上的双排脚手架应在外侧全立面连续设置剪刀撑；高度24m以下的单、双排脚手架，均必须在外侧两端、转角及中间间隔不超过15m的立面上，各设置一道剪刀撑，并应由底至顶连续设置。剪刀撑斜杆应用旋转扣件固定在与之相交的横向水平杆的伸出端或立杆上，旋转扣件中心线至主节点的距离不应大于150mm；斜杆的接长应采用搭接或对接。

4）横向水平杆设置要求：

主节点处必须设置一根横向水平杆，用直角扣件扣接且严禁拆除；作业层上非主节点处的横向水平杆，宜根据支承脚手板的需要等间距设置，最大间距不应大于纵距的1/2；使用钢脚手板、木脚手板、竹串片脚手板时，双排架的横向水平杆两端均应采用直角扣件固定在纵向水平杆上。

5）脚手架拆除要求：

拆除前的准备工作：全面检查脚手架的扣件连接、连墙件、支撑体系是否符合构造要求；根据检查结果补充完善专项施工方案中的拆除顺序和措施，经审批后方可实施；由工程施工负责人进行拆除安全技术交底；清除脚手架上杂物及地面障碍物。

拆除时应做到：拆除作业必须由上而下逐层进行，严禁上下同时作业；连墙件必须随脚手架逐层拆除，严禁先将连墙件整层或数层拆除后再拆脚手架，分段拆除高差不应大于2步，如大于2步应增设连墙件加固；当脚手架拆至下部最后一根长立杆的高度时，应先在适当位置搭设临时抛撑加固后，再拆除连墙件；当脚手架分段、分立面拆除时，对不拆除的脚手架两端，应按照规范要求设置连墙件和横向斜撑加固；各构配件严禁抛掷至地面。

(3) 加强脚手架构配件材质的检查，按规定进行检验检测。

多年来，由于种种原因，大量不合格的安全防护用具及构配件流入施工现场，因安全防护用具及构配件不合格而造成的伤亡事故占有很大比例。因此，施工企业必须从进货的关口把住产品质量关，保证进入施工现场的产品必须是合格产品，同时在使用过程中，要按规定进行检验检测，达不到使用要求的安全防护用具及构配件不得使用。

脚手架钢管应采用国家标准《直缝电焊钢管》(GB/T 13793) 或《低压流体输送用焊接钢管》(GB/T 3091) 规定的Q235普通钢管，质量符合《碳素结构钢》(GB/T 700) 中Q235级钢的规定。冲压钢脚手板材质应符合《碳素结构钢》(GB/T 700) 中Q235级钢的规定，木脚手板材质应符合《木结构设计规范》(GB 50005) 中Ⅱa级材质的规定。连墙件、扣件材质应符合《钢管脚手架扣件》(GB 15831) 的规定。旧钢管使用前要对钢管的表面锈蚀深度、弯曲变形程度进行检查。旧扣件使用前应进行质量检查，有裂缝、变形的严禁使用，出现滑丝的螺栓必须更换。

(4) 依法制定脚手架搭设与拆除专项施工方案，严格进行安全技术交底。

根据《建设工程安全生产管理条例》，脚手架工程属于危险性较大的分部分项工程（简称以下“危大工程”），依法必须编制专项施工方案。

因此脚手架搭设和拆除前均需编制切实可行的、有针对性的专项施工方案，编写时应根据施工现场的实际情况，针对现场施工环境、施工方法及人员配备等情况，按照标准规范要求，确定切实有效的方案及措施，并认真落实到项目的各阶段工作中。

1) 脚手架施工前，施工项目部应组织工程技术人员编制专项施工方案，并按相关标准规范的规定对其结构构件与立杆地基承载力进行设计计算。专项施工方案的主要内容应包括：

① 工程概况：工程概况和特点、施工平面布置、施工要求和技术保证条件；

② 编制依据：相关法律、法规、规范性文件、标准、规范及施工图设计文件、施工组织设计等；

③ 施工计划：包括施工进度计划、材料与设备计划；

④ 施工工艺技术：技术参数、工艺流程、施工方法、操作要求、检查要求等；

⑤ 施工安全保证措施：组织保障措施、技术措施、监测监控措施等；

⑥ 施工管理及作业人员配备和分工：施工管理人员、专职安全生产管理人员、特种作业人员、其他作业人员等；

⑦ 验收要求：验收标准、验收程序、验收内容、验收人员等；

⑧ 应急处置措施；

⑨ 计算书及相关施工图纸。

实行施工总承包的，专项施工方案应当由施工总承包单位组织编制。实行分包的，专项施工方案可以由相关专业分包单位组织编制。

2) 专项施工方案编制完成后，应当由施工单位技术负责人审核签字、加盖单位公章，并由总监理工程师审查签字、加盖执业印章后方可实施。

实行分包并由分包单位编制专项施工方案的，专项施工方案应当由总承包单位技术负责人及分包单位技术负责人共同审核签字并加盖单位公章。

3) 对下列脚手架工程，还应依法组织召开专家论证会对专项施工方案进行论证。实行施工总承包的，由施工总承包单位组织召开专家论证会。专家论证前专项施工方案应当通过施工单位审核和总监理工程师审查。

① 搭设高度 50m 及以上的落地式钢管脚手架工程。

② 提升高度在 150m 及以上的附着式升降脚手架工程或附着式升降操作平台工程。

③ 分段架体搭设高度 20m 及以上的悬挑式脚手架工程。

4）专项施工方案实施前，编制人员或者项目技术负责人应当向施工现场管理人员进行方案交底，施工现场管理人员应当向作业人员进行安全技术交底，并由双方和项目专职安全生产管理人员共同签字确认。

施工单位应当严格按照专项施工方案组织施工，不得擅自修改专项施工方案。如因规划调整、设计变更等原因确需调整的，修改后的专项施工方案应重新审核和论证。

5）脚手架搭设和拆除均应按专项方案施工，在严格按规范和专项施工方案层层交底后，还需要做好相应准备工作，确保按规范和专项施工方案实施。

脚手架搭设前应对钢管、扣件、脚手板等进行检查验收，不合格产品不得使用；经检验合格的构配件应按品种、规格分类，堆放整齐、平稳，堆放场地不得有积水；应清除搭设场地杂物，平整搭设场地，并应使排水畅通。

脚手架拆除前应全面检查脚手架的扣件连接、连墙件、支撑体系等是否符合构造要求；根据检查结果补充完善脚手架专项方案中的拆除顺序和措施，经审批后方可实施。

（5）落实安全生产责任制，强化安全检查

安全生产责任制度是建筑企业最基本的安全管理制度。建立并严格落实安全生产责任制，是搞好安全生产的最有效的措施之一。安全生产责任制要将企业各级管理人员，各职能机构及其工作人员和各岗位生产工人在安全生产方面应做的工作及应负的责任加以明确规定。工程项目经理部的管理人员和专职安全员，要根据自身工作特点和职责分工，严格执行定期安全检查制度，并经常进行不定期的、随机的检查，对于发现的问题和事故隐患，要按照“定人、定时间、定措施”的原则进行及时整改，并进行复查，消防事故隐患，防止职工伤亡事故的发生。

脚手架检查、验收应根据技术规范、施工组织设计、专项施工方案及变更文件和技术交底文件进行。在基础完工后及脚手架搭设前、作业层上施加荷载前、每搭设完 6～8m 高度后、达到设计高度后、遇有六级强风及以上强风或大雨后、冻结地区开冻后、停用超过一个月后，均要组织检查与验收。

脚手架使用中，应定期检查下列项目：

杆件的设置和连接，连墙件、支撑、门洞桁架等的构造是否符合要求；地基是否积水，底座是否松动，立杆是否悬空；扣件螺栓是否松动；立杆的沉降与垂直度的偏差是否符合规范规定；安全防护措施是否符合要求；是否超载等。

5.2 施工安全事故应急预案编制

5.2.1 施工安全事故应急预案（简称“应急预案”）

施工安全事故应急预案是指事先制定的、应对可能发生的需要进行紧急救援工作的施工安全事故，以便及时救助受伤的和处于危险境况下的人员、防止事态和伤害扩大、并为善后工作创造较好条件的组织、程序、措施和协调工作及其责任的方案。

应急预案由施工单位主要负责人或项目负责人负责组织编制和实施，并对应急预案的真实性和实用性负责；各分管负责人按照职责分工落实应急预案规定的职责。

根据《生产安全事故应急预案管理办法》，应急预案分为综合应急预案、专项应急预案和现场处置方案。综合应急预案是单位为应对各种生产安全事故而制定的综合性工作方案，是该单位应对生产安全事故的总体工作程序、措施和应急预案体系的总纲；专项应急预案是指单位为应对某一种或者多种类型生产安全事故，或者针对重要生产设施、重大危险源、重大活动防止生产安全事故而制定的专项性工作方案；现场处置方案是单位根据不同生产安全事故类型，针对具体场所、装置或者设施所制定的应急处置措施。

（1）应急预案编制要求

1）应急预案的核心是“应急处置”，编制时应遵循以人为本、依法依规、符合实际、注重实效的原则，突出“应急”核心，明确应急职责、规范应急程序、细化保障措施。

2）应急预案编制前，应进行事故风险辨识、评估和应急资源调查，针对不同事故种类及特点，识别存在的危险危害因素，分析事故可能产生的直接后果以及次生、衍生后果，评估各种后果的危害程度和影响范围，提出防范和控制事故风险措施；并调查可调用的应急资源状况和合作区域内可请求援助的应急资源状况，并结合事故风险辨识评估结论制定应急措施。

3）应急预案编制的基本要素要齐全、完整，附件提供的信息要准确，内容应与其他相关应急预案相互衔接。附件信息应包括向上级应急管理机构报告的内容、应急组织机构和人员的联系方式、应急物资储备清单等，当附件信息发生变化时，应及时更新，确保准确有效。

4）编制应急预案应成立编制工作小组，由有关负责人任组长，吸收与应急预案有关的职能部门和单位的人员，以及有现场处置经验的人员参加，并应当根据法律、法规、规章的规定或者实际需要，征求相关应急救援队伍、公民、法人或者其他组织的意见。

5）在编制应急预案的基础上，还应针对工作场所、岗位的特点，编制简明、实用、有效的应急处置卡。应急处置卡应规定重点岗位、人员的应急处置程序和措施，以及相关联络人员和联系方式，便于从业人员携带。

（2）应急预案编制内容

编制应急预案的目的是应对可能出现的事故进行应急处置，内容应与相应的可能事故的类型、等级、严重性等相适应。以《国家安全生产事故灾难应急预案》为例，其内容如表3-3所示。

《国家安全生产事故灾难应急预案》 **表3-3**

一级目录	二级目录	主要内容
1 总则	1.1 编制目的	规范安全事故灾难应急管理和响应程序，及时有效实施应急救援，最大程度减少人员伤亡、财产损失，维护人民群众生命安全和社会稳定
	1.2 编制依据	《中华人民共和国安全生产法》、《国家突发公共事件总体应急预案》和《国务院关于进一步加强安全生产工作的决定》等法律法规及规定

续表

一级目录	二级目录	主　要　内　容
1　总　则	1.3　适用范围	适用于下列安全生产事故灾难的应对工作： （1）30人以上死亡（含失踪），或危及30人以上生命安全，或100人以上中毒（重伤），或需紧急转移安置10万人以上，或直接经济损失1亿元以上特别重大安全生产事故灾难 （2）超省（区、市）政府应急处置能力，或跨省行政区、跨多领域（行业和部门）的安全生产事故灾难 （3）需国务院安全生产委员会（国务院安委会）处置的事故灾难
	1.4　工作原则	（1）以人为本，安全第一 （2）统一领导，分级负责 （3）条块结合，属地为主 （4）依靠科学，依法规范 （5）预防为主，平战结合
2　组织体系及相关机构职责	2.1　组织体系	（1）全国应急救援组织体系由国务院安委会、国务院有关部门、地方各级政府应急领导机构、综合协调指挥机构、专业协调指挥机构、应急支持保障部门、应急救援队伍和生产经营单位组成。应急领导机构为国务院安委会，综合协调指挥机构为国务院安委会办公室 （2）地方各级政府应急机构由地方政府确定 （3）应急救援队伍主要包括消防部队、专业应急救援队伍、生产经营单位的应急救援队伍、社会力量、志愿者队伍及国际救援力量等
	2.2　现场应急救援指挥部及职责	（1）现场应急救援指挥以属地为主，事发地省（区、市）政府成立现场应急救援指挥部，负责指挥参与应急救援的队伍和人员，及时向国务院报告事故事态发展及救援情况，抄送国务院安委会办公室 （2）涉及多领域、跨省行政区或影响特大事故，由国务院安委会或国务院有关部门组织现场应急救援指挥部，负责协调指挥工作
3　预警预防机制	3.1　事故灾难监控与信息报告	（1）国务院有关部门和省（区、市）政府加强重大危险源监控，对可能引发特大事故险情或其他可能引发的重要信息应及时上报 （2）特大事故灾难发生后，现场人员立即报单位负责人，单位负责人报当地政府和上级主管部门，中央企业同时上报企业总部。当地政府报上级政府，国务院有关部门、单位、中央企业和事故发生地省（区、市）政府接报后2小时内报国务院，抄送国务院安委会办公室 （3）自然灾害、公共卫生和社会安全突发事件可能引发事故灾难的信息，各级各类应急指挥机构及时报同级应急救援指挥机构，其应及时分析处理，按分级管理程序逐级上报，紧急情况可越级上报
	3.2　预警行动	各级各部门应急机构接到可能导致事故灾难信息后，按预案及时研究确定应对方案，并通知有关部门、单位采取相应行动预防事故发生
4　应急响应	4.1　分级响应	（1）Ⅰ级应急响应由国务院安委会办公室或国务院有关部门组织实施。事发地各级政府按相应预案组织救援，并及时向国务院及国务院安委会办公室、国务院有关部门报告救援工作进展情况 （2）Ⅱ级及以下应急响应由省级政府决定。地方各级政府根据事故灾难或险情严重程度启动预案，超出时，及时报上级应急救援指挥机构启动上级预案实施救援

续表

一级目录	二级目录	主　要　内　容
4　应急响应	4.2　指挥和协调	（1）Ⅰ级响应由国务院有关部门及专业应急救援指挥机构按预案组织力量，配合地方政府组织实施 （2）国务院安委会办公室根据事故灾难情况开展协调 （3）现场应急救援指挥部负责现场指挥，发生地政府负责协调 （4）中央企业发生事故灾难时，总部调动资源，开展应急救援工作
	4.3　紧急处置	（1）现场处置依靠本行政区域内应急力量。发生单位和当地政府按应急预案迅速采取措施 （2）险情急剧恶化时，现场应急救援指挥部可依法采取紧急措施
	4.4　医疗卫生救助	（1）事发地卫生行政主管部门负责组织开展紧急医疗救护和现场卫生处置工作 （2）卫生部或国务院安委会办公室根据地方政府请求，协调专业医疗救护机构和专科医院派出专家、提供特种药品和特种救治装备 （3）发生地疾控中心根据事故类型，按专业规程进行现场防疫工作
	4.5　应急人员的安全防护	（1）现场应急救援人员根据需要携带专业防护装备，采取安全防护措施，严格执行进入和离开现场规定 （2）现场应急救援指挥部根据需要协调、调集相应的安全防护装备
	4.6　群众的安全防护	由现场应急救援指挥部负责，内容如下： （1）企业应与当地政府、社区建立应急互动机制，确定保护群众安全需要采取的防护措施 （2）决定应急状态群众疏散、转移和安置方式、范围、路线、程序 （3）指定有关部门负责实施疏散、转移 （4）启用应急避难场所 （5）开展医疗防疫和疾病控制工作 （6）负责治安管理
	4.7　社会力量的动员与参与	（1）现场应急救援指挥部组织调动本行政区域社会力量 （2）超出时，省政府向国务院申请本行政区域外社会力量支援，国务院办公厅协调省政府、国务院有关部门组织社会力量进行支援
	4.8　现场检测与评估	现场应急救援指挥部成立事故现场检测、鉴定与评估小组，分析和评价检测数据，查找事故原因，评估事故发展趋势，预测事故后果，为制定现场抢救方案和事故调查提供参考。检测评估报告要及时上报
	4.9　信息发布	国务院安委会办公室会同有关部门具体负责特大安全生产事故灾难信息的发布工作
	4.10　应急结束	遇险人员得救，事故现场得以控制，环境符合有关标准，导致次生、衍生事故隐患消除后，经现场应急救援指挥部确认和批准，现场应急处置工作结束，队伍撤离现场。由事故发生地省级政府宣布应急结束
5　后期处置	5.1　善后处置	省级政府会同相关部门负责特大事故灾难善后，包括人员安置补偿，征用物资补偿，灾后重建，污染物收集、清理与处理等。消除事故影响，安置和慰问受害及受影响人员，保证社会稳定，恢复正常秩序
	5.2　保险	安全生产事故灾难发生后，保险机构及时开展应急救援人员保险受理和受灾人员保险理赔工作

续表

一级目录	二级目录	主　要　内　容
5　后期处置	5.3　事故灾难调查报告、经验教训总结及改进建议	（1）特大事故灾难由国务院安全生产监督管理部门负责组成调查组调查；必要时，国务院直接组成调查组或授权有关部门组成调查组 （2）善后处置工作结束后，现场应急救援指挥部分析总结经验教训，提出改进建议，完成总结报告并上报
6　保障措施	6.1　通信与信息保障	（1）建立健全国家应急救援综合信息网络系统和重大事故灾难信息报告系统；建立完善救援资源信息数据库；规范信息获取、分析、发布、报送格式和程序，保证应急机构信息资源共享，提供信息支持 （2）有关部门和省应急救援指挥机构负责本部门、地区信息收集、分析和处理，定期报国务院安委会办公室
	6.2　应急支援与保障	（1）救援装备保障：根据实际情况和需要配备 （2）应急队伍保障：矿山、危险化学品、交通运输等企业依法组建和完善救援队伍 （3）交通运输保障：发生特大事故灾难由国务院安委会办公室或有关部门协调。地方政府有关部门对事故现场交通管制，开设特别通道 （4）医疗卫生保障：县以上各级政府配备相应医疗救治药物、技术、设备和人员，提高应对救治能力 （5）物资保障：国务院有关部门和县以上政府及有关部门、企业建立储备制度，储备必要物资和装备 （6）资金保障：生产经营单位做好资金准备。资金先由事故责任单位承担，暂无力承担的，由当地政府协调解决。国家处置所需经费按《财政应急保障预案》解决 （7）社会动员保障：地方各级政府动员和组织社会力量。国务院安委会办公室协调调用事发地外社会力量 （8）应急避难场所保障：直辖市、省会城市和大城市政府负责提供特大事故灾难发生时人员避难场所
	6.3　技术储备与保障	国务院安委会办公室成立应急救援专家组，提供技术支持和保障
	6.4　宣传、培训和演习	（1）公众信息交流：国务院安委会办公室和有关部门组织宣传工作，媒体提供相关支持。地方政府负责本地宣传、教育。企业与所在地政府、社区建立互动机制，向周边群众宣传相关应急知识 （2）培训：有关部门组织应急管理机构及专业救援队伍岗前和业务培训。有关单位做好兼职救援队伍培训和志愿者培训 （3）演习：专业应急机构每年至少一次。国务院安委会办公室每两年至少一次。各单位定期组织本单位演习。演习结束后应及时总结
	6.5　监督检查	国务院安委会办公室对预案实施全过程进行监督检查
7　附　则	7.1　预案管理与更新	随着法律法规制定、修改和完善，部门职责或应急资源变化，及实施过程中发现问题或新情况，及时修订完善
	7.2　奖励与责任追究	奖励： （1）出色完成应急处置任务，成绩显著的 （2）防止或抢救有功，使国家、集体和人民财产免受或减少损失的 （3）对应急救援工作提出重大建议，实施效果显著的 （4）有其他特殊贡献的

续表

一级目录	二级目录	主　要　内　容
7 附　则	7.2　奖励与责任追究	责任追究：由所在单位或上级机关给予行政处分；公务员和行政机关任命人员，分别由任免或监察机关给予行政处分；违反治安管理行为的由公安机关处罚；构成犯罪的由司法机关追究刑事责任： （1）不按规定制定预案，拒绝履行应急准备义务的 （2）不按照规定报告、通报事故灾难真实情况的 （3）拒不执行预案，不服从命令和指挥或临阵脱逃的 （4）盗窃、挪用、贪污应急工作资金或者物资的 （5）阻碍应急工作人员依法执行任务或进行破坏的 （6）散布谣言，扰乱社会秩序的 （7）有其他危害应急工作行为的
	7.3　国际沟通与协作	国务院安委会办公室和有关部门建立与国际应急机构联系，组织参加国际救援活动，开展国际交流与合作
	7.4　预案实施时间	本预案自印发之日起施行

根据应急预案的编制目的和要求，并结合上述内容框架，提出施工安全事故应急预案的建议性内容：

1）编制的宗旨和依据：

① 编制宗旨：主要叙述贯彻国家的安全生产方针、法律、法规，切实起到预案的作用，达到应急预案的编制要求。

② 编制依据：安全生产的法律、法规、标准，本地区或本单位的安全生产情况和经验教训，对应急预案的研究成果。

2）入案事故及其事态分析：

① 入案事故：纳入应急预案的事故的选择理由和其他考虑。

② 事态分析：对纳入应急预案事故的事态情况分析与级别的划分，可用表格形式表示。

3）应急抢（排）险救援工作程序和措施：

① 险情的判断和救援任务的确定；

② 抢（排）险救援的工作程序的确定；

③ 控制事态发展和恶化的措施；

④ 救援工作面或救援通道的选择与开辟工作；

⑤ 大、重物件的搬移和吊运工作；

⑥ 危险物的清除或稳固工作；

⑦ 及时处置可能出现的情况或问题；

⑧ 对受伤和遇险人员的安全施救：清除掩埋物和移开压盖物的措施，以及搀、背、抬出受伤人员的注意事项等；

⑨ 对被施救人员的现场急救处置。

4）应急救援工作的组织和指挥系统：

① 应急救援组织机构与指挥系统；

② 各级应急抢（排）险人员的岗位职责；

③ 应急救援人员的进入、轮换和撤离。

5）应急救援资源的准备：

① 各级险情和救援任务下应急救援资源的配置安排；

② 事故发生后第一批投入的应急救援资源的安排：以现场资源配置为主；

③ 应急救援资源供应的调配系统；

④ 应急救援设备的排障和维修工作。

6）应急反应系统：

① 事故的及时报告和事态变化与救援工作进展情况的信息传递；

② 应急救援机制的启动与结束；

③ 应急救援工作的统一指挥与协调配合；

④ 工作指令的下达与执行情况的反馈；

⑤ 应急救援资源的调动与投入；

⑥ 对应急救援工作遇到问题的处置权限与汇报规定；

⑦ 对重要问题的研究决策规定与短会制度。

7）应急抢（排）险救援工作的实施与管理：

① 对应急救援预案调整修改工作的管理；

② 对现场救援工作动态变化情况的记录与汇报；

③ 对救援人员和抢（排）险工作安全的监护管理；

④ 对救援工作进展情况和遇到问题分析研究工作的保证要求的管理；

⑤ 对救援人员的生活供应的管理；

⑥ 对救援人员与医务人员良好配合的管理；

⑦ 对外部应急协作工作的管理；

⑧ 对社会治安保卫工作和群众支持工作的管理；

⑨ 对其他工作实施要求的管理。

8）非应急预案情况发生时的处置原则：

① 未列入应急预案的可能发生的生产安全事故应急救援工作的处置原则；

② 事故事态变化超出应急预案考虑情况时的处置原则；

③ 应急反应和救援资源到位情况达不到应急预案要求时的处置原则；

④ 事故事态急剧恶化、严重危及救援人员安全和救援工作进行时的处置原则；

⑤ 其他需要及时研究或请示的情形或问题。

9）救治遇险人员和其他善后工作：

① 第一时间急救处置工作的人员、物资和设备保证；

② 确保受伤和遇险人员及时送往医院救治的条件和工作保证；

③ 遇险、遇难人员的各项善后工作；

④ 应急救援工作结束后的事故调查和现场处理工作。

应急预案编制单位应当根据有关法律、法规、规章和相关标准，结合本单位组织管理体系、生产规模和可能发生的事故特点，编制有针对性的适合的应急预案，并注意与相关预案保持衔接，确立应急预案体系，重点体现自救互救和先期处置等特点。

对风险种类多、可能发生多种类型事故的，应编制综合应急预案。综合应急预案应当规定应急组织机构及其职责、应急预案体系、事故风险描述、预警及信息报告、应急响应、保障措施、应急预案管理等内容。

对某一种或者多种类型的事故风险，可以编制相应的专项应急预案，或将专项应急预案并入综合应急预案。专项应急预案应当规定应急指挥机构与职责、处置程序和措施等内容。

对于危险性较大的场所、装置或者设施，应当编制现场处置方案。现场处置方案应当规定应急工作职责、应急处置措施和注意事项等内容。

根据《建设工程项目管理规范》，应急预案可包含在项目安全生产管理计划中，其编制和实施时项目安全生产管理的主要内容之一。

项目管理机构应识别可能的紧急情况和突发过程的风险因素，编制项目应急准备与响应预案。应急准备与响应预案应包括下列内容：

1）应急目标和部门职责；

2）突发过程的风险因素及评估；

3）应急响应程序和措施；

4）应急准备与响应能力测试；

5）需要准备的相关资源。

5.2.2 施工项目现场危险源识别与控制

从事工程项目的施工生产活动，随时随地都会遇到、接触多种危险源。所谓危险源是可能导致人身伤害或疾病、财产损失、工作环境破坏或这些情况组合的危险因素和有害因素。其中，危险因素强调突发性和瞬间作用，有害因素强调在一定时期内的慢性损害和累积作用。

（1）危险源的分类

危险源是安全管理的主要对象，也是控制的重点，因此，安全控制也可称是危险源控制或安全风险控制。

在实际生活和生产中，危险源以多种多样的形式存在。根据危险源在事故发生发展中的作用，可分为两大类：第一类和第二类危险源。

第一类危险源指可能发生意外释放的能量载体或危险物质，如爆破工程中用到的炸药即属于第一类危险源。

第二类危险源指造成约束、限制能量措施失效或破坏的各种不安全因素。正常情况下，生产过程中的能量或危险物质受到约束或限制，不会发生意外释放，将不会发生事故，而一旦这些约束或限制失效或破坏（故障），那么，事故将不可避免。

举个简单的例子：塔式起重机是房屋建筑工程中常用的一种起重机械，它是人们为了利用能量而制造出来的，所以可以看成是约束或限制能量的一种工具。当塔式起重机发生故障，如其安全装置失效或破坏时，就有可能酿成机毁人亡的惨剧。

事故的发生是两类危险源共同作用的结果。第一类危险源是事故发生的前提和主体，决定了事故的严重程度；第二类危险源的出现是第一类危险源导致事故的必要条件，其出现的难易，决定了事故发生的可能性大小。

（2）危险源的控制

在施工现场中，危险源是客观存在的。因为在施工过程中，需要相应的能量和危险物质。为了防止第一类危险源导致事故，就必须采取措施约束、限制能量与危险物质，因此，安全控制的重点就必须放在对第二类危险源的控制上，第二类危险源包括人的不安全行为、物的不安全状态和不良的环境条件三个方面。

1）施工中人的不安全行为：

人是施工生产活动的主体，是项目施工的决策者、管理者、操作者，项目施工的全部工作都是通过人来完成的。人的能力，即人的感觉、注意力、记忆、思维、性格、情绪和行为能力等，都会直接或间接地影响施工安全。

不安全行为是人表现出来的，与人的心理特征相违背的非正常行为，这种行为的结果，偏离了规定的目标或超出了可接受的界限，并会产生不良影响，即导致了人的失误，其后果是引发安全事故。

在施工生产中，曾引起或可能引起事故的行为，当然就是不安全行为。人的一次不安全行为，不一定就会引发事故，但不安全行为的存在，最终一定会导致事故。假设物的不安全状态是事故发生的主要因素，那么，人的不安全行为则对事故的发生起了必须的转换作用。因此，控制施工中人的不安全行为是安全控制的重要工作。

人经常、稳定表现的能力、性格、气质等心理特点的总和称为人的心理特征，它是在人的先天条件的基础上，受社会条件和具体实践活动影响，接受教育与其影响而逐步形成、发展的。每个人的心理特征都是不完全相同的，性格是个性心理的核心。

在引发事故的不安全行为中，违章、违规、违纪行为所占的比例相当大，特别是冒险蛮干，在这些现象的背后，是人的非理智行为的表现。这种行为的产生，多受侥幸、偷懒、逆反、凑兴等心理支配，表现出鲁莽、草率、懒惰等性格，而这又往往成为产生人的不安全行为的原因。所以，对于非理智行为的控制是一项严肃而细致的工作。

当然，产生人的不安全行为，造成人失误的原因有很多。有因人自身不适应过负荷造成的（如超体能、精神状态、熟练程度、疲劳、疾病时的超负荷操作），以及环境过负荷、心理过负荷、人际关系过负荷等都可能使人出现失误。也有因与外界刺激要求不一致时，出现要求与行为偏差的情形，以至于发生信息处理故障和决策失误。还有因对正确的方法不清楚或不知道，而有意或无意采取不恰当行为等，出现完全错误的行为。这样，在施工项目安全控制中，就有必要减轻施工人员的工作强度，改善施工人员的工作环境，加强施工人员教育培训等，以避免出现人的不安全行为，减少或消除诱发人失误的因素，确保安全施工。

2）施工中物的不安全状态：

人机系统中把存在于生产过程中并发挥一定作用的机械、物料、生产对象和其他生产要素统称为物。

物是具有不同形式、性质的能量或能量载体，有出现能量意外释放，引发事故的可能。从能量与人身伤害的联系来看，物的不安全状态是指由于物的能量的意外释放而引发事故的状态，从发生事故的角度来看，也可以把物的不安全状态理解为曾引发或可能引发事故的物的状态。

在生产过程中，物的不安全状态极易出现，而几乎所有的物的不安全状态，都与人的不安全行为或人的操作、管理失误有关。可以说，在物的不安全状态背后，隐藏着人的不安全行为或人的失误。而事故就发生在物的不安全状态和人的不安全行为的交叉点上。所以，物的不安全状态是发生事故的直接原因，正确判断物的不安全状态，并控制其发展，对预防与消除事故有直接的现实意义。

引起物的不安全状态的原因很多，可能是由于设计、制造缺陷造成的；也可能是由于安装、搭设、维修、保养、使用不当或磨损、腐蚀、疲劳、老化等因素造成的；还可能是由于认识不足、检查失误、环境或其他系统的影响等。但是其不安全状态发生的规律是可知的，通过定期的检查、维修与保养，并进行分析和总结，就可以在预定时期内得到有效的控制，避免或减少事故的发生。因此，掌握物的不安全状态发生的规律和发生率是防止由于物的不安全状态引发事故的重要手段。

在施工现场的安全控制中，对于物的控制主要指施工机械与设备、安全材料与安全防护用具等安全物资的控制。

施工机械与设备是施工生产的重要手段之一，同时也是利用、限制和约束能量的一种工具，其质量的优劣，特别是安全与否，直接影响到项目的施工安全。另外施工机械与设备的类型是否符合项目施工特点，其性能是否先进稳定，操作是否方便安全，能否满足施工的需要，都将影响项目的施工安全。

近年来，由于施工机械与设备在施工中的使用范围不断扩大，使用周期也不断延长，机械伤害、起重伤害类事故的发生率也有所上升，因此加强施工机械与设备的控制，不仅是保证项目正常施工的需要，同时也是我国相关法律法规的明确规定。

《中华人民共和国安全生产法》第 28、29、30、31 条，《建设工程安全生产管理条例》第 15、16、17、18、19、34、35 条中，都对施工机械与设备的生产、租赁、安装、使用等方面作了明确的规定。

安全材料、防护用具等安全物资是项目安全施工的物质基础，也是项目施工的物质条件。安全生产设施的安全状况，在很大程度上是取决于所使用的安全物资的，因此，为了减少与消除安全隐患与安全事故，就必须加强安全物资的控制，防止假冒、伪劣或存在质量缺陷的安全物资流入施工现场。作为施工单位，应对安全物资的供应商进行评价与优选，加强对安全物资的进场验收与日常管理，对不合格的安全物资严禁进场与使用，并做好标识，及时清退出场。

3）作业环境的不安全因素和管理缺陷：

从广义上讲，环境是组织运行活动的外部存在，包括空气、水、土地、动植物、人等，以及它们之间的相关关系。对于工程环境，则包括工程技术环境，如工程地质、水文、气象等情况；工程作业环境，如施工作业面的大小、防护设施、通风照明和通信条件等；工程管理环境，指工程实施的合同结构和管理关系，组织体系与管理制度等；工程周边环境，如工程邻近的地下管线、建筑物和构筑物等。

环境条件对施工项目现场安全会产生特定的影响。加强环境的控制，改善作业条件，把握技术环境，并辅以必要的措施，是安全施工的重要保证之一。

在施工生产过程中，作业环境中的温度、湿度、粉尘、噪声、振动、照明通风、有毒有害物质等，都会影响人在作业时的工作情绪，诱发人的不安全行为和物的不安全状态，不适度的、超过人接受界限的环境条件，还会对人体造成暂时性或永久性伤害。

① 施工作业环境因素：

施工作业环境中的不安全因素，即施工生产中环境因素主要有以下三类：

a 物理因素：包括温度、湿度、噪声、振动、照明、通风换气、风、雨、霜、雪、色彩、视野等。这些因素一旦出现异常，就可能产生危险，导致事故的发生。

b 化学因素：主要指化学性物质，包括爆炸性物质、腐蚀性物质、可燃液体、有毒化学品、危险气体等。这些化学性物质可以通过人的呼吸道、皮肤、消化道等进入人体，给人体造成严重的伤害，甚至致人死亡。

c 生物因素：包括细菌、病毒、昆虫、原生虫等。通过污染食物、空气、水等介质，感染人体，与物理、化学因素不同的是，生物因素还往往具有传染性，可能造成人体不良症状的集中爆发与蔓延扩散。

② 作业环境条件要求：

为消除或减少环境因素的影响，作业环境条件应满足以下要求：

a 照明必须满足作业的需要。

施工现场作业按工作班制，有一班制，也有两班或三班制施工；按作业区域，又可分为室内和室外作业。因此，在室内作业，特别是在夜间施工时，必须保证有足够的、适度的照明。过度照明会产生眩光，使人眼出现视觉疲劳与头昏目眩，不足的照明会使得光线昏暗，人眼视物不清，导致人操作失误，甚至引起事故。

b 噪声、振动的强度必须低于人生理和心理的承受能力。

噪声、振动会损伤人的听觉，影响人的神经系统和心脏功能，不仅会降低人的工作效率，还易导致人的职业性伤害，有损人体健康，引发各类事故。

c 有毒、有害物质的浓度必须降至允许标准以下。

有毒、有害物质对人体会产生直接的危害，长期处于有毒、有害物质的环境中，可以引起人的慢性中毒、职业病等，出现急性中毒时则可能迅速死亡。

d 施工安全管理制度：

要确保施工环境的安全，除对作业环境中不安全因素进行有效控制外，还必须消除施工安全管理中各类缺陷，作为施工现场安全生产的责任单位，施工单位应加强施工安全管理，建立健全安全生产的规章制度并严格执行。

安全生产的规章制度包括安全生产责任制度、安全生产教育培训制度、安全生产检查制度、安全生产技术措施制度等，如：有没有规定各级人员在安全生产中应负的责任、有没有按规定对员工进行安全教育、有没有定期进行安全生产状况的检查、有没有按规定编制安全技术措施和施工现场临时用电方案等等。

安全生产的规章制度是项目安全施工的重要依据与保障，只有建立了一个完善的安全生产规章制度体系，并在实施中确保严格执行，项目的施工安全才能得到有效的控制，项目的安全目标才能确实地实现。

5.2.3 施工职业健康与安全预控措施

施工职业健康与安全预控措施包括安全防护设施的设置和安全预防措施，主要有 17 个方面的内容：防火、防毒、防洪、防尘、防雷电、防坍塌、防物体打击、防机械伤害、防溜车、防高空坠落、防交通事故、防害、防暑、防疫、防环境污染等方面的措施。

制定施工职业健康与安全预控措施的要求。

（1）要有超前性：

施工职业健康与安全预控措施制定的目的，是为了防止事故的发生、发展以及一旦发生事故后，避免造成人身伤害，因此，制定安全技术措施时，应以“预防为主”，强调事前控制，所制定的措施必须有超前性。

（2）要有针对性：

制定施工职业健康与安全预控措施应结合具体的内容，并针对编制对象的基本特点，这样的安全技术措施方能起到其应有的作用。

(3) 要有操作性：

施工职业健康与安全预控措施在制定时，应注意施工的具体条件，包括外部与内部的条件；有利和不利的条件；固定与变化的条件；现实与预期的条件，以确保措施是切实可行的。

(4) 要考虑全面、具体、可靠：

施工职业健康与安全预控措施是针对具体的编制对象制定的，拟解决的是施工作业中存在的各类危险源的控制问题，而这直接关系到事故的发生与否，因此它必须是具体而详细的；全面而完整的；可靠而严谨的。

5.2.4 施工现场安全事故分类及处理

事故指造成死亡、疾病、伤害、损坏或其他损失的意外情况。安全事故是指在有目的的人类活动中，发生了违背人们主观意愿的意外情况，使该活动暂时或永久地停止。

施工现场安全事故指在建设工程项目施工阶段，在施工现场发生的安全事故，往往造成人身伤亡或伤害，或造成财产、设备、工艺等损失，或两者并存。

重大安全事故指在施工过程中由于责任过失造成工程倒塌或废弃，机械设备破坏和安全设施失当造成人身伤亡或重大经济损失的事故。

特别重大安全事故指造成特别重大人身伤亡或者巨大经济损失以及性质特别严重、产生重大影响的事故，也称特大事故。

(1) 施工现场安全事故等级与分类

1) 事故等级：

《生产安全事故报告和调查处理条例》(中华人民共和国国务院令第493号) 规定，根据生产安全事故(以下简称事故) 造成的人员伤亡或者直接经济损失，事故一般分为以下等级：

① 特别重大事故，是指造成30人以上死亡，或者100人以上重伤 (包括急性工业中毒，下同)，或者1亿元以上直接经济损失的事故；

② 重大事故，是指造成10人以上30人以下死亡，或者50人以上100人以下重伤，或者5000万元以上1亿元以下直接经济损失的事故；

③ 较大事故，是指造成3人以上10人以下死亡，或者10人以上50人以下重伤，或者1000万元以上5000万元以下直接经济损失的事故；

④ 一般事故，是指造成3人以下死亡，或者10人以下重伤，或者1000万元以下直接经济损失的事故。

2) 事故分类：

按照我国《企业职工伤亡事故分类》GB 6441—1986标准规定，根据事故发生的原因分20类：

① 物体打击：指落物、滚石、锤击、碎裂、崩块、砸伤等造成的人身伤害，不包括因爆炸而引起的物体打击。

② 车辆伤害：指被车辆挤、压、撞和车辆倾覆等造成的人身伤害。

③ 机械伤害：指被机械设备或工具绞、碾、碰、割、戳等造成的人身伤害，不包括车辆、起重设备而引起的伤害。

④ 起重伤害：指从事各种起重作业时发生的机械伤害事故，不包括上下驾驶室时发生的坠

落伤害以及起重设备引起的触电及检修时制动失灵造成的伤害。

⑤ 触电：由于电流经过人体导致的生理伤害，包括雷击伤害。

⑥ 淹溺：由于水或液体大量从口、鼻进入肺内，导致呼吸道阻塞，发生急性缺氧而窒息死亡。

⑦ 灼烫：指火焰引起的烧伤、高温物体引起的烫伤、强酸或强碱引起的灼伤、放射线引起的皮肤损伤，不包括电烧伤及火灾事故引起的烧伤。

⑧ 火灾：在火灾时造成的人体烧伤、窒息、中毒等。

⑨ 高处坠落：由于危险势能差引起的伤害，包括从架子、屋架上坠落及平地坠入坑内等。

⑩ 坍塌：指建筑物、堆置物倒塌以及土石塌方等引起的事故伤害。

⑪ 冒顶片帮：指矿井作业面、巷道侧壁由于支护不当、压力过大造成的坍塌（片帮）及顶板垮落（冒顶）事故。

⑫ 透水：指从矿井、地下开采或其他坑道作业时，有压地下水意外大量涌入而造成的伤亡事故。

⑬ 放炮：指由于放炮作业引起的伤亡事故。

⑭ 火药爆炸：指在火药的生产、运输、储藏过程中发生的爆炸事故。

⑮ 瓦斯爆炸：指可燃气体、瓦斯、煤粉与空气混合，接触火源时引起的化学性爆炸事故。

⑯ 锅炉爆炸：指锅炉由于内部压力超出炉壁的承受能力而引起的物理性爆炸事故。

⑰ 容器爆炸：指压力容器内部压力超出容器壁所能承受的压力引起的物理爆炸，容器内部可燃气体泄漏与周围空气混合遇火源而发生的化学爆炸。

⑱ 其他爆炸：化学爆炸、炉膛、钢水包爆炸等。

⑲ 中毒和窒息：指煤气、油气、沥青、化学、一氧化碳中毒等。

⑳ 其他伤害：包括扭伤、跌伤、冻伤、野兽咬伤等。

（2）施工现场安全事故处理

1）事故报告：

施工现场发生安全事故后，事故现场有关人员应当立即向本单位负责人报告；单位负责人接到报告后，应当于1小时内向事故发生地县级以上人民政府安全生产监督管理部门和负有安全生产监督管理职责的有关部门报告。

情况紧急时，事故现场有关人员可以直接向事故发生地县级以上人民政府安全生产监督管理部门和负有安全生产监督管理职责的有关部门报告。安全生产监督管理部门和负有安全生产监督管理职责的有关部门逐级上报事故情况，每级上报的时间不得超过2小时。

特别重大事故、重大事故逐级上报至国务院安全生产监督管理部门和负有安全生产监督管理职责的有关部门；

较大事故逐级上报至省、自治区、直辖市人民政府安全生产监督管理部门和负有安全生产监督管理职责的有关部门；

一般事故上报至设区的市级人民政府安全生产监督管理部门和负有安全生产监督管理职责的有关部门。

2）事故处理的原则：

事故调查处理应当坚持实事求是、尊重科学的原则，及时、准确地查清事故经过、事故原因和事故损失，查明事故性质，认定事故责任，总结事故教训，提出整改措施，并对事故责任者依法追究责任，做到“事故原因不清楚不放过，事故责任者和员工没有受到教育不放过，事故责任者没有处理不放过，没有制定防范措施不放过”。

3）事故处理程序与内容：

安全事故的处理程序见图 3-25，具体内容有以下几方面：

① 报告安全事故：

事故发生单位应按事故类别与等级向相应级别主管部门上报，24 小时内写出书面报告。安全事故书面报告应包括下列主要内容：

a 事故发生的时间、详细地点、工程项目及企业名称；

b 事故类别及严重程度；

c 事故发生的简要经过、伤亡人数和直接经济损失的初步估计；

d 事故发生原因的初步判断；

e 事故发生后采取的措施及事故控制情况；

f 事故报告单位。

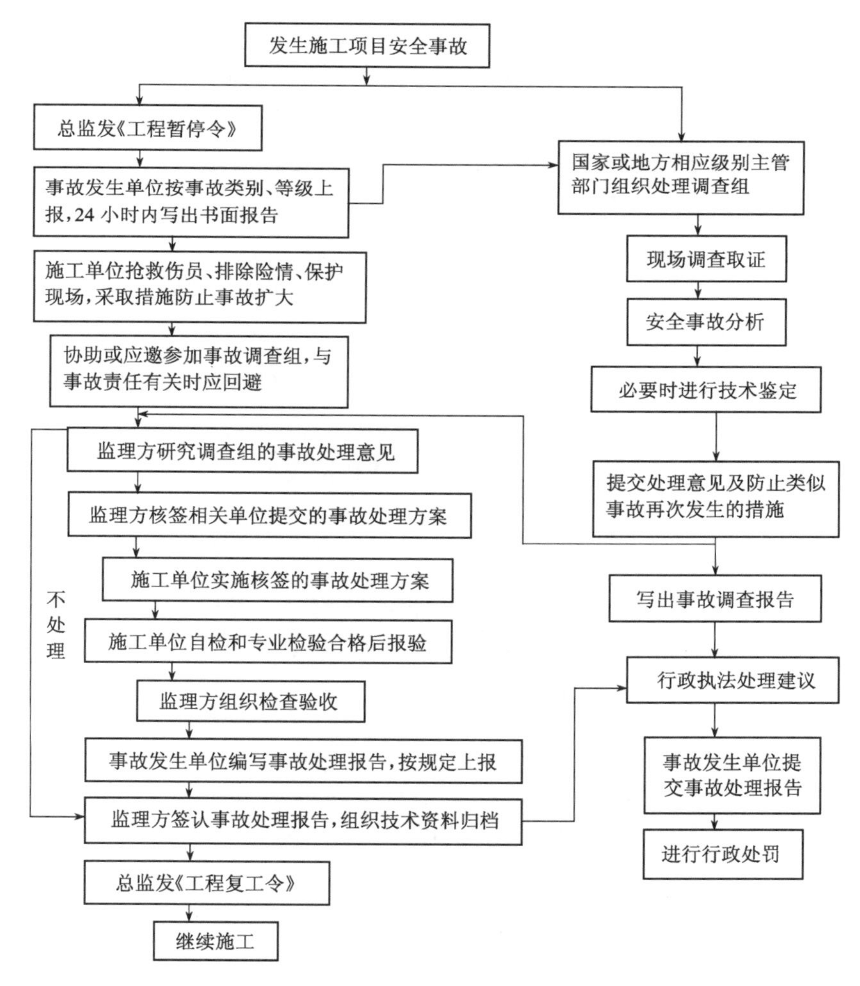

图 3-25　施工项目安全事故处理程序

② 处理事故：

包括抢救伤员，排除险情，采取措施防止事故蔓延扩大，做好标识，保护好现场等。

③ 安全事故调查：

监理方无责任时，监理工程师可应邀参加调查组。调查组的职责有：

a 查明事故发生的原因、过程、人员伤亡及财产损失情况；

b 查清事故的性质、责任单位和主要责任人；

c 提出事故处理意见及防止类似事故再次发生所应采取措施的建议；

d 提出对事故责任人的处理建议；

e 检查事故的应急措施是否得当和有无落实；

f 写出事故调查报告。

事故调查组应当自事故发生之日起 60 日内提交事故调查报告；特殊情况下，经负责事故调查的人民政府批准，提交事故调查报告的期限可以适当延长，但延长的期限最长不超过 60 日。

④ 对事故责任人进行处理：

对重大事故、较大事故、一般事故，负责事故调查的人民政府应当自收到事故调查报告之日起 15 日内做出批复；特别重大事故，应在 30 日内做出批复，特殊情况下，批复时间可以适当延长，但延长的时间最长不超过 30 日。

有关机关应当按照人民政府的批复，依照法律、行政法规规定的权限和程序，对事故发生单位和有关人员进行行政处罚，对负有事故责任的国家工作人员进行处分。

事故发生单位应当按照负责事故调查的人民政府的批复，对本单位负有事故责任的人员进行处理。

负有事故责任的人员涉嫌犯罪的，依法追究刑事责任。

事故发生单位应当认真吸取事故教训，落实防范和整改措施，防止事故再次发生。防范和整改措施的落实情况应当接受工会和职工的监督。

安全生产监督管理部门和负有安全生产监督管理职责的有关部门应当对事故发生单位落实防范和整改措施的情况进行监督检查。

事故处理的情况由负责事故调查的人民政府或者其授权的有关部门、机构向社会公布，依法应当保密的除外。

⑤ 编写事故处理报告并上报：

在事故调查处理完毕，并进行规定的检查验收或鉴定后，事故发生单位应尽快整理写出详细的事故处理报告，按规定上报。事故处理报告的主要内容有：

a 人员重伤、死亡事故调查报告书；

b 现场调查资料（记录、图纸、照片等）；

c 技术鉴定和试验报告；

d 物证、人证调查材料；

e 间接和直接经济损失统计资料；

f 医疗部门对伤亡者的诊断结论及影印件；

g 企业或其主管部门对事故作出的结案报告；

h 处理决定和受处理人员的检查材料；

i 有关部门对事故的结案批复；

j 事故调查组人员的姓名、职务及签字。

5.2.5 施工职业健康应急预案

（1）应急预案实施目的和适用范围

按照企业环境和职业健康安全管理体系的规定，以及环境与职业健康安全管理方针，确保项目职业健康安全目标的实现，使所有施工项目在施工管理过程中都能营造安全、健康、文明、洁净的人文环境，持续提高项目施工管理水平。

为了实现环境和职业健康安全管理体系文件规定的目标，使职业健康安全管理在本项目现在和将来的所有建筑施工活动、产品、服务中始终处于受控状态，并使职业健康安全管理能不断的持续改进，使建筑施工活动、产品、服务中的职业健康安全潜在事故能进行有效的预防和紧急事故发生时能进行迅速的响应，尽可能减少由于该类事故发生时带来对人员的伤害和对项目、企业造成的损失，特制定应急预案。

（2）编制依据

1）国家和各级地方有关职业健康安全的法律、法规；

2）国家和各级地方有关职业健康安全的条例、规定；

3）有关职业健康安全的规范、标准；

4）企业、上级系统有关职业健康安全的规定；

5）企业《环境和职业安全卫生管理手册》；

6）企业《环境和职业安全卫生管理程序文件》。

（3）管理方针与目标

1）环境与职业健康安全管理方针：

营造安全、健康、文明、洁净的人文环境，持续提高施工管理水平。

2）职业健康安全目标：

贯彻“安全第一、预防为主”的安全生产工作方针，认真执行国务院、建设部、省市关于建筑施工企业安全生产管理的各项规定，满足环境和职业安全卫生管理手册的要求，重点落实把安全生产工作纳入施工组织设计和施工管理计划，使安全生产工作与生产任务紧密结合，保证职工在生产过程中的安全与健康，严防各类事故发生，以安全促生产。通过强化安全生产管理，组织落实、责任到人、定期检查、认真整改，实现职业健康安全目标。

（4）应急准备

1）应急工作的组织及相应职责。

为科学安排职业安全卫生管理工作，明确各岗位职责，使之在管理工作中互相协调，各司其职，促进本公司环境和职业健康安全管理工作的有效开展，应建立各级应急工作组织。

建立以项目经理为组长，项目生产副经理、项目技术负责人、项目书记为副组长，专职安全员、专业工长和施工队班组长为组员的项目安全应急管理小组，负责项目安全应急预防的领导和组织工作，项目应指派组织协调能力强的专人负责日常管理，是项目环境紧急事故发生时现场救援的主要责任人。组建本项目环境应急管理小组，包括组长、副组长、组员、应急救护员等成员。

2）项目经理部管理职责。

① 项目技术负责人负责项目应急预案的编制或深化工作；

② 项目生产副经理和施工工长负责组织将应急预案反复向全体员工进行交底，并做好书面记录；

③ 项目安全员负责潜在事故或紧急情况发生时组织应急小组按应急预案实施抢救工作；

④ 项目书记负责按应急预案落实应急人员，并明确岗位职责；

⑤ 项目书记督促并检查应急人员的应急准备工作实施情况；

⑥ 项目书记和项目安全员负责事故的善后处理及做好有关安抚工作；

⑦ 项目经理参与事故的调查处理及预案总结评价工作；

⑧ 项目书记负责事故后按照公司主管部门、技术部门制定的对事故现场设施设备恢复使用及安全防范措施方案落实处理。

3）技术准备。

编制职业健康安全应急预案，并根据不同施工阶段的施工特点，在编制施工方案时以专门的章节写明各施工阶段应注意的安全内容以及采取职业健康安全的措施，并按照方案实施。应急预案应做好职业健康安全预防工作。

4）项目经理部应急组织与物资设施准备。

① 应急组织措施：

a 本项目经理部建立的应急抢险小组，应书面明确应急指挥者和参与者；

b 应急小组指挥者为项目经理，具体负责人为项目书记，应急小组由项目保卫组、施工工长和项目安全员组成；

c 应急抢险小组替补者为施工工长，当紧急情况发生时，项目书记或参与者因故不能及时进行抢险时，施工工长应及时进行替补。

② 本项目应急小组岗位职责：

a 应急小组组长职责：应急小组组长是应急抢险工作的现场指挥员，负责应急期间现场指挥工作，负责人员调度、物质调度、指挥抢险并负责事故的调查分析及提交事故报告；

b 应急信息员职责：当潜在事故或紧急情况发生时，应在第一时间内向分公司及有关部门报告，同时负责应急抢险时的各种命令及其他信息的传递工作，负责医院、消防、救护等救援单位的联络工作；

c 资源管理员职责：负责应急抢险工作的资源供应工作，当接到指挥员发出各种资源调度命令后，应以最快的速度按资源储备计划提供抢险所必须的抢险资源，并负责应急工作完成后的资源回收工作；

d 公关协调员职责：负责应急抢救期间的内外协调工作，负责社区居民的劝阻、解释、说服工作，按照指挥员的指令向有关领导和部门及相关方通报事故的基本情况，并负责善后的处理工作；

e 应急抢救员职责：按照指挥员的指令，负责应急抢救实施工作，运用科学、合理的抢救方法，对危险源采取制止控制手段，并对人员、财产等进行抢救；

f 应急救护员职责：当潜在事故或紧急情况发生时，救护员应立即赶赴现场，对在事故中发生的伤员进行现场救护，对伤情较重者应立即按照救护计划送往医院治疗，同时应做好应急中的防暑防疫等预防工作。

③ 物资准备：

a 足够的健康安全防护用品和救援设施；

b 足够的防暑降温物资和御寒防冻物资；

c 其他防护物资；

d 合适的摄影或摄像设备，在事故发生时，应摄取现场事态发展的资料；

e 必要的资金保证；

f 配备保证现场急救基本需要的急救箱，定期检查补充，确保随时可供急救。

④ 项目应急响应的信息资源：

a 各工程项目经理部应建立应急信息资源如：

医疗救护电话：120；

消防报警电话：119；

公安报警电话：110；

公司各级应急小组领导及其他成员联络电话；

相关方领导电话；

项目配备的固定电话；

资源提供单位电话；

地方有关主管部门电话；

其他有关人员的电话。

医疗救护点的具体位置及行驶路线，应制成书面资料，并使所有应急小组成员掌握了解；保证电话在事故发生时能应用和畅通，可保证在事故发生时能及时向有关部门、单位拨打电话报警求救。

b 电话报救须尽量说清楚以下几件事：

Ⅰ. 说明伤情（病情、火情、案情）和已经采取了些什么措施，好让救护人员先做好急救的准备；

Ⅱ. 讲清楚伤者（事故）在什么地方，什么路几号、什么路口、附近有什么特征；

Ⅲ. 如发生坍塌等重特大安全事故，必须向当地警方拨打“110”要求提供抢险和警戒；

Ⅳ. 说明报救者单位、姓名、（事故地的）电话，以便救护车（消防车、救护车）找不到所报地方时，能随时用电话联系。打完报救电话后，应问接报人员还有什么问题不清楚，如无问题才能挂断电话，通完电话后，应派人在现场外等候接应救护车，同时把救护车进工地现场路上的障碍及时给予清除，以利救护车到达后，能及时进行抢救；

Ⅴ. 其他应急设备和设施。

由于在事故发生现场上经常会伴随出现一些不安全的险兆情况，甚至导致再次发生事故，如在夜间或由于光线和照明情况不好，在应急处理时就需配备有应急照明，如可充电工作灯、电筒等设备，保证现场有足够的照明度。在事故发生现场上应急处理时还需有用于危险区域隔离的警戒带、安全禁止、警告、指令、提示标志牌，以防止围观人员和其他闲杂人等进入事故现场造成混乱，导致现场施救困难和其他事故发生。

（5）应急预案

1）应急范围：

① 因高空坠落、物体打击、机械伤害、触电及坍塌而造成重大安全事故；

② 台风、水灾、地震等自然灾害而造成人员伤害；

③ 重大机械事故和各种急性中毒事故。

2）伤亡事故的预防：

① 伤亡事故的预防原则：

为实现安全生产，预防死亡事故的发生必须要有全面的综合性措施，实现系统安全。预防事故和控制受害程度的具体原则大致为：

a 降低、控制和消除潜在危险的原则；

b 提高安全系数的原则；

c 闭锁原则（自动防止故障的互锁原则）；

d 屏障、距离原则；

e 警告和禁止信息原则；

f 个人防护原则；

g 避难、生存和救护原则。

② 伤亡事故预防措施：

伤亡事故预防，就是要消除人和物的不安全因素，实现作业行为和作业条件安全化。

a 消除人的不安全行为，实现作业行为安全化。

Ⅰ. 开展安全思想教育和安全规章制度教育；

Ⅱ. 进行安全知识岗位培训，提高职工的安全技术素质；

Ⅲ. 推广安全标准化管理操作和安全确认制度活动，严格按照安全操作规程和程序进行各项作业；

Ⅳ. 加强重点要害设备、人员作业的安全管理和监控，搞好安全生产；

Ⅴ. 注意劳逸结合，使作业人员保持充沛的精力，从而避免产生不安全行为。

b 消除物的不安全状态，实现作业条件安全化。

Ⅰ. 采取新工艺、新技术、新设备，改善劳动条件；

Ⅱ. 加强安全技术的研究，采用安全防护装置，隔离危险部位；

Ⅲ. 采用安全的个人防护用具；

Ⅳ. 开展安全检查，及时发现和整改安全隐患；

Ⅴ. 定期对作业条件（环境）进行安全评价，以便采取安全措施，保证符合作业的安全要求。

c 实现安全措施必须加强安全管理。

加强安全管理是实现安全措施的重要保障。建立、完善和严格执行安全生产规章制度，开展经常性的安全教育、岗位培训和安全知识竞赛活动，实行安全检查制度和落实防范措施等安全管理工作，是消除事故隐患、搞好事故预防的基础工作。

（6）施工现场急救

1）急救步骤：

急救是对伤病员提供紧急的监护和救治，给伤病员以最大的生存机会，急救一定要遵循下述四个步骤：

① 调查事故现场，调查时要确保无任何危险，迅速使伤病员脱离危险场所，尤其在工地大型事故现场更是如此；

② 初步检查伤病员，判断神志、气道、呼吸循环是否有问题，必要时立即进行现场急救和监护，使伤病员保持呼吸道畅通，视情况采取有效的止血、止痛、防止休克、包扎伤口等措施，固定、保存好割断的器官或组织，预防感染；

③ 呼救，由专人去呼叫救护车，现场施救一直坚持到救护人员或其他施救者到达现场接替

为止。此时还应反映伤病员的病情和简单救治过程；

④ 如果没有发现危及伤病员的体征，可作第二次检查，以免遗漏其他损伤、骨折和病变。这样有利于现场施行必要的急救和稳定病情，降低并发症状和伤残率。

2）施工现场具体急救方法：

① 一般伤员的现场救治：

在出事现场，立即采取急救措施，使伤员尽快与致伤因素脱离接触，以避免继续伤害深层组织。

a 用清洁包布裹创面做简单包扎，避免创面污染。自己不要随便把水疸弄破，更不要在创面上涂任何有刺激性的液体或不清洁的粉和油剂。因为这样既不能减轻疼痛，相反增加感染机会，并为进一步创面处理增加了困难。

b 伤员口渴时可给适量饮水或含盐饮料。

c 经现场处理后的伤员要迅速转送到医院救治，转送过程中要注意观察呼吸、脉搏、血压等的变化。

② 严重创伤出血伤员的现场救治：

创伤性出血现场救治要根据现场现实条件及时地、正确地采取暂时性的止血，清洁包扎，固定和运送等方面措施。

a 止血：

止血可采用压迫止血法、指压动脉出血近心端止血法、弹性止血带止血法。

Ⅰ. 包扎、固定：

创伤处用消毒的敷料或清洁的棉纺制品覆盖，再用绷带或布条包扎，既可以保护创口预防感染，又可减少出血帮助止血。在肢体骨折时，也可借助绷带包扎夹板来固定受伤部位上下两个关节，减少损伤，减少疼痛，预防休克。

Ⅱ. 搬运：

经现场止血、包扎、固定后的伤员，应尽快正确的搬运转送医院抢救。不正确的搬运，可导致继发性的创伤，加重病痛，甚至威胁生命。搬运伤员时应注意：

ⓐ 在肢体受伤后局部出现疼痛、肿胀、功能障碍或畸形变化，就表示有骨折存在。宜在止血固定后再搬运，防止骨折断端因搬运振动而移位，加重疼痛，损伤附近的血管神经，使创伤加重。

ⓑ 在搬运严重创伤伴有大出血或已有休克的伤员时，要平卧运输伤员，头部可放置冰袋或带冰帽，路途中要尽量避免振荡。

ⓒ 在搬运高处坠落伤员时，因疑有脊椎受伤可能，一定要使伤员平卧在硬板上搬运，切忌只抬伤员的两肩与两腿或单肩背运伤员。因为这样会使伤员的躯干过分屈曲或过分伸展，而使已受伤的脊椎移动，甚至断裂造成截瘫或导致死亡。

b 创伤救护的注意事项：

Ⅰ. 护送伤员的人员，应向医生详细介绍受伤的经过。如受伤时间、地点，受伤时所受外力大小，现场场地情况。凡属高处坠落致伤时还要介绍坠落高度，伤员最先着地部位或间接击伤部位，坠落过程中是否有其他阻挡或转折。

Ⅱ. 高处坠落的伤员，在已诊有颅骨骨折时，即使伤者当时神志清楚，但若伴有头痛、头晕、恶心、呕吐等症状，仍应劝留医院严密观察。

Ⅲ. 在模板倒塌、土方陷落、交通等事故中，在肢体受到严重挤压后，局部软组织因缺血而呈苍白，皮肤温度降低，感觉麻木，肌肉无力。一般在解除肢体压迫后，应马上用弹性绷带绕缠受伤肢体，以免发生组织肿胀，还要给以固定少动，以减少延毒性分解产物的释放和吸收。在这种情况下的伤肢不应抬高，不应进行局部按摩，不应施行热敷，不应继续活动。

Ⅳ. 胸部受伤的伤员，实际损伤程度常较胸壁表面所显示的损伤面更为严重，有时甚至完全表里分离。如伤员胸壁皮肤完好无伤痕，但已有肋骨骨折存在，甚至还伴有外伤性气胸和血胸，要高度提高警惕，以免误诊，影响救治。在下胸部受伤时，要想到腹腔内脏受击伤引起内出血的可能。

Ⅴ. 引起创伤性休克的主要原因是创伤后的剧烈疼痛、失血引起的休克以及软组织坏死后的分解产物被吸收而中毒。处于休克状态的伤员要让其安静、保暖、平卧、少动，并将下肢抬高约 200mm 左右，及时止血、包扎、固定伤肢减少创伤疼痛，尽快送到医院进行抢救治疗。

③ 急性中毒的现场抢救：

急性中毒是指在短时间内，人体接触、吸入、食入毒物，大量毒物进入人体后，致使肌体突然发生的病变，是威胁生命的急症。在施工现场一旦发生，应尽快确诊，并迅速给予紧急的处理。在积极的分秒必争地给予妥善的现场处理后，及时转送医院，从而提高中毒人员的抢救成功率。

a 急性中毒现场救治原则：

Ⅰ. 不论是轻度还是严重中毒人员，不论是自救、是互救，还是外来救护，均应设法尽快使中毒人员脱离中毒现场、中毒物源，排除吸收的和未吸收的毒物。

Ⅱ. 根据中毒的不同途径，采取以下相应措施：

ⓐ 皮肤污染、外表接触毒物：如在施工现场接触油漆、涂料、沥青、外掺剂、添加剂、化学制品等有毒物品中毒时，应脱去污染的衣物并用大量的微温水清洗污染的皮肤、头发以及指甲等，对不溶于水的毒物用适宜的溶剂进行清洗。

ⓑ 吸入毒物（有毒的气体）：如进入下水道、地下管道、地下的或密闭的仓库、化粪池等密闭不通风的地方施工；环境中有毒有害气体及焊割作业、乙炔气中的磷化氢、硫化氢、煤气（一氧化碳）泄漏；二氧化碳过量；油漆、涂料、保温、粘合等施工时，苯气体等作业产生的有毒有害的气体的吸入造成中毒时。应立即使中毒人员脱离现场，施救人员在抢救时要佩戴防毒面具或给氧面具，并在抢救和救治时加强通风及吸氧。

ⓒ 食入毒物：如误食发芽的土豆、未熟扁豆等动植物毒素及变质食物、混凝土添加剂中的亚硝酸钠、硫酸钠和酒精等中毒，对一般神志清醒者应设法催吐：喝微温水 300～500mL，用压舌板等刺激咽喉壁或舌根部以催吐，如此反复，直到吐出物为清亮物体为止。对催吐无效或神志不清者，则可给予洗胃，洗胃一般宜在送医院后进行。

b 急性中毒急救注意事项：

Ⅰ. 救护人员在将中毒人员脱离中毒现场的急救时，应注意自身的保护，在有毒有害气体发生场所，应视情况，采取加强通风或用湿毛巾等捂住口鼻，腰系安全绳由场外人控制、应急，如有条件要使用防毒面具。

Ⅱ. 常见食入中毒的解救，一般在医院进行，吸入毒物中毒人员应尽可能送往设有高压氧舱的医院救治。

Ⅲ. 在施工现场如已发现心跳、呼吸不规则或停止呼吸、心跳时间不长，则应把中毒人员移到空气新鲜处立即施行口对口（口对鼻）呼吸法和体外心脏挤压法进行急救。

④ 触电急救：

触电事故是人体触及带电体，带电体与人体之间闪击放电或电弧波击人体时，电流流过人体而与大地或其他导体形成闭合回路。触电事故发生得十分突然，往往在极短时间内造成不可挽回的后果。一旦发生触电事故，必须立即使触电者脱离电源，及时迅速抢救。

a 触电的急救细则：

Ⅰ. 发生人身触电事故时，首先尽快使触电者脱离电源，迅速急救，关键是“快”。

Ⅱ. 根据不同的触电事故，采取不同的方法使触电者脱离电源。

b 低压触电事故急救方法：

Ⅰ. 如果触电地点附近有电源开关或插头，可立即拉开电源开关或拔下电源插头，以断开电源。可用有绝缘手柄的电工钳、干燥木把的铁锹等切断电源线。也可用干燥木板等绝缘物插入触电者身下，以隔断电源。

Ⅱ. 当电线搭在触电者身上或被压在身下时，可用干燥的衣服、手套、绳索、木板、木棒等绝缘物为工具，拉开提高或挑开电线，使触电者脱离电源。切不可直接去拉触电者。

c 高压触电事故急救方法：

Ⅰ. 立即通知有关部门停电。

Ⅱ. 带上绝缘手套，穿上绝缘靴，用相应电压等级的绝缘工具按顺序拉开开关。

Ⅲ. 用高压绝缘杆挑开触电者身上的电线。

d 脱离电源后，要及时迅速对症抢救：

Ⅰ. 如果触电者伤势不重，神志清醒或曾一度昏迷，但已清醒过来，应使触电者安静休息，不要走动，严密观察并请医生前来诊治或送医院。

Ⅱ. 如果触电者伤势较重，已失去知觉，但心跳和呼吸还存在，应将触电者抬至空气畅通处，解开衣服，让触电者平直仰卧，并用软衣服垫在身下，使其头部后仰比肩膀低，并保持呼吸道畅通，以免妨碍呼吸，如天气寒冷要注意保温，并速请医生诊治或送往医院，如果发现触电者呼吸困难，发生痉挛，应立即准备对心脏停止跳动或呼吸停止后的抢救。

Ⅲ. 如果触电者伤势严重，呼吸停止或心脏停止或二者都已停止，应立即进行口对口人工呼吸及胸外心脏挤压法进行抢救。并请医生诊治或送往医院。

e 触电急救的注意事项：

Ⅰ. 使触电者脱离电源时，作好自身防护，避免再触电。

Ⅱ. 在送伤者去医院的途中，不应停止抢救，因许多触电者就是在送往医院的途中死亡的。

Ⅲ. 对触电者，特别高空坠落的触电者，要特别注意搬运问题，避免因搬运和移动不当导致再次伤害。

（7）意外事故和紧急情况的处理

1）伤亡事故的报告：

发生伤亡事故后，负伤者或最先发现事故人，应立即报告项目经理部负责人。项目经理部负责人在接到重伤、死亡、重大死亡事故报告后，应按规定在第一时间内向公司或地方部门报告，企业负责人接到重伤、死亡、重大死亡事故报告后，应立即报告建设单位企管部门和当地政府有关部门。

2）现场保护：

事故发生后，项目负责人和有关人员接到伤亡事故报告后，要迅速赶到事故现场，立即采取有效措施，指挥抢救受伤人员，同时对现场的安全状况作出快速反应，排除险情，制止事故蔓延扩大，稳定施工人员情绪，要做到有组织有指挥。同时，要严格保护事故现场，因抢救伤员、疏导交通、排除险情等原因、需要移动现场物件时，应当做出标志，绘制现场简图，并做出书面记录，妥善保存现场重要痕迹、物件，并进行拍照或录像。必须采取一切可能的措施如安排人员看守事故现场等，防止人为或自然因素对事故现场的破坏。清理现场必须在事故调查组取证完毕，并完整记录在案后方可进行。在此之前，不得借口恢复施工，擅自清理现场。

3）事故调查：

事故调查工作必须坚持实事求是，尊重科学的原则。事故调查组成员一般由公司领导、安全部门、工会、劳资、监察及与事故相关部门负责人组成。

事故调查组有权向事故发生单位、有关人员了解情况和索要有关资料，各有关单位和个人有义务协助调查组查清事故真相，不得以任何借口拒绝。

事故调查完毕后，事故调查组要写出详细的事故调查报告报公司的主要领导和上级主管部门。

4）事故处理：

① 事故调查组提出事故处理意见。由公司主管部门、技术部门对事故现场设施设备的恢复使用及防范措施制定方案，由公司安全部门监督项目组织实施，项目经理部负责落实处理。对事故责任者的处理，在调查组建议意见的基础上由公司领导集体研究决定。

② 因忽视安全生产、违章指挥、违章作业、玩忽职守或者发现事故隐患、而不采取有效措施以致造成伤亡事故，由建设单位企管部门给予企业负责人和直接责任人员行政处分；构成犯罪的由司法机关依法追究刑事责任。

（8）应急预案的评价及调整

对以下两种情况，分公司应组织进行评价总结。

1）应急演习预案结束后一周内；

2）潜在事故或紧急情况发生时，调查处理完毕后一周内。

评价应由分公司组织，事故发生时项目及有关部门、各项目应急负责人员应参加应急预案评价总结，应对预案的合理性、抢救方法、实施效果等进行评价，并提出改进意见。应急预案评价总结应形成书面文件，包括会议主持者、参加者、日期、评价意见、不足之处、改进建议等有关内容，应急预案评价总结应在评价会议后15日内报送公司安全科。

单元 6

施工项目信息管理计划

6.1 施工项目信息收集整理案例——信息管理系统

6.1.1 施工项目信息管理系统结构

施工项目信息管理系统的结构可参照图 3-26。

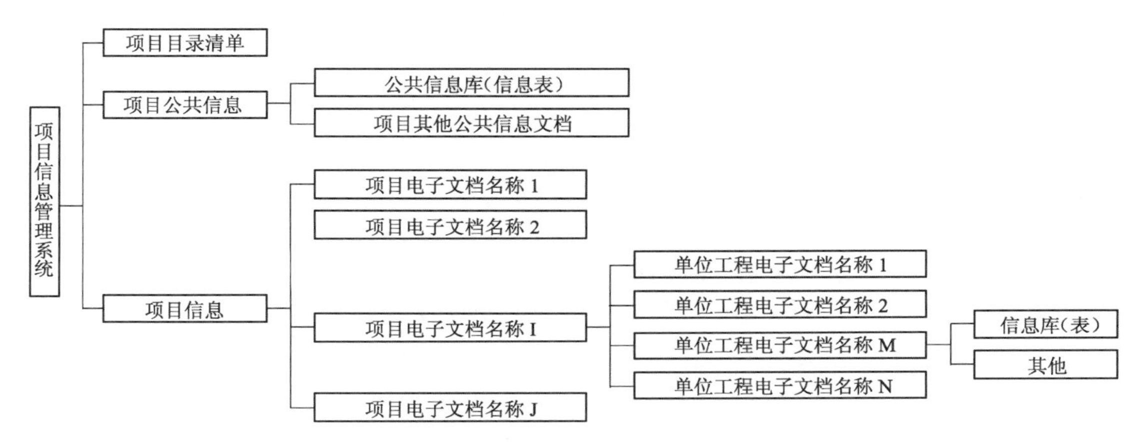

图 3-26 项目信息管理系统结构

图 3-26 中，“公共信息库”中应包括的“信息表”有：法规和部门规章表；材料价格表；材料供应商表；机械设备供应商表；机械设备价格表；新技术表；自然条件表等。

“项目其他公共信息文档”是指除“公共信息库”中文档以外的项目公共文档。

“项目电子文档名称 I”一般以具有指代意义的项目名称作为项目的电子文档名称（目录名称）。

“单位工程电子文档名称 M”一般以具有指代意义的单位工程名称作为单位工程的电子文档名称（目录名称）。

“单位工程电子文档名称 M”的信息库应包括：工程概况信息；施工记录信息；施工技术资料信息；工程协调信息；工程进度及资源计划信息；成本信息；资源需要量计划信息；商务信息；安全文明施工及行政管理信息；竣工验收信息等。这些信息所包含的表即为“单位工程电子文档名称 M”的“信息库”中的表；除以上数据库文档以外的反映单位工程信息的文档归为“其他”。

6.1.2 施工项目信息管理系统的内容

（1）建立信息代码系统

将各类信息按信息管理的要求分门别类，并赋予能反映其主要特征的代码，一般有顺序码、数字码、字符码和混合码等，用以表征信息的实体或属性；代码应符合唯一化、规范化、系统化、标准化的要求，以便利用计算机进行管理；代码体系应科学合理、结构清晰、层次分明，具有足够的容量、弹性和可兼容性，能满足施工项目管理需要。

图 3-27 是单位工程成本信息编码示意图。

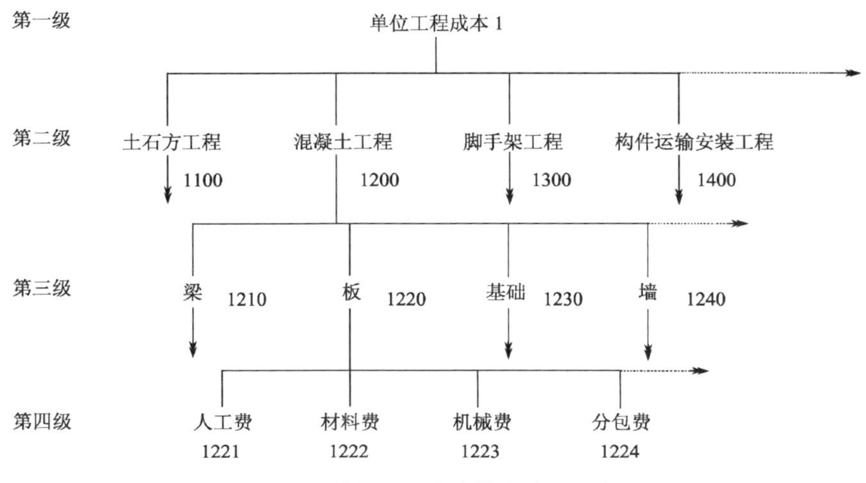

图 3-27　单位工程成本信息编码示意图

（2）明确施工项目管理中的信息流程

根据施工项目管理工作的要求和对项目组织结构、业务功能及流程的分析，建立各单位及人员之间、上下级之间、内外之间的信息连接，并要保持纵横内外信息流动的渠道畅通有序，否则施工项目管理人员无法及时得到必要的信息，就会失去控制的基础、决策的依据和协调的媒介，将影响施工项目管理工作顺利进行。

（3）建立施工项目管理中的信息收集制度

对施工项目的各种原始信息来源、要收集的信息内容、标准、时间要求、传递途径、反馈的范围、责任人员的工作职责、工作程序等有关问题做出具体规定，形成制度，认真执行，以保证原始资料的全面性、及时性、准确性和可靠性。为了便于信息的查询使用，一般是将收集的信息填写在项目目录清单上，再输入计算机，其格式如下表 3-4。

项目目录清单　　**表 3-4**

序号	项目名称	项目电子文档名称	内存/盘号	单位工程名称	单位工程电子文档名称	负责单位	负责人	日期	附注
1									
2									
3									
⋮									
N									

（4）建立施工项目管理中的信息处理

信息处理主要包括信息的收集、加工、传输、存储、检索和输出等工作，其内容见表 3-5。

信息处理的工作内容 表3-5

工　　作	内　　　容
收集	·收集原始资料，要求资料全面、及时、准确和可靠
加工	·对所收集的资料进行筛选、校核、分组、排序、汇总、计算平均数等整理工作，建立索引或目录文件 ·将基础数据综合成决策信息 ·运用网络计划技术模型、线性规划模型、存储模型等，对数据进行统计分析和预测
传输	·借助纸张、图片、胶片、磁带、软盘、光盘、计算机网络等载体传递信息
存储	·将各类信息存储、建立档案，妥善保管，以备随时查询使用
检索	·建立一套科学、迅速的检索方法，便于查找各类信息
输出	·将处理好的信息按各管理层次的不同要求编制打印成各种报表和文件或以电子邮件、Web网页等形式发布

6.1.3 施工项目信息管理系统的基本要求

（1）进行项目信息管理体系的设计时，应同时考虑项目组织和项目启动的需要，包括信息的准备、收集、标识、分类、分发、编目、更新、归档和检索等。信息应包括事件发生时的条件，以便使用前核查其有效性和相关性。所有影响项目执行的协议，包括非正式协议，都应正式形成文件。

（2）项目信息管理系统应目录完整、层次清晰、结构严密、自动生成表格。

（3）项目信息管理系统应方便项目信息输入、整理与存储，并利于用户随时提取信息。

（4）项目信息管理系统应能及时调整数据、表格与文档，能灵活补充、修改与删除数据。

（5）项目信息管理系统内含信息种类与数量应能满足项目管理的全部需要。

（6）项目信息管理系统应能使设计信息、施工准备阶段的管理信息、施工过程项目管理各专业的信息、项目结算信息、项目统计信息等有良好的接口。

（7）项目信息管理系统应能连接项目经理部内部各职能部门之间以及项目经理部与各职能部门、与作业层、与企业各职能部门、与企业法定代表人、与发包人和分包人、与监理机构等，使项目管理层与企业管理层及作业层信息收集渠道畅通、信息资源共享。

6.1.4 施工项目管理软件应用简介

微机版的项目管理应用软件种类很多，各有不同的功能和操作特点。项目经理部可根据项目管理的要求进行选择。

（1）项目管理软件 Microsoft Project 2020

项目管理软件 Microsoft Project 2020 是 Microsoft 公司最新推出的项目管理软件。可用于项目计划、实施、监督和调整等方面的工作，在输入项目的基本信息之后，进行项目的任务规划，给任务分配资源和成本，完成并公布计划，管理和跟踪项目等。其优点是：

1）易学易用，功能强大。首先，与 Project 2020 和 Office 完全集成，使用通用的 Office 界面和联机帮助系统，便于用户掌握和使用。

2）Project 2020 提供了强大的计划安排和跟踪的工具，如任务可以被中断、允许为任务设置工作日历、资源可采用多种分配形式、资源的成本费率可变等，便于更真实地模拟实际项目。

3）Project 2020 还支持 Internet 和企业内部 Internet 的新技术，有助于保证项目全面及时的信息传递。

4）Project 2020 还提供 VBA（Microsoft Visual Basic for Application）扩展、资源工具（Microsoft Project 2020 Resource Kit）、软件开发工具（Microsoft Project 2020 Software Developer's Kit）等，便于对 Project 2020 进行二次开发，以满足特定的项目管理的需要。

（2）工程项目计划管理系统 TZ-Project 7.2

TZ-Project 7.2 是大连同洲电脑有限责任公司最新推出的项目管理软件，应用广泛。

其功能和特点是：

1）项目管理人员利用该软件可以快速完成计划的制定工作。

2）能对项目的实施实行动态控制。

3）该软件具有网络计划编制功能。

4）具有网络计划动态调整功能。

5）具有资源优化功能。

6）具有费用管理功能。

7）具有日历管理及系统安全功能。

8）具有分类剪裁输出功能和可扩展性等。

（3）工程项目管理系统 PKPM

工程项目管理系统 PKPM 是由中国建筑科学研究院与中国建筑业协会工程项目管理委员会共同开发的一体化施工项目管理软件。它以工程数据库为核心，以施工管理为目标，针对施工企业的特点而开发的。其中：

1）标书制作及管理软件，可提供标书全套文档编辑、管理、打印功能，根据投标所需内容，可从模板素材库、施工资料库、常用图库中，选取相关内容，任意组合，自动生成规范的标书及标书附件或施工组织设计。还可导入其他模块生成的各种资源图表和施工网络计划图以及施工平面图。

2）施工平面图设计及绘制软件，提供了临时施工的水、电、办公、生活、仓储等计算功能，生成图文并茂的计算书供施工组织设计使用，还包括从已有建筑生成建筑轮廓，建筑物布置，绘制内部运输道路和围墙，绘制临时设施（水电）工程管线、仓库与材料堆场、加工厂与作业棚、起重机与轨道，标注各种图例符号等。该软件还可提供自主版权的通用图形平台，并可利用平台完成各种复杂的施工平面图。

3）项目管理软件：

项目管理软件是施工项目管理的核心模块，它具有很高的集成性，行业上可以和设计系统集成，施工企业内部可以同施工预算、进度、成本等模块数据共享。该软件以《建设工程施工项目管理规范》为依据进行开发，软件自动读取预算数据，生成工序，确定资源、完成项目的进度、成本计划的编制，生成各类资源需求量计划、成本降低计划，施工作业计划以及质量安全责任目标，通过网络计划技术、多种优化、流水作业方案、进度报表、前锋线等手段实施进度的动态跟踪与控制，通过质量测评、预控及通病防治实施质量控制。

其功能和特点是：

① 按照项目管理的主要内容，实现四控制（进度、质量、成本、安全），三管理（合同、现场、信息），一提供（为组织协调提供数据依据）的项目管理软件。

② 提供了多种自动建立施工工序的方法。

③ 根据工程量、工作面和资源计划安排及实施情况自动计算各工序的工期、资源消耗、成

本状况，换算日历时间，找出关键路径。

④ 可同时生成横道图、单代号、双代号网络图和施工日志。

⑤ 具有多级子网功能，可处理各种复杂工程，有利于工程项目的微观和宏观控制。

⑥ 具有自动布图，能处理各种搭接网络关系、中断和强制时限。

⑦ 自动生成各类资源需求曲线等图表，具有所见即所得的打印输出功能。

⑧ 系统提供了多种优化、流水作业方案及里程碑功能实现进度控制。

⑨ 通过前锋线功能动态跟踪与调整实际进度，及时发现偏差并采取调整措施。

⑩ 利用三算对比、国际上通行的赢得值原理进行成本的跟踪与动态调整。

⑪ 对于大型、复杂及进度、计划等都难以控制的工程项目，可采用国际上流行的“工作包”管理控制模式。

⑫ 可对任意复杂的工程项目进行结构分解，在工程项目分解的同时，对工程项目的进度、质量、成本、安全目标等进行了分解，并形成结构树，使得管理控制清晰，责任目标明确。

⑬ 利用严格的材料检验、监测制度，工艺规范库，技术交底、预检、隐蔽工程验收、质量预控专家知识库进行质量保证；统计分析“质量验评”结果，进行质量控制。

⑭ 利用安全技术标准和安全知识库进行安全设计和控制。

⑮ 可编制月、旬作业计划、技术交底，收集各种现场资料等进行现场管理。

⑯ 利用合同范本库签订合同和实施合同管理。

⑰ 建筑工程概预算计算机辅助管理系统：

a 建筑工程概预算计算机辅助管理系统软件可以充分利用 PKPM 软件系统的建筑和结构设计数据。如直接利用全楼模型统计工程量，读取建筑模型中各层墙体、门窗、阳台、楼梯、挑檐、散水楼道、台阶等数据；根据建筑模型、构件的布置和相应的扣减规则，自动统计出相关的工程量；完成土石方、平整场地、地面、屋面、门窗、装修、脚手架等的工程量；读取施工图设计结果，如通过读取每个构件的钢筋文件，归纳合并后完成钢筋统计。

b 该软件可将用户手头现成的由其他设计单位较流行的软件产生的数据，或电子图形文件（如 DWG 文件）方式存储的建筑平面图，通过转换形成建筑模型，进行工程量统计。

c 该软件可提供简单、适合概预算人员的建模（图纸录入）手段，使用户方便的完成建筑模型的输入、修改和补充。

d 结合设计智能进行钢筋统计，该软件可根据钢筋的基本信息及其关键的设计参数，如根数、直径等就可按照构件的尺寸推算各构件的钢筋；程序还可直接读取钢筋库文件统计出全楼的钢筋；软件还可在找不到梁柱钢筋设计结果时，根据设计图纸资料，利用结构模型为对象自动生成构件模板轮廓图，快速输入梁、柱钢筋的主要参数，引入设计智能和人工选筋的智能做钢筋设计，补充形成钢筋详细信息；如果有楼层面的恒、活荷载数据，再加上楼板布置、厚度、混凝土强度等级等建筑模型方面的数据，引入楼板配筋智能，就可算出该层楼板的钢筋。

e 程序设计了自动套取定额的方法，对于每个地区的定额系统均设置自动套取定额表、常用定额表、扣减规则表，实现了工程量统计与定额子目自动衔接，可自动套取定额，依据不同地区的计算规则完成工程量计算，实现一模多算；对于楼地面工程、装修工程等在三维建筑模型基础上需要补充大量的做法和装饰信息，程序内置不同地区的工程做法库，做法库表内记录了每一种做法与该地区定额子目的一一对应关系，用户可修改、维护做法库，程序自动套取定额子目并采用成批统计和定义标准做法间的方法实现一次输入完成多个项目的工程量统计。

f 自动套取定额及生成预算书报表。对已完工程量统计结果可与定额库自动衔接，直接套取定额。用户也可以通过交互方式补充和修改工程量。工程量子目是由程序统计、读取的，定额子目可以采用直接录入、从定额列表中选取或直接施放、从模板导入、从标准做法集中导入、从其他工程导入等方式输入。

程序还具有对定额子目调整、换算、组合的功能，资源分类和价格修改功能，开放的取费表生成功能，报表打印功能。使用户方便地对定额资源进行增加、删除、换算等操作；各种子目可根据需要任意组合：计算全楼工程量数据、某一自然层工程量统计、部分楼层子目工程量统计等；对资源费用进行分类、计算统计；建立并随时修改各期材料价格信息库；制作适合当地当时情况的各种取费表，并能自动进行计算和检验；制作和打印出各类报表：工程预算表、资源汇总表、资源差价表、工料分析表、取费表等。

6.1.5 应用项目管理软件的基本步骤

各类项目管理软件的使用基本步骤是一致的。

(1) 输入项目的基本信息

通常包括输入项目的名称、项目的开始日期（有时需输入项目的必须完成日期）、排定计划的时间单位（小时、天、周、月）、项目采用的工作日历等内容。

(2) 输入工作的基本信息和工作之间的逻辑关系

工作的基本信息包括工作名称、工作代码、工作的持续时间（即完成工作的工期）、工作上的时间限制（指对工作开工时间或完工时间的限制）、工作的特性（如工作执行过程中是否允许中断等）等。

工作之间的逻辑关系既可以通过数据表进行输入，也可以在图（横道图、网络图）上借助于鼠标的拖放来指定，图上输入直观、方便、不易出错，应作为逻辑关系的主要输入方式。

如果要利用项目管理软件对资源（劳动力、机械设备等）进行管理，还需要建立资源库（包括资源名称、资源最大限量、资源的工作时间等内容），并输入完成工作所需的资源信息。

如果还要利用项目管理软件进行成本控制，则需要在资源库中输入资源费率（人工工日单价或台班费等）、资源的每次使用成本（如大型机械的进出场费等），并在工作上输入确定好的工作固定成本。

(3) 计划的调整与保存

通过上一步的工作，已建立了一个初步的工作计划。但在执行的过程中，还要解决计划是否能满足项目管理的要求、是否可行、能否进一步优化等问题。利用项目管理软件所提供的有关图表以及排序、筛选、统计等功能，项目计划人员可查看到自己需要的有关信息，如项目的总工期、总成本、资源的使用状况等，如果发现与自己的期望不一致，例如工期过长、成本超出预算范围、资源使用超出供应、资源使用不均衡等，就可以对初步工作计划进行必要的调整，使之满足要求。

调整后的计划付诸实施，并应作为同实际发生情况对比的比较基准计划。

(4) 公布并实施项目计划

通过打印出来的报告、图表等书面形式，或电子邮件、Web 网页等电子形式将制定好的计划予以公布并执行，应确保所有的项目参加人员都能及时获得他所需要的信息。

（5）管理和跟踪项目

计划实施后，应定期（如每周、每旬、每月等）对计划执行情况进行检查，收集实际的进度/成本数据，并输入到项目管理软件中。一般输入的信息主要有：检查日期、工作的实际开始/完成日期、工作实际完成的工程量、工作已进行的天数、正在进行的工作完成率、工作上实际支出的费用等。

在将实际发生的进度/成本信息输入计算机中后，就可利用项目管理软件对计划进行更新。更新后应检查项目的进度能否满足工期要求，预期成本是否在预算范围内，是否因部分工作的推迟或提前开始（或完成）而导致资源过度分配（指资源的使用超出资源的供应）。这样，可发现潜在问题，及时调整项目计划来保证项目预期目标的实现。

项目计划调整后，应及时通过书面形式或电子形式通知有关人员，使调整后的计划能够得到贯彻和落实，起到指导施工的作用。

项目计划的跟踪、更新、调整和实施是一个不断进行的动态过程，直至项目结束。

6.2 施工项目信息收集整理方案编写

6.2.1 施工项目信息内容来源

施工项目信息管理是指项目经理部以项目管理为目标，以施工项目信息为管理对象，所进行的有计划地收集、处理、储存、传递、应用各类各专业信息等一系列工作的总和。

项目经理部为实现项目管理的需要，提高管理水平，应建立项目信息管理系统，优化信息结构，通过动态的、高速度、高质量地处理大量项目施工及相关信息，有组织的进行信息流通，实现项目管理信息化，为做出最优决策，取得良好经济效果和预测未来提供科学依据。

（1）施工项目信息的主要分类

施工项目信息主要分类见表3-6。

施工项目信息主要分类 **表3-6**

依据	信息分类	主要内容
管理目标	成本控制信息	·与成本控制直接有关的信息：施工项目成本计划、施工任务单、限额领料单、施工定额、成本统计报表、对外分包经济合同、原材料价格、机械设备台班费、人工费、运杂费等
	质量控制信息	·与质量控制直接有关的信息：国家或地方政府部门颁布的有关质量政策、法令、法规和标准等，质量目标的分解图表、质量控制的工作流程和工作制度、质量管理体系构成、质量抽样检查数据、各种材料和设备的合格证、质量证明书、检测报告等
	进度控制信息	·与进度控制直接有关的信息：施工项目进度计划、施工定额、进度目标分解图表、进度控制工作流程和工作制度、材料和设备到货计划、各分部分项工程进度计划、进度记录等
	安全控制信息	·与安全控制直接有关的信息：施工项目安全目标、安全控制体系、安全控制组织和技术措施、安全教育制度、安全检查制度、伤亡事故统计、伤亡事故调查与分析处理等

续表

依　据	信息分类	主　要　内　容
生产要素	劳动力管理信息	·劳动力需用量计划、劳动力流动、调配等
	材料管理信息	·材料供应计划、材料库存、储备与消耗、材料定额、材料领发及回收台账等
	机械设备管理信息	·机械设备需求计划、机械设备合理使用情况、保养与维修记录等
	技术管理信息	·各项技术管理组织体系、制度和技术交底、技术复核、已完工程的检查验收记录等
	资金管理信息	·资金收入与支出金额及其对比分析、资金来源渠道和筹措方式等
管理工作流程	计划信息	·各项计划指标、工程施工预测指标等
	执行信息	·项目施工过程中下达的各项计划、指示、命令等
	检查信息	·工程的实际进度、成本、质量的实施状况等
	反馈信息	·各项调整措施、意见、改进的办法和方案等
信息来源	内部信息	·来自施工项目的信息：如工程概况、施工项目的成本目标、质量目标、进度目标、施工方案、施工进度、完成的各项技术经济指标、项目经理部组织、管理制度等
	外部信息	·来自外部环境的信息：如监理通知、设计变更、国家有关的政策及法规、国内外市场的有关价格信息、竞争对手信息等
信息稳定程度	固定信息	·在较长时期内，相对稳定，变化不大，可以查询得到的信息，各种定额、规范、标准、条例、制度等，如施工定额、材料消耗定额、施工质量验收统一标准、施工质量验收规范、生产作业计划标准、施工现场管理制度、政府部门颁布的技术标准、不变价格等
	流动信息	·是指随施工生产和管理活动不断变化的信息，如施工项目的质量、成本、进度的统计信息、计划完成情况、原材料消耗量、库存量、人工工日数、机械台班数等
信息性质	生产信息	·有关施工生产的信息，如施工进度计划、材料消耗等
	技术信息	·技术部门提供的信息，如技术规范、施工方案、技术交底等
	经济信息	·如施工项目成本计划、成本统计报表、资金耗用等
	资源信息	·如资金来源、劳动力供应、材料供应等
信息层次	战略信息	·提供给上级领导的重大决策性信息
	策略信息	·提供给中层领导部门的管理信息
	业务信息	·基层部门例行性工作产生或需用的日常信息

（2）施工项目信息的表现形式

施工项目信息的表现形式见表3-7。

施工项目信息表现形式　　表3-7

表现形式	示　例
书面形式	·设计图纸、说明书、任务书、施工组织设计、合同文本、概预算书、会计、统计等各类报表、工作条例、规章、制度等 ·会议纪要、谈判记录、技术交底记录、工作研讨记录等 ·个别谈话记录：如监理工程师口头提出、电话提出的工程变更要求，在事后应及时追补的工程变更文件记录、电话记录等
技术形式	·由电报、录像、录音、磁盘、光盘、图片、照片等记载储存的信息
电子形式	·电子邮件、Web网页

6.2.2 施工项目信息收集整理的一般方法

(1) 施工项目信息的流动形式

施工项目信息的流动形式见表3-8。

施工项目信息流动形式 表3-8

流动形式	内容
自上而下流动	·信息源在上，接受信息者为其直接下属 ·信息流一般为逐级向下，即决策层→管理层→作业层或项目经理部→项目各管理部门（人员）→施工队、班组 ·信息内容：主要是项目的控制目标、指令、工作条例、办法、规章制度、业务指导意见、通知、奖励和处罚
自下而上流动	·信息源在下，接受信息者在其上一层次 ·信息流一般为逐级向上，即：作业层→管理层→决策层或施工队班组→项目各管理部门（人员）→项目经理部 ·信息内容：主要是项目施工过程中，完成的工程量、进度、质量、成本、资金、安全、消耗、效率等原始数据或报表，工作人员工作情况，下级为上级需要提供的资料、情报以及提出的合理化建议等
横向流动	·信息源与接受信息者在同一层次。在项目管理过程中，各管理部门因分工不同形成了各专业信息源，同时彼此之间还根据需要相互接受信息 ·信息流在同一层次横向流动，沟通信息，互相补充 ·信息内容根据需要互通有无，如财会部门成本核算需要其他部门提供：施工进度、人工材料消耗、能源利用、机械使用等信息
内外交流	·信息源：项目经理部与外部环境单位互为信息源和接受信息者，主要的外部环境单位有：公司领导及有关职能部门、建设单位、该项目监理单位、设计单位、物资供应单位、银行、保险公司、质量监督部门，有关国家管理部门、业务部门、城市规划部门、城市交通、消防、环保部门、供水、供电、通讯部门、公安部门、工地所在街道居民委员会、新闻单位 ·信息流：项目经理部与外部环境部门之间进行内外交流 ·信息内容：◆ 满足本项目管理需要的信息 ◆ 满足与环境单位协作要求的信息 ◆ 按国家规定的要求相互提供的信息 ◆ 项目经理部为宣传自己、提高信誉、竞争力，向外界主动发布的信息
信息中心辐射流动	·基于上述施工项目专业信息多，信息流动路线交错复杂、通过环节多，在项目经理部应设立项目信息管理中心 ·信息中心行使收集、汇总信息，加工、分析信息，提供分发信息的集散中心职能及管理信息职能 ·信息中心既是施工项目内部、外部所有信息源发出信息的接受者，同时又是负责向各信息需求者提供信息的信息源 ·信息中心以辐射状流动路线集散信息沟通信息 ·信息中心可将一种信息向多位需求者提供、使其起多种作用，还可为一项决策提供多渠道来源的各种信息，减少信息传递障碍，提高信息流速，实现信息共享、综合运用

(2) 施工项目信息管理的基本要求

1) 项目经理部应建立项目信息管理系统，对项目实施全方位、全过程信息化管理。

2) 项目经理部中，可以在各部门中设信息管理员或兼职信息管理人员，也可以单设信息管理人员或信息管理部门。信息管理人员都须经有资质的单位培训后，才能承担项目信息管理工作。

3) 项目经理部应负责收集、整理、管理本项目范围内的信息。实行总分包的项目，项目分包人应负责分包范围的信息收集、整理，承包人负责汇总、整理发包人的全部信息。

4）项目经理部应及时收集信息，并将信息准确、完整及时地传递给使用单位和人员。

5）项目信息收集应随工程的进展进行，保证真实、准确、具有时效性，经有关负责人审核签字，及时存入计算机中，纳入项目管理信息系统。

（3）施工项目信息结构及内容

施工项目信息结构及内容下图3-28。

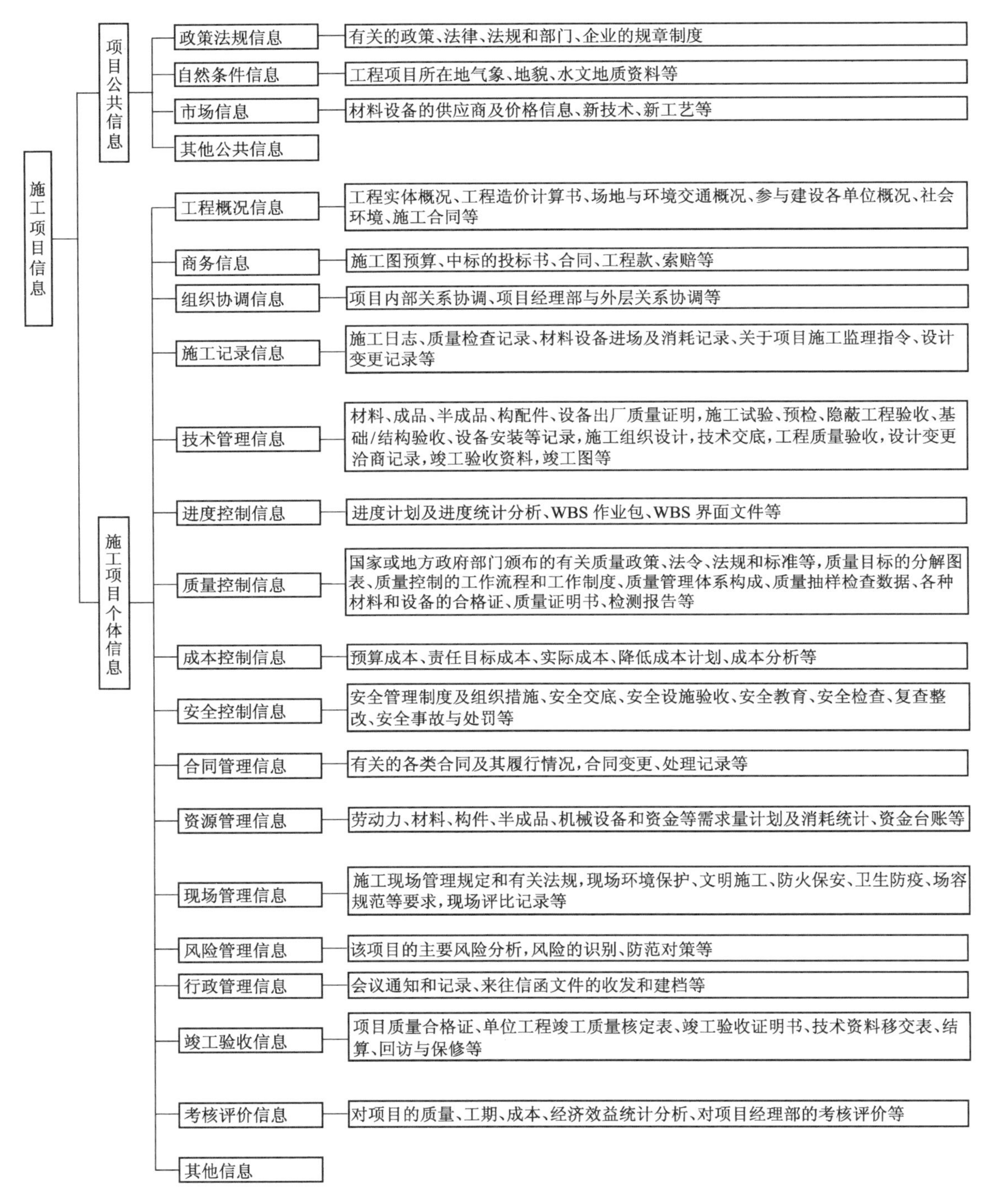

图3-28　施工项目信息结构及内容

单元 7

工程施工索赔

7.1 施工索赔的案例

在国际工程承包中多数工程采用低价中标的方式，而我国现在也越来越多地采用合理低价的评标办法。因此在低价中标的情况下，如何利用索赔来盈利是每个承包商应该研究的课题。

7.1.1 工期延期材料涨价索赔

（1）背景

某房产开发公司（甲方）与某建筑公司（乙方）签订了一楼盘的工程承包合同，合同中明确约定“除设计变更外，合同价格在工期内不因主材、设备、人工等市场价格变动而调整”。但因种种原因工期延误 100 天，延误期中钢材价格上涨。乙方认为，工期的延误并非自身原因造成，因此增加的钢材费用由甲方负担，并申请索赔 15 万元。甲方认为：超过工期部分钢材价格应予合理调整，但乙方提供的施工组织设计表明了当月使用的钢材应提前一个月进场下料成型，所以实际影响延误的工期为 35 天。再根据乙方施工组织设计，35 天仅施工约 $2000m^2$，钢筋用量约为 250 吨，钢筋平均上涨 270 元/吨。因此，给予乙方补偿为 250 吨×270 元/吨＝67500 元。甲方根据施工组织设计，按照上述补偿标准，和乙方进行了谈判，最终乙方接受了甲方的赔偿费用。

（2）分析

在本案延误的工期中由于钢材价格上涨引起的费用增加的计算，都是根据乙方所提供的施工组织设计来进行的。施工组织设计直接决定了工程索赔成立与否以及工程索赔数额的计算方法、索赔数额的大小，可见施工组织设计对于工程索赔至关重要，作为承包方尤其要注意施工组织设计的制作。

在我国，工程索赔一般包括工期索赔和费用索赔。在工期索赔中，承包方往往会提出由于发包方原因导致了工期拖延的证据，在这种情况下，发包方必然会审查施工进度计划。如果被拖延的工作是在施工进度计划中，则给予工期的顺延，否则不给予工期顺延，而这种审查的依据就是发包方的施工组织计划。费用索赔包含的情况就比较多，如果因为工期延误造成原材料涨价而引起索赔的，那发包方必然要对比施工组织设计确定的工期和实际工期，合理计算工期延误的时间，最后计算索赔数额。比如上述案例甲方就是根据施工组织设计中的内容，计算了索赔款项的数额，从而否定了乙方的大部分索赔款项。除此之外，若发包方要求加快施工速度，那么承包方应向发包方递送新的施工方案，并经发包方或监理工程师同意后方可进行。这样由于加速施工引起的费用增加，承包方可依据原施工组织设计以及新的施工方案向发包方提出索赔申请。

施工组织设计在工程索赔中是关键性的依据，然而有相当一部分的承包方并未意识到其重要作用，往往在不同的工程中使用几乎同样的施工组织设计，而没有根据工程的特点有针对性的编写施工组织设计。此外，项目经理执行施工组织设计不严格，没有把施工组织设计作为工程施工指导文件。这样一来可能引发三种后果：（1）承包方在需要进行工程索赔时没有依据。（2）承包方提起的索赔数额无有效合理的依据支持，导致无法索赔得到所有损失款项。（3）承包方由于不按照施工组织设计进行施工，延误工期而被业主提出索赔。

7.1.2 FIDIC合同索赔

（1）背景

某建设工程系外资贷款项目，业主与承包商按照FIDIC《土木工程施工合同条件》签订了施工合同。施工合同《专用条件》规定：钢材、木材、水泥由业主供货到现场仓库，其他材料由承包商自行采购。当工程施工至第五层框架柱钢筋绑扎时，因业主提供的钢筋未到，使该项作业从10月3日～16日停工（该项作业的总时差为零）。10月7日～9日因停电、停水使第三层的砌砖停工（该项作业的总时差为4天）。10月14日～17日因砂浆搅拌机发生故障使第一层抹灰迟开工（该项作业的总时差为4天）。为此，承包商于10月20日向工程师提交了一份索赔意向书，并于10月25日送交了一份工期、费用索赔计算书和索赔依据的详细材料。其计算书的主要内容如下：

1）工期索赔：

① 框架柱扎筋	10月3日～16日停工，	计14天
② 砌砖	10月7日～9日停工，	计3天
③ 抹灰	10月14日～17日迟开工，	计4天
	总计请求顺延工期：	21天

2）费用索赔：

① 窝工机械设备费：

一台塔吊	14×468＝6552元
一台混凝土搅拌机	14×110＝1540元
一台砂浆搅拌机	7×48＝336元
小计：	8428元

② 窝工人工费：

扎筋	35人×40.30 ×14＝19747元
砌砖	30人×40.30 ×3＝3627元
抹灰	35人×40.30×4＝5642元
小计：	29016元

3）保函费延期补偿：	(15000000×10% ×6‰/365)×21＝517.81元
4）管理费增加：	(8428＋29016＋517.81)×15%＝5694.27元
5）利润损失：	(8428＋29016＋517.81＋5694.27)×5%＝2182.80元
经济索赔合计：	45838.88元

（2）分析

问题1：承包商提出的工期索赔是否正确？应予批准的工期索赔为多少天？

答：承包商提出的工期索赔不正确。

① 框架柱绑扎钢筋停工 14 天，应予工期补偿。这是由于业主原因造成的，且该项作业位于关键路线上；

② 砌砖停工，不予工期补偿。因为该项停工虽属于业主原因造成的，但该项作业不在关键路线上，且未超过工作总时差。

③ 抹灰停工，不予工期补偿，因为该项停工属于承包商自身原因造成的。

同意工期补偿：14＋0＋0＝14 天

问题 2：假定经双方协商一致，窝工机械设备费索赔按台班单价的 65％计；考虑对窝工人工应合理安排工人从事其他作业后的降效损失，窝工人工费索赔按每工日 20 元计；保函费计算方式合理；管理费、利润损失不予补偿。试确定经济索赔额。

解：经济索赔审定：

① 窝工机械费：

塔吊 1 台：　　　　14×468×65％＝4258.80 元（按惯例闲置机械只应计取折旧费）。

混凝土搅拌机 1 台：14×110×65％＝1001.00 元（按惯例闲置机械只应计取折旧费）。

砂浆搅拌机 1 台：　3×48×65％＝93.60 元（因停电闲置只应计取折旧费）。

因故障砂浆搅拌机停机 4 天应由承包商自行负责损失，故不给补偿。

小计：4258.80＋1001.00＋93.60＝5353.40 元

② 窝工人工费：

扎筋窝工：35×20×14＝9800.00 元（业主原因造成，但窝工工人已做其他工作，所以只补偿工效差）；

砌砖窝工：30×20×3＝1800.00 元（业主原因造成，只考虑降效费用）；

抹灰窝工：不应给补偿，因系承包商责任。

小计：9800.00＋1800.00＝11600.00 元

③ 保函费补偿：

15000000×10％×6‰÷365×14＝345.21 万元

经济补偿合计：　　5353.40＋11600.00＋345.21＝17298.61 元

7.2　索赔意向书的编写

7.2.1　发生索赔的原因

据国外资料统计，施工索赔无论在数量或金额上，都在稳步增长。如在美国有人统计了由政府管理的 22 项工程，发生施工索赔的次数达 427 次，平均每项工程索赔约 20 次，索赔金额约占总合同额的 6％，索赔成功率 93％。

施工索赔发生的原因大致有以下四个方面：

（1）建造过程的难度和复杂性增大

随着社会的发展，出现了越来越多的新技术、新工艺，建设单位对项目建设的质量和功能要求越来越高，越来越完善。因而使设计难度不断增大，使得施工过程也变得更加复杂。

由于设计难度加大，要求设计人员在设计图纸中规范使用不出差错。尽善尽美是不可能的，因而往往在施工过程中随时发现问题，随时解决，需要进行设计变更，这就会导致施工费用的变化。

（2）合同文件（包括技术规范）前后矛盾和用词不严谨

一般在合同协议书中列出的合同文件，如果发现某几个文件的解释和说明有矛盾，可按合同文件的优先顺序，排在前面的文件的解释说明更具有权威性，尽管这样还可能有些矛盾不好解决，如在某高速公路的施工规范中在路基的“清理与掘除”和“道路填方”的施工要求的提法不一致，在“清理与掘除”中规定：“凡路基填方地段，均应将路堤基底上所有树根、草皮和其他有机杂质清除干净”。而在“道路填方”中规定：“除非工程师另有指示，凡是修建的道路路堤高度低于1m的地方，其原地面上所有草皮、树根及有机杂质均予以清除，并将表面土翻松，深度为250mm”。承包商按施工规范中“道路填方”的施工要求进行施工，对有些路堤高于1m的地方的草皮、树根未予清除，而建设单位和监理工程师则认为未达到“清理与掘除”规定的施工要求，要求清除草皮和树根，由于有的路段树根多达1000余棵，承包商为此向建设单位提出了费用索赔。这里不谈及此索赔如何处理，主要说明由于施工规范前后矛盾而产生索赔的原因。

另外用词不严谨导致双方对合同条款产生不同理解，从而引起工程索赔，例如“应抹平整”、“足够的尺寸”等，像这样的词容易引起争议，因为没有给出“平整”的标准和多大的尺寸算“足够”。图纸、规范是“死”的，而建筑工程是千变万化的，人们从不同的角度对它的理解也有所不同，这个问题本身就构成了索赔产生的外部原因。

（3）建筑业经济效益的影响

有人说索赔是建设单位和承包商之间经济效益“对立”关系的结果，这种认识是不对的。如果双方能够很好履约或得到了满意的收益，那么都不愿意计较另一方给自己造成的经济损失。反过来讲，假如双方都不能很好地履约，或得不到预期的经济效益，那么双方就容易为索赔的事件发生争议。基于这个前提，索赔与建筑业的经济效益低下有关。在投标报价中，承包商常采用“靠低价争标，靠索赔盈利”的策略，而建设单位也常由于建筑成本的不断增加，预算常处于紧张状态。因此，合同双方都不愿承担义务或作出让步，所以工程施工索赔与建筑成本的增长及建筑工经济效益低下有着一定的联系。

（4）项目管理模式的变化

在建筑市场中，建设工程项目采用招投标制，有总包、分包、指定分包、劳务承包、设备材料供应承包等方式这些承包单位会在整个项目的建设中发生经济方面、技术方面、工作方面的联系和影响。在工程实施过程中，管理上的失误往往是难免的。若一方失误，不仅会对自己造成损失，也会连累与此有关系的单位。特别是如果处于关键路线上的工作延期，会对整个工程产生连锁反应。对此若不能采取有效措施及时解决，可能会产生一系列重大索赔。特别是采用边勘测边设计边施工的建设管理模式尤为明显。

要搞好索赔，不仅要善于发现和把握住索赔的机会，更重要的是要会处理索赔，本节将就施工索赔的处理过程及有关问题作一介绍。

7.2.2 意向通知

发现索赔或意识到存在索赔的机会后，承包商要做的第一件事就是要将自己的索赔意向书面通知给监理工程师（建设单位）。这种意向通知是非常重要的，它标志着一项索赔的开始。FIDIC《土木工程施工合同条件》第53.1条规定：“在引起索赔事件第一次发生之后的28天内，承包商将他的索赔意向以书面形式通知工程师，同时将1份副本呈交建设单位”。事先向监理工程师（建设单位）通知索赔意向，这不仅是承包商要取得补偿的必须首先遵守的基本要求之一，也是承包商在整个合同实施期间保持良好的索赔意识的最好办法。

索赔意向通知，通常包括以下四个方面的内容：

1）事件发生的时间和情况的简单描述；

2）合同依据的条款和理由；

3）有关后续资料的提供，包括及时记录和提供事件发展的动态；

4）对工程成本和工期产生的不利影响的严重程度，以期引起监理工程师（建设单位）的注意。

一般索赔意向通知仅仅是表明意向，应简明扼要，涉及索赔内容但不涉及索赔金额。

7.2.3 证据资料准备

索赔的成功很大程度上取决于承包商对索赔作出的解释和具有强有力的证明材料。因此，承包商在正式提出索赔报告前的资料准备工作极为重要，这就要求承包商注意记录和积累保存以下各方面的资料，并可随时从中索取与索赔事件有关的证据资料。

(1) 施工日志。应指定有关人员现场记录施工中发生的各种情况，包括天气、出工人数、设备数量及其使用情况、进度、质量情况、安全情况、监理工程师在现场有什么指示、进行了什么实验、有无特殊干扰施工的情况、遇到了什么不利的现场条件、多少人员参观了现场等等。这种现场记录和日志有利于及时发现和正确分析索赔，可能是索赔的重要证据材料。

(2) 来往信件。对与监理工程师、建设单位和有关政府部门、银行、保险公司的来往信函必须认真保存，并注明发送和收到的详细时间。

(3) 气象资料。在分析进度安排和施工条件时，天气是考虑的重要因素之一，因此，要保存一份真实完整、详细的天气情况记录，包括气温、风力、湿度、降雨量、暴雨雪、冰雹等。

(4) 备忘录。承包商对监理工程师和建设单位的口头指示和电话应随时书面记录，并请对方签字给予书面确认事件发生和持续过程等重要情况。

(5) 会议纪要。承包商、建设单位和监理工程师举行会议时要作好详细记录，对其主要问题形成会议纪要，并由会议各方签字确认。

(6) 工程照片和工程声像资料。这些资料都是客观反映工程情况的真实写照，也是法律承认的有效证据，应拍摄有关资料并妥善保存。

(7) 工程进度计划。承包商编制的经监理工程师或建设单位批准同意的所有工程总进度、年进度、季进度、月进度计划都必须妥善保管，任何与延期有关的索赔分析，工程进度计划都是非常重要的证据。

(8) 工程核算资料。工人劳动计时卡和工资单、设备材料和零配件采购单、付款收据、工程开支月报、工程成本分析资料、会计报表、财务报表、货币汇率、物价指数、收付款票据都应分类装订成册，这些都是进行索赔费用计算的基础。

(9) 工程图纸。工程师和建设单位签发的各种图纸，包括设计图、施工图、竣工图及其相应的修改图，应注意对照检查和妥善保存，设计变更一类的索赔，原设计图和修改图的差异是索赔最有力的证据。

(10) 招投标文件。招投标文件是承包商报价的依据，是工程成本计算的基础资料，是索赔时进行附加成本计算的依据。投标文件是承包商编标报价的成果资料，对施工所需的设备、材料列出了数量和价格，也是索赔的基本依据。

由此可见，高水平的文档管理信息系统，对索赔的资料准备和证据提供来说是极为重要的。

7.3 施工索赔事件的处理程序

7.3.1 施工索赔报告的编写

索赔报告是承包商向监理工程师（建设单位）提交的一份要求建设单位给予一定经济（费用）补偿和（或）延长工期的正式报告，承包商应该在索赔事件对工程产生的影响结束后，尽快（一般合同规定28天内）向监理工程师（建设单位）提交正式的索赔报告。

编写索赔报告应注意以下几个问题：

（1）索赔报告的基本要求。首先，必须说明索赔的合同依据，即基于何种理由有资格提出索赔要求。一种是根据合同某条款规定，承包商有资格因合同变更或追加额外工作而取得费用补偿和（或）延长工期；另一种是建设单位或其代理人违反合同规定给承包商造成损失，承包商有权索取补偿。第二，索赔报告中必须有详细准确的损失金额及时间的计算。第三，要证明客观事实与损失之间的因果关系，说明索赔前因后果的关联性，要以合同为依据，说明建设单位违约或合同变更与引起索赔的必然性联系。如果不能有理有据说明因果关系，而仅在事件的严重性和损失的巨大上花费过多的笔墨，对索赔的成功都无济于事。

（2）索赔报告必须准确。编写索赔报告是一项复杂的工作，须有一个专门的小组和各方的大力协助才能完成。索赔小组的人员应具有合同、法律、工程技术、施工组织计划、成本核算、财务管理、写作等各方面的知识，进行深入的调查研究，对较大的、复杂的索赔需要咨询有关专家，对索赔报告进行反复讨论和修改，写出的报告不仅有理有据，而且必须准确可靠。应特别强调以下几点：

1）责任分析应清楚、准确。报告中所提出的索赔事件的责任是对方的，应将全部或主要责任推给对方，不能有责任含混不清和自我批评式的语言。要做到这一点，就必须强调事件的不可预见性，承包商对它不能有所准备，事发后尽管采取能够采取的措施也无法制止；指出索赔事件使承包商工期拖延、费用增加的严重性和索赔值之间的直接因果关系。

2）索赔值的计算依据要正确，计算结果要准确。计算依据要用文件规定的、公认的、合理的计算方法，并加以适当的分析。数字计算上不要有差额，一个小小的计算错误可能影响到整个计算结果，容易在索赔的可信度方面造成不好的印象。

3）用辞要婉转和恰当。在索赔报告中要避免使用强硬的、不友好的、抗拒式的语言。不能因语言不当伤害了双方的感情。切忌断章取义，牵强附会，夸大其词。

（3）索赔报告的形式和内容。索赔报告应简明扼要，条理清楚，便于对方由表及里、由浅入深地阅读和了解，注意对索赔报告形式和内容的合理安排也是很有必要的。

说明信是承包商递交的索赔报告的首页，一定要简明扼要，力求让监理工程师（建设单位）快速了解所提交的索赔报告的概况，千万不可啰嗦。

索赔报告的正文包括题目、事件、理由（依据）、因果分析、索赔费用（工期）。其中，题目应简要说明针对什么提出的索赔，即概括出索赔的中心内容。事件是对索赔事件发生的原因和经过，包括双方活动所附的证明材料。理由是指出根据所陈述的事件，提出索赔的根据。因果分析是指依上述事件和理由所造成成本增加、工期延长的必然结果。最后提出索赔费用（工期）的分项及总计的结果。

计算过程和证明材料的附件是支持索赔报告的有力依据，一定要和索赔报告正文中提到的完全一致，不可有丝毫相互矛盾的地方，否则有可能导致索赔失败。

应当注意的是，承包商除了提交索赔报告及附件外，还要准备一些与索赔有关的各种细节性的资料，以便对方提出问题时进行说明和解释，比如运用图表的形式对实际成本与预算成本、实际进度与计划进度、修订计划与原计划的比较、人员工资上涨、材料设备价格上涨、各时期工作任务密度程度的变化、资金流进流出等等，通过图表来说明和解释，使之一目了然。

7.3.2 提交索赔报告

索赔报告编写完毕后，应及时提交给监理工程师（建设单位），正式提出索赔。索赔报告提交后，承包商不能被动等待，应隔一定的时间，主动向对方了解索赔处理的情况，根据对方所提出的问题进一步作资料方面的准备，或提供补充资料，尽量为监理工程师处理索赔提供协助、支持和合作。

索赔的关键问题在于“索”，承包商不积极主动去“索”，建设单位没有任何义务去“赔”，因此，提交索赔报告本身就是“索”，但要让建设单位“赔”，提交索赔报告，还只是刚刚开始，承包商还有许多更艰难的工作。

7.3.3 索赔报告评审

工程师（建设单位）接到承包商的索赔报告后，应该马上仔细阅读其报告，并对不合理的索赔内容进行反驳或提出疑问，工程师依据自己掌握的资料和处理索赔的工作经验可能就以下问题提出质疑。

(1) 索赔事件不属于建设单位和监理工程师的责任，而是第三方的责任；

(2) 事实和合同依据不足；

(3) 承包商未能遵守索赔意向通知书的要求；

(4) 合同中的免责条款已经免除了建设单位补偿的责任；

(5) 索赔是由不可抗力引起的，承包商没有划分和证明双方责任的大小；

(6) 承包商没有采取适当措施避免或减少损失；

(7) 承包商必须提供进一步的证据；

(8) 损失计算夸大；

(9) 承包商以前已明示或暗示放弃了此次索赔的要求等等。

在评审过程中，承包商应对工程师提出的各种质疑作出圆满的答复。

7.3.4 谈判解决

经过监理工程师对索赔报告的评审，与承包商进行了较充分的讨论后，工程师应提出对索赔处理决定的初步意见，并参加建设单位和承包商进行的索赔谈判，通过谈判，作出索赔处理的最后决定。

7.3.5 争端的解决

如果索赔在建设单位和承包商之间不能通过谈判解决，可就其争议的问题进一步提交监理工程师解决直至仲裁（或诉讼）。按 FIDIC《土木工程施工合同条件》的规定，其争端解决的程序如下。

（1）合同的一方就其争端书面通知工程师，并将一份副本提交给对方。

（2）监理工程师应在收到有关争端的通知后的 84 天内作出决定，书面通知建设单位和承包商。

（3）建设单位和承包商收到监理工程师的书面决定的通知 70 天后（包括 70 天）均未发出要将该争端提交仲裁的通知，则该决定视为最后决定，对建设单位和承包商均有约束力。若一方不执行此决定，另一方可按对方违约提出仲裁通知，并进入仲裁程序。

（4）如果建设单位和承包商对监理工程师决定不同意，或在要求监理工程师作决定的书面通知发出 84 天后，未得到监理工程师决定的通知，任何一方可在其后的 70 天内就该项争端向对方提出仲裁通知，将一份副本送交监理工程师。仲裁可在此通知发出后的 56 天之后开始。在仲裁开始前的 56 天内应设法友好协商解决双方的争端。

7.3.6 施工索赔相关计算

（1）工期索赔计算

工期索赔的计算主要有网络图分析和比例计算法两种。

网络图分析法是利用进度计划的网络图，分析其关键线路。如果延误的工作为关键工作，则延误的时间为索赔的工期；如果延误的工作为非关键工作，当该工作由于延误超过时差限制而成为关键工作时，可以索赔延误时间与时差的差值；若该工作延误后仍为非关键工作，则不存在工期索赔问题。

可以看出，网络图分析法要求承包商切实使用网络计划技术进行进度控制，才能依据网络计划提出工期索赔。按照网络计划分析得出的工期索赔值是科学合理的，容易得到认可。

比例计算法的公式为：

对于已知部分工程的延期的时间：

$$\text{工期索赔值}=\frac{\text{受干扰部分工程的合同价}}{\text{原合同总价}}\times\text{该受干扰部分工期拖延时间}$$

对于已知额外增加工程量的价格：

$$\text{工期索赔值}=\frac{\text{额外增加的工程量的价格}}{\text{原合同总价}}\times\text{原合同总工期}$$

比例计算法简单方便，但有时不符合实际情况，比例计算法不适用于变更施工顺序、加速施工、删减工程量等事件的索赔。

（2）经济索赔计算

1）总费用法和修正的总费用法：

总费用法又称总成本法，就是计算出该项工程的总费用，再从总费用中减去投标报价时的成本费用，即为要求补偿的索赔费用额。

总费用法并不十分科学，但仍被经常采用，原因是对于某些索赔事件，难于精确地确定由其导致的各项费用的增加额。

在具备以下条件时可以采用总费用法：

① 已开支的实际总费用经过审核，认为是比较合理的；

② 承包商的原始报价是比较合理的；

③ 费用的增加是由于对方原因造成的，其中没有承包商管理不善的责任；

④ 由于该项索赔事件的性质以及现场记录的不足，难于采用更精确的计算方法。

修正总费用法是指对难以用实际总费用进行审核的，可以考虑是否能计算出与索赔事件有关的单项工程的实际总费用和该单项工程的投标报价。若可行，则按其单项工程的实际费用与报价的差值来计算其索赔的金额。

2）分项法：

分项法是将索赔的损失的费用分项进行计算，其内容如下：

① 人工费索赔：

人工费索赔包括额外雇佣劳务人员、加班工作、工资上涨、人员闲置和劳动生产率降低的费用。

对于额外雇佣劳务人员和加班工作，用投标时的人工单价乘以工时数即可，对于人员闲置费用，一般折算为人工单价的 0.75；工资上涨是指由于工程变更，使承包商的大量人力资源的使用从前期推到后期，而后期工资水平上调，因此应得到相应的补偿。

有时工程师指令进行计日工，则人工费按计日工表中的人工单价计算。

对于劳动生产率降低导致的人工费索赔，一般可用如下方法计算：

a 实际成本和预算成本比较法。这种方法是对受干扰影响工作的实际成本与合同中的预算成本进行比较，索赔其差额。这种方法需要有正确合理的估价体系和详细的施工记录。如某工程的现场混凝土模板制作，原计划 2 万 m^2，估计人工工时为 2 万工日，直接人工成本为 3.2 万美元。因建设单位未及时提供现场施工的场地占有权，使承包商被迫在雨期进行该项工作，实际人工工时 2.4 万工日，人工成本为 3.84 万美元，使承包商造成生产率降低的损失为 6400 美元。这种索赔，只要预算成本和实际成本计算合理，成本的增加确属建设单位的原因，其索赔成功的把握是很大的。

b 正常施工期与受影响期比较法。这种方法是在承包商的正常施工受到干扰，生产率下降，通过比较正常条件下的生产率和干扰状态下的生产率，得出生产率降低值，以此为基础进行索赔。

如某工程吊装浇筑混凝土，前 5 天工作正常，第 6 天起建设单位架设临时电线，共有 6 天时间吊车不能在正常角度下工作，导致吊运混凝土的方量减少。承包商有未受干扰时正常施工记录和受干扰时施工记录，如表 3-9 和表 3-10 所示。

未受干扰时正常施工记录（m^3/h） **表 3-9**

时间（天）	1	2	3	4	5	平均值
平均劳动生产率	7	6	6.5	8	6	6.7

受干扰时施工记录（m^3/h） **表 3-10**

时间（天）	1	2	3	4	5	6	平均值
平均劳动生产率	5	5	4	4.5	6	4	4.75

通过以上施工记录比较，劳动生产率降低值为：

$$6.7-4.75=1.95m^3/h$$

索赔费用的计算公式为：

索赔费用＝计划台班×(劳动生产率降低值/预期劳动生产率)×台班单价

② 材料费索赔：

材料费索赔包括材料消耗量增加和材料单位成本增加两个方面。追加额外工作、变更工程性质、改变施工方法等，都可能造成材料用量的增加或使用不同的材料。材料单位成本增加的原因包括材料价格上涨、手续费增加、运输费用（运距加长、二次倒运等）、仓储保管费增加等等。

材料费索赔需要提供准确的数据和充分的证据。

③ 施工机械费索赔：

机械费索赔包括增加台班数量、机械闲置或工作效率降低、台班费率上涨等费用。

台班费率按照有关定额和标准手册取值。对于工作效率降低，应参考劳动生产率降低的人工索赔的计算方法。台班量的计算数据来自机械使用记录。对于租赁的机械，取费标准按租赁合同计算。

对于机械闲置费，有两种计算方法。一是按公布的行业标准租赁费率进行折减计算，二是按定额标准的计算方法，一般建议将其中的不变费用和可变费用分别扣除一定的百分比进行计算。

对于工程师指令进行计日工作的，按计日工作表中的费率计算。

④ 现场管理费索赔计算：

现场管理费包括工地的临时设施费、通讯费、办公费、现场管理人员和服务人员的工资等。

现场管理费索赔计算的方法一般为：

现场管理费索赔值＝索赔的直接成本费用×现场管理费率

现场管理费率的确定可选用下面的方法：

a 合同百分比法。即管理费比率在合同中规定。

b 行业平均水平法。即采用公开认可的行业标准费率。

c 原始估价法。即采用投标报价时确定的费率。

d 历史数据法。即采用以往相似工程的管理费率。

⑤ 总部管理费索赔计算：

总部管理费是承包商的上级部门提取的管理费，如公司总部办公楼折旧、总部职员工资、交通差旅费、通讯、广告费等。

总部管理费与现场管理费相比，数额较为固定，一般仅在工程延期和工程范围变更时才允许索赔总部管理费。目前国际上应用得最多的总部管理费索赔的计算方法是 Eichealy 公式。该公式是在获得工程延期索赔后进一步获得总部管理费索赔的计算方法。对于获得工程成本索赔后，也可参照该公式的计算方法进一步获得总部管理费索赔。

a 对于已获延期索赔的，Eichealy 公式根据日费率分摊的办法计算，其计算步骤如下：

Ⅰ. 延期的合同应分摊的管理费（A）＝(被延期合同原价/同期公司所有合同价之和）×同期公司计划总部管理费；

Ⅱ. 单位时间（日或周）总部管理费率（B）＝(A)/计划合同工期（日或周）；

Ⅲ. 总部管理费索赔值 $(C)=(B)\times$工程延期索赔（日或周）。

某承包商承包一工程，原计划合同期为 240 天，在实施过程中拖期 60 天，即实际工期为 300 天。原计划的 240 天内，承包商的经营状况见表 3-11。

承包商经营状况表（单位：元） **表 3-11**

	拖期合同	其他合同	总计
合同额	200000	400000	600000
直接成本	180000	320000	500000
总部管理费			60000

则 $(A)=(200000/600000)\times 60000=20000$ 元

$(B)=(A)/240=20000/240$

$(C)=(B)\times 60=(20000/240)\times 60=5000$ 元

若用合同的直接成本来代替合同额，则

$(A_1)=(180000/500000)\times 60000=21600$ 元

$(B_1)=(A_1)/240=21600/240$

$(C_1)=(B_1)\times 60=(21600/240)\times 60=5400$ 元

应用 Eichealy 公式进行工程拖期后的总部管理费索赔的前提条件是：若工程延期，就相当于该工程占用了应调往其他合同工程的施工力量，这样就损失了在该工程合同中应得的总部管理费。也就是说，由于该工程拖期，影响了总部在这一时期内其他合同的收入，因此总部管理费应该在延期工程中得到补偿。

b 对于已获得工程直接成本索赔的，用 Eichealy 型公式计算总部管理费的计算步骤如下：

Ⅰ. 被索赔合同应分摊总部管理费 (A_1) ＝被索赔合同原计划直接成本/同期所有合同直接成本总和×同期公司计划总部管理费；

Ⅱ. 每元直接成本包含的总部管理费用 $(B_1)=(A_1)$/被索赔合同计划直接成本；

Ⅲ. 应索赔总部管理费 $(C_1)=(B_1)\times$工程直接成本索赔值。

⑥ 融资成本、利润与机会利润损失的索赔：

融资成本又称资金成本，即取得和使用资金所付出的代价，其中最主要的是支出资金的供应者的利息。由于承包商只有在索赔事件处理完结后一段时间内才能得到其索赔的金额，所以承包商往往需从银行贷款或以自有资金垫付，这就产生了融资成本问题，主要表现在额外贷款利息的支付和自有资金的机会利润损失，在以下情况下，可以索赔利息：

a 建设单位推迟支付工程款的保留金，这种金额的利息通常以合同约定的利率计算。

b 承包商借款或动用自有资金弥补合法索赔事项所引起的现金流量缺口，在这种情况下，可以参照有关金融机构的利率标准，或者拟定把这些资金用于其他工程承包项目可得到的收益来计算索赔金额，后者实际上是机会利润损失的计算。

利润是完成一定工程量的报酬，因此在工程量的增加时可索赔利润。不同的国家和地区对利润的理解和规定有所不同，有的将利润归入总部管理费中，则不能单独索赔利润。

机会利润损失是由于工程延期合同终止而使承包商失去承揽其他工程的机会而造成的损失，在某些国家和地区，是可以索赔机会利润损失的。

思 考 题

1. 解释工程质量问题、工程质量事故的概念。

2. 常见的工程质量问题发生的原因主要有哪些方面?

3. 质量控制的责任主体有哪些?

4. 国家按造成损失严重程度对工程质量通常怎样进行分类的?

5. 简述工程质量事故处理一般程序。

6. 质量事故处理可能采取的处理方案有哪几类? 它们各适合在何种情况下采用?

7. 质量事故应急预案编制有哪些要求?

8. 影响建筑工程施工进度因素有哪些?

9. 建筑工程施工进度控制的措施有哪些?

10. 某建筑工程进度网络计划如图 3-29 所示，每项工作完成的任务量以劳动消耗量表示，并标注在图中箭线上方括号内；箭线下方的数字表示各项工作的持续时间（周）。试绘制香蕉形曲线。

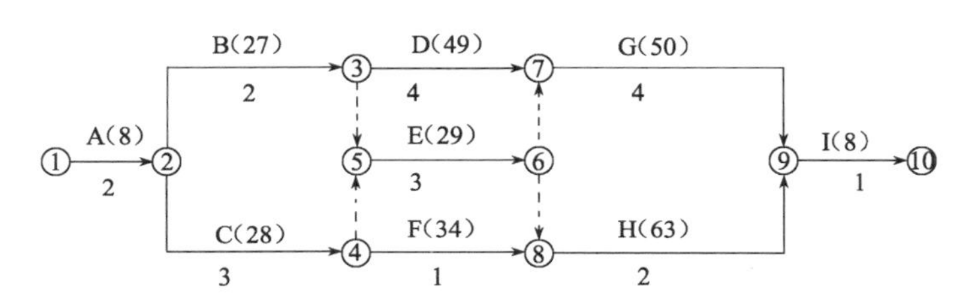

图 3-29 某网络计划图

11. 施工项目沟通管理计划编制依据有哪些?

12. 施工项目沟通管理计划的主要内容是什么?

13. 施工项目沟通协调包括哪些主要内容?

14. 简述施工项目沟通协调生产的主要信息。

15. 项目各相关方共享的核心信息指的是什么?

16. 施工内部沟通协调的一般方法有哪些?

17. 施工外部沟通协调的一般方法有哪些?

18. 施工沟通的具体形式和做法有哪些?

19. 简述“团体沟通”方式及方式的适用情境。

20. 简述“个体沟通”方式及方式的适用情境。

21. 简述施工安全事故应急救援预案编制要求。

22. 施工安全事故应急救援预案分为哪三级?

23. 简述《国家安全生产事故灾难应急预案》的一级目录。

24. 施工现场有哪两类危险源? 试举例。

25. 事故的发生与危险源有着怎样的关系?

26. 制定施工职业健康安全预控措施的要求有哪些?
27. 根据《生产安全事故报告和调查处理条例》,事故可分为哪几级?
28. 简述事故报告的时限与逐级上报的规定。
29. 事故处理的“四不放过”原则的内容是什么?
30. 安全事故书面报告的主要内容是什么?

实　训

训练1:

(1) 背景

某综合楼建筑面积2800m^2,是一栋7层L形平面建筑,底层为营业厅,2层以上为住宅。底层层高4.5m,2层以上层高3.0m,总高22.5m,基础为混凝土灌注桩基,上部为现浇钢筋混凝土梁、板、柱的框架结构,主体结构采用C20混凝土,砖砌填充墙,在主体结构施工过程中,3层混凝土部分试块强度达不到设计要求,但经有资质的检测单位测试论证,实际强度能够达到要求。

(2) 问题

1) 分析出现这种情况的原因。

2) 该质量问题是否需要处理?为什么。

3) 如果该混凝土强度经测试论证达不到要求,必须进行处理,可采用什么处理方法,处理后应满足哪些要求?

训练2:

(1) 背景:

图3-30是某建筑公司施工的建筑工程的网络计划图,计划工期12周,其持续时间和预算费用额列入表3-12中。在工程施工进行到第9周时,进行进度检查,发现D工作完成了2周,E工作完成了1周,F工作已经完成。

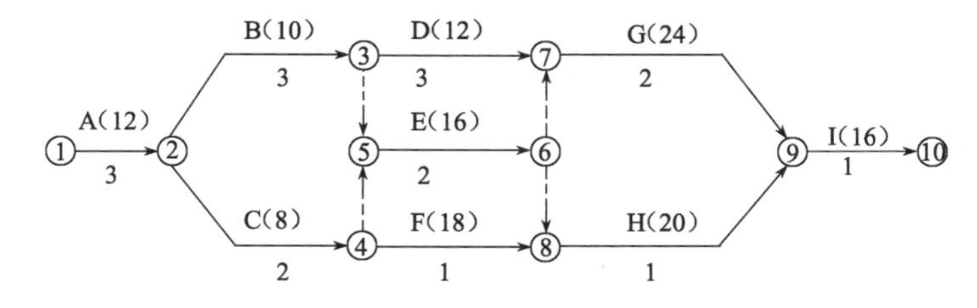

图3-30　某建筑工程网络计划图

网络计划持续时间和预算费表　　表3-12

工作名称	A	B	C	D	E	F	G	H	I	合计
持续时间	3	3	2	3	2	1	2	1	1	
费用(万元)	12	10	8	12	16	18	24	20	16	136

（2）问题：

1）绘制实际进度前锋线，并计算累计完成投资额。

2）如果后续工序按计划进行，试分析上述三项工作对计划工期产生了什么影响？

3）重新绘制第9周至完工的时标网络计划。

4）如果要保持工期不变，第9周后需压缩哪项工作？

训练3：

根据施工图识读模拟教材或指导教师提供的施工图（工程要求为有地下室的小高层或高层建筑），提出该工程成本节约的措施和成本节约的要点。

训练4：

根据工程项目的承包形式、项目部的组织结构、业主及监理等单位常驻现场机构形式和权限，编制项目管理沟通计划。

训练5：

根据所给施工项目的背景资料，编写相应专业工程的施工安全预控措施。应突出预防为主的基本指导思想，针对所给施工项目的具体特点，并注意所编制的措施的可行性、可靠性。

训练6：

根据工程特点和国家对建设工程资料管理的有关规定，编制信息管理计划（包括列出项目内部管理资料、移交业主资料和备案资料等）和信息管理重点。

训练7：

根据指导教师提供的背景资料，编写索赔报告。

【例】背景：某汽车制造厂建设施工土方工程中，承包商在合同标明有松软石的地方没有遇到松软石，因此工期提前1个月。但在合同中另一未标明有坚硬岩石的地方遇到很多的坚硬岩石，开挖工作变得更加困难，由此造成了实际生产率比原计划低得多，经测算影响工期3个月。由于施工速度减慢，使得部分施工任务拖到雨期进行，按一般公认标准推算，又影响工期2个月。为此承包商准备提出索赔。回答以下问题并编制索赔报告。

问题1：该项施工索赔能否成立？为什么？

问题2：在该索赔事件中，应提出的索赔内容包括哪两方面？

问题3：在工程施工中，通常可以提供的索赔证据有哪些？

XIANGMU

项目 4

施工收尾管理实务

通过本项目的模拟，使学生能够认识到工程施工收尾工作的重要性，理解工程结算的程序和方法以及工程变更联系单对工程结算的重要性，会进行竣工验收的准备和保修回访，同时具有对项目实施过程的总结和评价能力。

竣工收尾工作

1.1 施工项目收尾及竣工验收工作案例

1.1.1 施工项目收尾

施工项目收尾是施工项目管理周期的最后阶段，施工项目收尾管理是对施工项目的试运行、竣工验收、竣工结算、竣工决算、考核评价、回访保修等进行计划、组织、协调和控制等活动的总和。

施工项目收尾案例：

某工程计划7月10日进行工程竣工验收并交付使用，收尾工作安排如表4-1。

收尾工作安排 **表4-1**

序　号	收尾工作内容	完成时间	参加人员	负责人
1	竣工工程初验	6月10日	建设、监理、施工、设计单位代表	项目经理
2	装修工程局部修补	6月20日	相关施工人员	施工员
3	室外工程扫尾	6月25日	室外工程施工人员	施工员
4	竣工图绘制	6月30日	施工员、质量员、资料员	项目经理
5	工程资料整理	7月5日	资料员、质量员、安全员	项目经理
6	竣工决算	7月10日	预算员、施工员、资料员	项目经理
7	工程结算证明	7月10日	预算员、工程出纳	公司财务部
8	工程保修准备	7月10日	施工员、质量员	项目经理

1.1.2 施工项目竣工验收

（1）竣工验收

单位工程竣工验收，是在分部工程和分项工程验收的基础上，通过对分项和分部工程质量的统计推断，结合直接反映单位工程结构及性能质量保证资料，系统地核查结构的安全性、功能性等指标是否符合设计要求，并结合施工项目的观感质量对整个单位工程进行全面的综合评价。

（2）竣工验收的组织

工程竣工验收工作，由建设单位负责组织实施。工程质量监督机构受建设行政主管部门委托，对工程竣工验收实施监督。工程竣工验收合格后，建设单位应当按规定向工程所在地县级以上人民政府建设行政主管部门备案。

（3）竣工验收的程序

1）工程完工后，施工单位向建设单位提交工程竣工报告，申请工程竣工验收。实行监理的工程，工程竣工报告须经总监理工程师签署意见。

2）建设单位收到工程竣工报告后，对符合竣工验收要求的工程，组织勘察、设计、施工、监理等单位和其他有关方面的专家组成验收组，制定验收方案。

3）建设单位应当在工程验收7个工作日前将验收的时间、地点及验收组名单书面通知负责监督该工程的工程质量监督机构。

4）建设单位应在合同约定的时间内组织工程竣工验收。

① 建设、勘察、设计、施工、监理单位分别汇报工程合同履约情况和在工程建设各个环节执行法律、法规和工程建设强制性标准的情况；

② 审阅建设、勘察、设计、施工、监理单位的工程档案资料；

③ 实地查验工程质量；

④ 对工程勘察、设计、施工、设备安装质量和各管理环节等方面做出全面评价，形成经验收组人员签署的工程竣工验收意见。

（4）竣工验收报告

工程竣工验收合格后，建设单位应当在7日内提出工程竣工验收报告。工程竣工验收报告主要包括工程概况；建设单位执行基本建设程序的情况；对工程勘察、设计、施工、监理等方面的评价；工程竣工验收时间、程序、内容和组织形式；工程竣工验收意见等内容。工程竣工验收报告还应附有下列文件：

1）施工许可证；

2）施工图设计审查意见；

3）施工单位提交的工程竣工报告；

4）监理单位提交的工程质量评估报告；

5）勘察、设计单位提交的质量检查报告；

6）城乡规划行政主管部门出具的规划认可文件；

7）建筑节能管理部门出具的节能建筑认定证书；

8）法律、行政法规规定应当由公安消防、环保、气象等部门出具的认可文件或准许使用文件；

9）验收组人员签署的工程竣工验收意见；

10）市政基础设施工程应附有质量检测和功能性试验材料；

11）建设单位和施工单位签订的工程质量保修书；

12）城建档案管理机构出具的《建设工程竣工档案验收意见书》；

13）法律、法规和规章规定的其他有关文件。

（5）工程备案

建设单位应当自工程竣工验收合格之日起15日内，向备案机关提出备案申请，并提交下列文件：

1）工程竣工验收备案表；

2）工程竣工验收报告；

3）商品住宅的《住宅质量保证书》和《住宅使用说明书》。

1.2 施工项目收尾及竣工验收工作计划编制

1.2.1 施工项目收尾及验收工作内容

（1）施工项目收尾工作的内容

施工项目的收尾是对所施工的工程项目的竣工收尾、验收、结算、决算、回访保修、管理考核评价等工作总和。

（2）竣工验收工作内容

工程竣工验收是指工程项目按设计要求全部完成，并已符合竣工验收标准，由建设单位组织设计、施工、监理等单位有关人员进行工程竣工验收。验收工作的内容：审核施工图纸、设计方案等相关资料；使用专用仪器、仪表等设备对工程质量进行勘查；对勘查结果进行记录，并根据国家及地方相关标准对数据进行分析；提出工程竣工验收意见及整改措施。

1.2.2 项目收尾及验收计划的编制

（1）项目收尾工作计划

一般在工程计划竣工前一个月甚至更早，就需要进行项目收尾工作计划的编制，主要是针对未完成的工作、工程竣工前需完成以前施工单位撤退后需做的一些工作，做一个全面的统筹安排，一般可以按收尾工作内容、完成的时间、完成的参与人以及负责人等内容编制，可以参照表4-1。

（2）竣工验收计划

竣工验收计划一般由施工单位协助建设单位编制。主要是针对工程竣工验收的内容有一个时间和责任人的安排。建设单位根据施工项目竣工验收的要求制定计划：

1）项目施工完成工程设计和合同约定的内容情况；

2）施工单位在工程完工后对工程质量进行了检查，确认工程质量符合有关法律、法规和工程建设强制性标准，符合设计文件及合同要求，并提出工程竣工报告。工程竣工报告应经施工单位法定代表人和该工程项目经理审核签字；

3）对于实行监理的工程项目，监理单位对工程进行了质量评估，并提出工程质量评估报告。工程质量评估报告应经总监理工程师和监理单位法定代表人审核签字；

4）勘察、设计单位对勘察、设计文件及施工过程中由设计单位签署的设计变更通知书进行了检查，并提出质量检查报告。质量检查报告应经该项目勘察、设计负责人和勘察、设计单位法定代表人审核签字；

5）有国家和省市规定的完整的技术档案和施工管理资料；

6）主要建筑材料、建筑构配件和设备有按国家和省市规定的质量合格文件及进场试验报告；

7）建设单位已按合同约定支付工程款；

8）建设单位和施工单位已签订工程质量保修书；

9）城乡规划行政主管部门对工程是否符合规划设计要求进行检查，并出具认可文件；

10）居住建筑及其附属设施应达到节能标准，并出具建筑节能部门颁发的节能建筑认定证书；

11）法律、行政法规规定应当由公安消防、环保、气象等部门出具的认可文件或者准许使用文件；

12）建设行政主管部门及其委托的工程质量监督机构等有关部门责令整改的问题全部整改完毕。

单元 2

工程竣工结算

工程竣工结算是指施工单位所承包的工程按照合同规定的内容全部竣工并经建设单位和有关部门验收通过后，由施工单位根据施工过程中实际发生的变更情况对原施工图预算或工程合同造价进行增减调整修正，再经建设单位审查，重新确定工程造价并作为施工单位向建设单位办理工程价款清算的技术经济文件。

工程竣工结算一般是由施工单位编制，经建设单位审核同意后，按合同规定签章认可。最后，建设单位支付工程竣工结算价款，施工单位按承包的工程项目名称和约定的交工方式移交建设工程项目。

2.1 工程竣工结算

2.1.1 工程竣工结算编制的依据

（1）建设工程施工合同或协议书；

（2）工程竣工验收报告及工程竣工验收单；

（3）经审查的施工图预算或中标价格；

（4）施工图纸及设计变更通知单、施工现场工程变更记录、技术经济签证；

（5）现行预算定额、取费定额及调价规定；

（6）有关施工技术资料；

（7）工程质量保修书；

（8）其他有关资料。

2.1.2 工程竣工结算报告内容

（1）封面

主要内容：工程名称、建设单位、建筑面积、结构类型、层数、结算造价、编制日期以及建设单位、施工单位、审批单位及编制人、复核人、审核人的签字盖章。

（2）编制说明

主要内容：工程概况、编制依据、结算范围、变更内容、双方协商处理的事项及其他必须说明的问题。

（3）工程结算总值计算表

主要内容：各地建设行政主管部门规定的建设工程费用项目。

（4）工程结算表

主要内容：定额编号、分部分项工程名称、单位、工程量、基价、合价、人工费、材料费、机械费等。

（5）工程量增减计算表

主要内容：工程量增加部分和减少部分计算的过程与结果。

（6）材料价差计算表

主要内容：增加的和减少的材料名称、数量、价差等。

2.2 工程竣工结算的工作计划编制案例

工程竣工验收前，由项目经理牵头和项目核算组进行项目竣工结算。由于竣工结算所涉及的内容繁多，需要专门安排工作计划，一般根据结算所用资料及关系协调进行编制。

某工程竣工结算工作计划见表 4-2。

竣工结算工作计划 **表 4-2**

序　号	工作计划内容	完成时间	完　成　人	责　任　人
1	施工合同书及协议书准备	5 月 5 日	预算员	项目经理
2	施工图预算和投标书	5 月 5 日	预算员	项目经理
3	施工图、图纸会审纪要、工程变更联系单	5 月 5 日	施工员	项目经理
4	现行定额、取费标准和材料信息价	5 月 5 日	预算员	项目经理
5	工程技术及经济签证	5 月 5 日	施工员	项目经理
6	国家相关的法律法规	5 月 5 日	预算员	项目经理
7	竣工结算编制	6 月 5 日	预算员（土建、安装等专业）	项目经理
8	竣工决算汇总装订	6 月 10 日	预算组长	项目经理
9	竣工结算送审	6 月 15 日	预算组长	项目经理

2.3 施工过程结算

施工过程结算也称施工分段结算，是指发承包双方在建设工程施工过程中，不改变现行工程进度款支付方式，把工程竣工结算分解到施工合同约定的形象节点之中，分段对质量合格的已完工程进行价款结算的活动。

2.3.1 施工过程节点划分

施工过程结算周期可按施工形象进度节点划分，做到与进度款支付节点相衔接。房屋建筑工程施工过程结算节点应根据项目大小合理划分，可分为：

（1）桩基工程；

（2）地下室工程；

（3）地上主体结构工程；

（4）装饰装修工程。

2.3.2 施工过程结算文件

施工过程结算文件主要内容包括：

（1）施工合同及补充协议；

（2）招标文件、投标文件；

（3）施工图纸；

（4）施工方案以及经确认的工程变更；

（5）工程索赔等相关资料。

施工单位应按施工合同约定的施工过程结算周期，编制相应的结算报告，并在约定期限内向建设单位递交施工过程结算报告及相应的结算资料，递交的结算资料应真实、完整。

建设单位应在合同约定期限内完成审核并予以答复。对施工过程结算报告答复期限没有约定或约定不明确的，具体期限按28个工作日确定。

工程全部竣工，施工单位按合同约定向建设单位提交工程竣工结算报告后，建设单位应按照合同约定的程序、时间进行审核确认，并出具结算审核总报告。经双方确认的施工过程结算文件是竣工结算文件组成部分，对已完过程结算部分原则上不再重复审核。

单元 3

工程质量回访与保修

建筑工程的回访保修是建筑工程在竣工验收交付使用后，在一定的期限内由承包人主动对发包人和使用人进行工程回访，对工程发生的由施工原因造成的建筑使用功能不良或无法使用的问题，由承包人负责修理，直到达到正常使用的标准。

3.1 工程质量保修书

3.1.1 工程项目保修范围及内容

一般来说，各种类型的建筑工程及建筑工程的各个部位都应实行保修。由于承包人未按照国家标准、规范和设计要求施工造成的质量缺陷，应由承包人负责修理并承担经济责任。建筑工程的保修范围应当包括：地基基础工程、主体结构工程、屋面防水工程、有防水要求的卫生间、房间和外墙面的防渗漏、供热与供冷系统、电气管线、给水排水管道、设备安装和装修工程，以及双方约定的其他项目。

因使用不当或者第三方造成的质量缺陷、不可抗力造成的质量缺陷不属于保修范围。

（1）屋面、地下室、外墙、阳台、厕所、浴室以及厨房等处渗水、漏水。

（2）各种通水管道（上水、下水、热水、污水、雨水等）漏水，各种气体管道漏气以及风道、烟道、垃圾道不通者。

（3）水泥砂浆地面较大面积的起砂、裂缝、空鼓。

（4）内墙面较大面积的裂缝、空鼓、脱落或面层起碱脱皮，外墙粉刷自动脱落。

（5）供暖管线安装不良，局部不热，管线接口处及卫生器具接口处不严而造成漏水。

（6）其他由于施工不当而造成的无法使用或使用功能不能正常发挥的工程部位。

3.1.2 工程项目保修期

房屋建筑工程保修期从工程竣工验收合格之日起计算。在正常使用情况下，房屋建筑工程的最低保修期限为：

（1）地基基础工程和主体结构工程为设计文件规定的该工程的合理使用年限；

（2）屋面防水工程、有防水要求的卫生间、房间和外墙面的防渗漏为 5 年；

（3）供热与供冷系统为 2 个采暖期、供冷期；

（4）电气管线、给水排水管道、设备安装为 2 年；

（5）装修工程为 2 年。

其他项目的保修期限由建设单位和施工单位约定。

3.1.3 质量保修责任

(1) 房屋建筑工程在保修期限内出现质量缺陷，建设单位或者房屋建筑所有人应当向施工单位发出保修通知。施工单位接到保修通知后，应当到现场核查情况，在保修书约定的时间内予以保修。

(2) 发生涉及结构安全或者严重影响使用功能的紧急抢修事故，施工单位接到保修通知后，应当立即到达现场抢修。

(3) 发生涉及结构安全的质量缺陷，建设单位或者房屋建筑所有人应当立即向当地建设行政主管部门报告，采取安全防范措施；由原设计单位或者具有相应资质等级的设计单位提出保修方案，施工单位实施保修，原工程质量监督机构负责监督。

(4) 保修完成后，由建设单位或者房屋建筑所有人组织验收。涉及结构安全的，应当报当地建设行政主管部门备案。

(5) 施工单位不按工程质量保修书约定保修的，建设单位可以另行委托其他单位保修，由原施工单位承担相应责任。

(6) 保修费用由质量缺陷的责任方承担。

(7) 在保修期内，因房屋建筑工程质量缺陷造成房屋所有人、使用人或者第三方人身、财产损害的，房屋所有人、使用人或者第三方可以向建设单位提出赔偿要求。建设单位向造成房屋建筑工程质量缺陷的责任方追偿。

(8) 因保修不及时造成新的人身、财产损害，由造成拖延的责任方承担赔偿责任。

3.1.4 质量保修金和返还

质量保证金是指建设单位与施工单位在建设工程承包合同中约定或施工单位在质量保修书中承诺，在建筑工程竣工验收交付使用后，从应付的建设工程款中预留的用以维修建筑工程在保修期限和保修范围内出现的质量缺陷的资金。一般工程质量保修金为工程结算总额的5%，具体比例还要由承发包双方在施工合同和质量保修书中约定。

发包人在质量保修期满后14天内，将剩余保修金和利息返还承包人。

3.1.5 五方主体责任终身制

建筑工程实行五方责任主体项目负责人质量终身责任制。

建筑工程五方责任主体项目负责人是指承担建筑工程项目建设的建设单位项目负责人、勘察单位项目负责人、设计单位项目负责人、施工单位项目经理、监理单位总监理工程师。五方主体责任分别如下：

(1) 建设单位项目负责人对工程质量承担全面责任，不得违法发包、肢解发包，不得以任何理由要求勘察、设计、施工、监理单位违反法律法规和工程建设标准，降低工程质量，其违法违规或不当行为造成工程质量事故或质量问题应当承担责任。

(2) 勘察、设计单位项目负责人应当保证勘察设计文件符合法律法规和工程建设强制性标准的要求，对因勘察、设计导致的工程质量事故或质量问题承担责任。

(3) 施工单位项目经理应当按照经审查合格的施工图设计文件和施工技术标准进行施工，对因施工导致的工程质量事故或质量问题承担责任。

（4）监理单位总监理工程师应当按照法律法规、有关技术标准、设计文件和工程承包合同进行监理，对施工质量承担监理责任。

3.2 工程质量保修回访计划编制

3.2.1 工程质量保修回访工作计划

工程交工验收后，承包人应该将回访工作纳入企业日常工作之中，及时编制回访工作计划，做到有计划、有组织、有步骤地对每项已交付使用的工程项目主动进行回访，收集反馈信息，及时处理保修问题。回访工作计划要具体实用，不能流于形式。回访工作计划应包括以下内容：

（1）主管回访保修业务的部门；

（2）回访保修的执行单位；

（3）回访的对象（发包人或使用人）及其工程名称；

（4）回访时间安排和主要内容；

（5）回访工程的保修期限。

回访工作计划的一般格式如表4-3所示。

回访工作计划 **表4-3**

序 号	建设单位	工程名称	保修期限	回访时间安排	参加回访部门	执行单位

3.2.2 工程质量保修回访工作记录

每一次回访工作结束以后，回访保修的执行单位都应填写“回访工作记录”。回访工作记录主要内容包括：参与回访人员；回访发现的质量问题；发包人或使用人的意见；对质量问题的处理意见等。在全部回访工作结束后，应编写“回访服务报告”，全面总结回访工作的经验和教训。“回访服务报告”的内容应包括：回访建设单位和工程项目的概况；使用单位或用户对交工工程的意见；对回访工作的分析和总结；提出质量改进的措施对策等。回访归口主管部门应依据回访记录对回访服务的实施效果进行检查验证。回访工作记录的一般格式如表4-4所示。

回访工作记录 **表 4-4**

建设单位		使用单位	
工程名称		建筑面积	
施工单位		保修期限	
项目组织		回访日期	
回访工作情况：			
回访负责人		回访记录人	

施工经验总结及考评

4.1 施工项目管理总结及考评案例

海牛市城东旧城堡改造保护工程施工总结

4.1.1 东城旧城堡改造保护工程项目部的组建

（1）海牛工程建设有限公司2007年4月28日中标获得海牛市城东区旧城堡改造保护工程项目，并于2007年5月开始对东城旧城堡改造保护工程作准备。

（2）2007年7月20日，招标单位海牛置业有限公司与海牛工程建设有限公司签订东城旧城堡改造保护工程施工总承包合同（合同号：海建070316）。

（3）海牛工程建设有限公司由签订合同之日起，组建东城旧城堡改造保护工程项目经理部，公司任命×××为项目经理。组成人员有：技术负责人：×××；生产经理：×××；以及技术组；质检组；安全组；材料组。并由这些成员为主组成了质量管理体系、安全保证体系和环境管理体系。

4.1.2 项目管理实施规划

（1）海牛工程建设有限公司东城旧城堡改造保护工程项目管理规划大纲

东城旧城堡改造保护工程是海牛市重点工程，钢筋混凝土框架结构，建筑面积8197.4m^2，地上三层，该工程是海牛工程建设有限公司实施品牌的一个样板工程，因此尽全力中标。

投标前选定了主要管理人员及较具体的组织机构，确定质量管理目标为达到“海牛市结构海牛杯”标准，工期目标：保证149天竣工；安全、环境管理目标：达到“海牛市安全文明施工工地”。

（2）项目管理实施规划的依据

1）海牛工程建设有限公司管理层制定的东城旧城堡改造保护工程项目管理规划大纲。

2）项目管理目标责任书。

3）施工合同。

（3）项目管理实施规划内容

1）工程概况：东城旧城堡改造保护工程特点是以古建为主要特点，地上三层，檐高11.5m，主体结构钢筋混凝土框架结构，抗震设防烈度8度，抗震设防类别丙类，框架抗震等级二级。

2）建设地点及环境特征：该工程东临东山大街，西临东河。现场场地狭小。

3）施工条件：场区已经实现三通一平，工程开工文件、施工许可证、工程质量监督手续、设计交底已完成。

（4）项目管理特点及总体要求

总包项目管理部及所属劳务施工队施工主体结构、二次结构、古建及主干线水电工程，其他工程均由甲方指定的分包单位施工，总包项目部只负责配合工作。总体要求是全面实现合同规定的全部工作内容。

（5）工程达标要求

1）工程质量目标是达到“海牛杯”标准；安全文明施工目标是达到“海牛市安全文明施工工地”。

2）投入的最高人数是在2007年12月主体结构验收完后，插入二次结构施工和古建工程施工，投入700人，其他月份平均投入400人。

3）劳动力使用计划：总包统一安排，材料计划总包统一安排，机械设备计划总包统一安排。

① 施工程序：建设单位应在开工前办理的事项已完成，土地征用、拆迁补偿、平整施工场地，使施工场地具备开工条件；将施工所需水、电、电讯、路从施工场地外部接到现场指定地点，保证施工期间的需要；施工场地以及施工场地内的主要道路已通；向甲方索取工程地质和地下管线资料，请甲方办理施工许可证及其他所需证件、批件等，索取水准点与坐标控制点；会审图纸，参加设计交底；向监理工程师、建设单位提供年、季、月度工程进度计划；办理施工场地交通、施工噪声以及环境保护管理有关手续；搭建大临设施，核对设计院、城东区建委给定的轴线及定设场地红线，用网格控制测量现场地形、地貌；放建筑物轴线及基槽土方工程边线；正式挖槽施工。

② 施工管理总体安排：开工前15天所有项目部管理人员到位，大型临时设施基本完成；使用机械开挖和运输基槽土方；使用海牛蓝宝金属有限公司提供的钢筋，柱、墙使用钢模板，其他混凝土部位用覆膜竹胶板，支撑系统主要使用脚手架钢管加U托支撑；主体结构使用商品混凝土；主体结构验收后插入二次结构及古建装修施工；2008年5月达到验收标准。

③ 施工方案：

a施工流向和施工顺序：先地下后地上，先结构后装修，先室内后室外，先土建后专业，主体结构自下而上施工，室内装修采用自上而下流向。

b施工阶段划分：基础结构施工到±0.000后，地下结构验收一次。主体施工完毕进行主体结构验收，随后插入二次结构及古建作业，由上而下进行装修施工。从2007年11月开始，设备安装工程及内装饰工程全面展开。

c施工方法：

Ⅰ. 土方开挖选用反铲挖掘机，自卸汽车运土车5台。

Ⅱ. 钢筋机械切断、机械弯钩，直径≥18mm钢筋连接采用直螺纹套筒连接，直径＜18mm钢筋连接采用绑扎搭接。

Ⅲ. 模板工程：顶板、梁、楼梯底模板采用12mm厚双面覆膜竹胶板，柱模板采用15mm双面覆膜竹胶板，门窗洞口模板采用定型钢模板。

Ⅳ. 主体结构采用商品混凝土。

Ⅴ. 防水工程采用SBS改性沥青防水卷材。

Ⅵ. 采用双排扣件式钢管脚手架。

Ⅶ. 地上临街部分外墙为GZL保温轻集料砌块，外贴古建停泥砖，非临街部分为GZL保温轻集料砌块。内墙为陶粒空心砖，卫生间为MU5页岩实心砖。

Ⅷ. 给水排水、暖通、消防及强、弱电工程，均由专业施工队施工。

Ⅸ. 精装修工程均由专业装饰公司施工。

Ⅹ. 雨期施工做好现场排水，施工做防雨装备，机械电气有防雨物品苫盖等。

4.1.3 施工进度控制

（1）合同工期：2007年7月20日～2008年4月15日。

（2）实现工期：2007年7月20日～2008年5月20日。

（3）工期推迟原因。

1）施工现场场地狭小。

2）业主迟迟不能提供施工图纸。

3）由于城东旧城堡改造保护工程西侧存在地下障碍物，且障碍物与西侧城东区建筑物连接成一体，城东旧城土方开挖过程中必须保证城东区建筑物的安全，经过计算，多次与设计、监理协商，采用钢轨桩进行施工，钢轨桩直径为150mm，钢轨桩间距为500mm，西侧钢轨桩之间的地下障碍物采用水钻断开，水钻钻头直径106mm，每个钢轨桩之间需水钻钻眼4个，水钻钻眼平均深度500mm。钢轨桩顶部焊接18号b型槽钢连接成为一个整体，设置8榀钢架与18号b型槽钢进行焊接，钢架水平间距为4.5m、5m，高度为9m，钢架与西侧城东区建筑物之间采用16号槽钢、脚手管、木方、U托进行固定。

西侧新增基础竖直方向采用16号槽钢，水平方向采用150mm×100mm×5mm方钢，确保原有建筑物安全。

施工中，二层顶板混凝土浇筑完毕，强度达到设计值时，拆除8榀钢架。

（4）施工进度控制措施。

1）各施工单位编制的施工进度计划依据可靠。

2）计算工程量准确。

3）施工方案和施工技术交底实用、具体，可操作性强。

4）施工人员的技术素质好，充分发挥了劳动效率。

5）主要材料和设备供应及时。

6）详细安排各分包单位工序的搭接关系，施工期限和开、竣工日期，加强总体协调。做到日保旬，旬保月，月平衡、周调度。冬期能施工的工程工序不停工。

7）大力推广新技术、新工艺、直径≥18mm钢筋连接采用直螺纹套筒连接，加快进度。

8）加强检查、协调、发现问题及时解决。

9）加强技术资料管理做到资料与工程同步。

4.1.4 施工质量控制

（1）工程质量目标：工程质量验收达国家验收规范合格标准，达到“海牛市结构海牛杯”标准。

（2）项目部建立质量管理体系，坚持“质量第一，预防为主”的方针和“计划、执行、检查、处理”循环工作方法，实施质量全过程控制。尽量使过程质量控制到每一道工序和岗位的责任人。向所有参加施工的人员宣传保证工程质量的意义。

（3）对总包及所有施工分包单位明确交待工程质量目标，这是施工质量的保证，是对内质量控制的依据，必须保证执行。

1）施工组织设计、施工方案、施工技术交底必须交待施工质量标准和技术措施。

2）各施工阶段和主要工序有必要的控制手段，检验和试验程序，有相应的检验、试验、测量、验证要求。

3）施工准备阶段的质量控制；详细熟悉设计图纸及要求，熟悉国家施工及验收规范标准；编制方案、进行技术交底；对工程控制点进行复测；选择主要材料供应商；对施工人员进行质量培训。

4）施工阶段的质量控制。

① 对甲方和监理工程师提出的有关施工方案、技术措施和设计变更要求，执行前向执行人员进行书面技术交底。

② 工程测量有方案、有交底，对测点有保护，达到基础轴线误差控制为 6mm，±0.000 轴线误差控制为 3mm。

③ 材料质量，未经检验和已经检查为不合格的材料、半成品、构配件和工程设备等，不得投入使用，监理工程师应对所有材料设备进行检验。

④ 工序控制：主要作业工种人员上岗前做考核；施工管理人员及作业人员应按操作规程、技术交底等文件进行施工；工序的检验和试验应符合过程检验和试验的规定，对查出的质量缺陷及时处理；特殊过程，如预应力钢筋工程有专项施工方案和技工技术交底；对成品和半成品采取有效的措施妥善保护。

⑤ 竣工验收阶段的质量控制：收集、整理质量记录，编制工程文件，做移交准备；按文明施工和环境保护要求进行撤场。

4.1.5 施工安全控制

（1）安全管理目标：实现现场综合考评达标，达到“海牛市安全文明工地的标准”。

（2）为实现安全管理目标，项目部建立安全管理体系，建立健全安全施工责任制。安全员持证上岗，保证项目安全目标的实现。项目经理是项目安全生产的主要负责人。自开工至竣工，未发生安全事故。

（3）在进行施工现场平面设计时，充分考虑安全、防火、防爆、防污染、分区明确。对进场施工人员，进行安全施工教育培训，受教育后上岗。项目部为从事危险作业人员办理人身意外伤害保险。

（4）安全保证目标的实施：

1）配置必要的资源，确保施工安全。

2）各施工方案、施工技术交底，必须进行安全施工技术交底。

3）对高空作业、脚手架上作业、其他特种工种作业，均制定有单项安全技术方案和措施，对施工机械使用操作人员，进行安全操作教育。

4）安全技术措施有防火、防爆、防尘、防雷击、防触电、防坍塌、防物体打击、防机械伤害、防高坠落空、防暑、防疾病传播，防环境污染等措施。

5）按安全责任制的要求，把安全责任目标，分解到岗、落实到人。责任制分项目经理安全职责、安全员安全职责、作业队长安全职责、班组长安全职责、操作工人安全职责，总包对分包人安全职责，分包人安全施工职责。

6）安全会议：每周总包协调会议，安全工作内容作为一项必议内容，并对安全检查情况进行考评。

7）每周进行一次安全检查，对安全隐患及时纠正。

8）施工班组每周进行一次班前安全会议，排除不安全作业和隐患。

9）电气安全作为施工重要安全管理内容。

10）消防设施及消防管理必须按消防规定实施。

11）甲方、监理单位参与安全管理。

4.1.6 现场管理

（1）现场管理目标做到文明施工、安全有序、整洁卫生、不扰民、不损害公众得益。

（2）现场入口处设置海牛工程建设有限公司标志，大门内有施工现场场容文明形象管理的总体策划和部署，有工程概况牌、安全纪律、防火须知牌、安全无重大事故计时牌、文明施工牌、施工总平面图、项目经理部组织框架及主要管理人员名单图。

（3）施工总平面图分三期进行设计和公布：结构施工阶段±0.000以下、±0.000以上及装饰装修阶段。按平面图划定的位置，建立围墙、布置重要的机械设备、脚手架、密封式安全网和围挡、模具、施工临时道路、供水、供电线路，施工材料制品堆放及仓库、土方建筑垃圾、变电间、消火栓、警卫室、现场办公区、施工生活区和其他临时设施。施工料器具除应按施工平面图指定位置就位布置外，还需按不同特点性质、规格、规范、布置方式与要求，码放整齐、距宽、距高、上架入箱、规格分类、挂牌除标识等。施工现场设置有畅通的排水沟、场地不积水，不积砂浆，保持道路干燥、坚实。现场地面全部做硬化处理。

（4）环境保护管理，根据《环境管理体系标准》(GB/T 24000—ISO14000）建立项目环境监控体系，设专职管理人员，进行现场环境管理。施工现场泥浆和污水经过处理后排入市政排水管网。建筑垃圾、渣土堆放在指定地点，每日进行清运。装载建筑材料垃圾或渣土的车辆，有防止尘土飞扬、洒落或流溢的措施，上面设活动封闭盖。施工现场及场内道路定时洒水，车辆有冲洗设施。施工现场大门周边、办公区前进行绿化。

（5）防火保安管理：现场大门口设警卫4～6人，负责施工现场保卫工作。施工管理人员佩戴胸卡卡证。按照《中华人民共和国消防法》的规定，组建现场消防小组，订立防火管理制度。现场设有环形消防车道，有固定式灭火设施，并保持完好的备用状态。现场禁止吸烟。

4.1.7 合同管理

（1）合同订立

合同签订时间：2007年7月20日，签订合同双方：建设单位为海牛置业有限公司；承包单位为海牛工程建设有限公司；合同号：海建070316；工程立项批准文号：海建工080867号；规划许可证文号：海建规080769号。工程承包范围：土建、给水排水、通风、空调、采暖、消防、电气工程（含弱电）。合同工期：开工日期2007年7月20日，竣工日期2008年4月15日，合同工期总日历天数267天。工程质量标准：合格。

（2）工程变更

工程变更主要是设计变更补充，由城东旧城改造项目部在施工中发现设计图纸须局部变更为主，征得设计人员同意；办理设计变更，总包签字后，交监理工程师及海牛置业有限公司工程管理部签字。少部分由设计单位或建设单位根据具体情况提出变更，由施工单位、设计单位办理完变更洽商后，再由监理、建设单位签字。

（3）变更价款的确定

在工程变更确定后14天内，提出变更工程价款的报告，经监理工程师确认后调整合同价款，按海牛市建设工程2001概算定额及取费费用标准调整。

4.1.8 信息管理

（1）为适应项目管理的需要，预测未来和正确决策提供依据，提高管理水平，项目逐步加强管理住处化，并将信息准确完整地传递给使用人员，内容包括各种数据、表格、图纸、文字、音像资料等。

（2）项目部收集信息具体包括：

1）法律、法规与部门规章信息。

2）概况信息：工程实体概况、场地与环境概况、分包单位概况、施工合同、工程造价计算书。

3）施工信息：施工记录信息、施工技术资料信息。

4）管理信息：项目管理规划大纲住处及实施规划住处进度控制、质量控制、安全控制、现场管理、合同管理、材料设备、人力资源、机械设备、技术、组织协调、竣工验收信息等。

5）信息管理：按照上述分类，及时提供给海牛工程建设有限公司、项目经理及管理现场人员，并存入计算机。

4.1.9 项目生产要素管理

（1）项目生产要素优化配置、动态控制管理是为了施工全过程高效、优质、低消耗、降低成本。要素管理分为人力资源管理、材料管理、机械设备管理、技术管理、资金管理。

（2）项目人力资源管理：按工程概况及施工进度计划，管理人员尽力一专多能，不做人员储存。劳务分包要求分包方实行全员管理，各方面人员到位，保证按时、按质、按量完成施工任务。

（3）项目材料管理：主要材料、大宗材料由项目经理亲自参与订货；特殊材料和零星材料，由材料管理人员采购；项目部编制材料采购计划（月计划、日计划）。

（4）材料管理人员保证按计划保质、保量及时供应材料。

1）凡进场的材料均进行数量验收和质量认证，做验收记录和标识，不合格的材料不准使用。

2）材料计量设备均经过有资格的机构定期检验，确保计量精度。

3）进入现场材料均有厂家材质证明和出厂合格证，要求复验的材料均有取样送检证明报告。现场配制的材料均经试验，使用前经过认证。

4）材料按规定分类与品种，按规格进行码（堆）放、编号，实行限额领料，并有相关领料手续和台账。

（5）项目机械设备管理：

项目大型施工机械土方开挖运输、混凝土运输及泵送设备为租赁，其他施工机械均系项目部自备、自购。

凡进场使用的机械均应安装验收合格、资料齐全准确，才可投入使用。在使用中有专人维护和管理。

操作机械人员，均经过培训、考核，严格按操作规范作业，现场未发生过机械事故。

（6）项目技术管理。

项目部设有技术负责人，项目部技术管理关键是在公司总工程师的指导下，建立技术体系，现场设有技术组、质量组、资料组等，分包单位和劳务队也同样设有技术体系。项目部技术管理工作内容：

1）技术管理基础工作。

2）施工过程的技术管理工作。

3）技术开发管理工作。

4）技术经济分析与评价。

项目技术负责人主持技术管理工作，编制施工方案，负责技术交底，组织做好测量及其核定，参加工程验收，处理质量事故及有关技术资料的签证收集、整理和归档，向设计人员提出工程变更洽商书面资料并签字。

（7）项目资金管理：

工期奖、质量奖、措施奖、不可预见费及洽商变更索赔等均按照合同协商解决。

4.1.10 项目组织协调

（1）组织协调目的是排除障碍，解决矛盾、保证项目目标的顺利实现。整个施工过程中人际关系、组织机构关系和协作配合关系比较好。

（2）内部人际关系通过思想工作，教育、调换、调整管理人员，比较融洽、团结。

（3）项目部与劳务队施工、管理协调均比较好。

（4）项目部与海牛置业有限公司关系自始至终比较协调，与海牛工程咨询有限公司关系也比较协调。

4.1.11 项目竣工验收阶段管理

（1）竣工验收从 2008 年 3 月份起就着手做准备，特别是竣工验收资料的准备。4 月份起，消防、节能、无障碍设施、室内空气检测、竣工资料等，先后安排单项验收，最后于 2008 年 5 月 29 日进行总体验收。

（2）每项单项工程验收工程验收前，都先由建设单位、监理工程师验收通过，再由市有关管理单位验收。

（3）项目部按竣工验收条件的规定，认真整理工程竣工资料，做到科学收集、定向移交、统一归档，便于存取和检索。

（4）竣工资料内容有：工程施工技术资料、工程质量保证资料、工程检验评定资料、竣工图以及规定的其他应交资料。

（5）竣工资料中包括甲方与分包单位直接签订施工的有关资料。

（6）建设单位从 4 月末单项验收后，基本同意具备合同约定的质量验收标准，单项工程达到使用条件，项目能满足建成投入使用的各项要求。

（7）总包方海牛工程建设有限公司及各分包方均确认工程竣工，具备工程竣工验收的各项要求，并经监理单位认可签署意见，向海牛置业有限公司提交“工程竣工报告”。

（8）海牛置业有限公司组织勘察、设计、施工、监理等单位于2008年5月29日对工程进行核查后，做出结论，形成了“工程竣工验收报告”，参与竣工验收的各方负责人在竣工验收报告上签字并盖了公章。

（9）海牛工程建设有限公司于2008年6月6日向海牛置业有限公司办理移交手续。

4.1.12 经验

（1）该工程顺利完成是海牛工程建设有限公司领导层的正确决策和经常在现场指导的结果。领导的决策、关怀，项目部、劳务队共同努力是不可缺一的条件。

（2）使用商品混凝土是结构施工顺利进行的一环。商品混凝土的使用，避免了时间损失和费用损失。

（3）取得“海牛市结构海牛杯”，使施工资料管理及信息管理工作上了一个台阶。为了达到海牛杯标准，施工资料几次返工，达到了“海牛杯”资料要求，为此公司领导派人几次检查指导、示范。

（4）为保证施工进度与质量，采用了钢筋直螺纹套筒连接新技术。这项新技术工艺简单，施工方便，质量可靠，特别适用双层双向大直径钢筋连接。大部分连结工作都是在加工制作现场完成的，在施工现场，减少了繁杂的或焊接，或挤压工序，工人用特制开口扳手将带螺扣钢筋拧入配套螺纹套筒内即可。

4.1.13 注意事项

城东旧城堡改造保护工程：甲供设备及材料，因互不通气，有时到货过早，有时到货过晚。有时因货源渠道不同，货源地舍近求远，而且质量不如就近的货源地。

地下采用钢轨桩施工，并用8榀钢架进行固定，确保城东区原有建筑物的安全。

4.2 施工项目管理总结及考核报告的编写

4.2.1 施工项目管理总结的编写

施工项目完成后，必须进行总结分析，对施工项目管理进行全面系统的技术评价和经济分析，以总结经验、吸取教训，不断提高施工单位的技术和管理水平。

项目管理总结报告应包括下列内容：

（1）项目可行性研究报告的执行总结；

（2）项目管理策划总结；

（3）项目合同管理总结；

（4）项目管理规划总结；

（5）项目设计管理总结；

（6）项目施工管理总结；

（7）项目管理目标执行情况；

（8）项目管理经验与教训；

(9) 项目管理绩效与创新评价。

4.2.2 施工项目考核报告的编写

施工项目考核工作是施工项目管理活动中很重要的一个环节，它是对施工项目管理行为、施工项目管理效果以及施工项目管理目标实现程度的检验和评定。通过考核评价工作使得施工项目管理人员能够正确地认识自己的工作水平和业绩，并且能够进一步地总结经验，找出差距，吸取教训，从而提高施工企业的管理水平和管理人员的素质。施工项目考核主要通过定量指标和定性指标两个方面来进行。

(1) 考核的定量指标

1) 工程质量等级

工程质量等级是施工项目管理考核的关键性指标。国家、各省（市）、地区建设行政主管部门都开展工程质量评优活动，如国家级的鲁班奖。

2) 工程成本降低率

在工程项目施工中，通过强化管理制度、严格作业成本、规范管理行为以及提高技术水平等措施，可以在保证其他目标不受影响的前提下降低工程实施成本。工程成本降低指标有成本降低额和成本降低率两个。

$$\text{成本降低额}=\text{工程预算成本}-\text{工程实际成本}$$

$$\text{成本降低率}(\%)=\frac{\text{工程预算成本}-\text{工程实际成本}}{\text{工程预算成本}}\times 100\%$$

考核施工项目成本管理效果通常采用成本降低率，因为它更直观的反映成本管理的水平和幅度。

3) 工期及工期提前率：

工程实际施工工期的长短是一个工程项目的管理水平、施工生产组织能力、协调能力、技术设备能力、人员综合素质等方面的综合反映。工期是项目考核评价的一个重要指标，但在进行工期指标的考核时，通常要把实际工期与计划工期进行对比，采用工期提前率指标，这一指标比较准确。

$$\text{工期提前率}(\%)=\frac{\text{计划工期}-\text{实际工期}}{\text{计划工期}}\times 100\%$$

4) 安全考核指标：

工程项目的安全实施是施工项目管理中的重中之重。按照《建筑施工安全检查标准》，项目安全标准分为“优良”“合格”“不合格”三个等级。安全等级以定量评分计算的方式确定，通常要考虑安全生产责任制、安全目标制定、安全组织措施、安全教育、安全检查、安全事故情况、文明施工情况、脚手架防护、施工用具、起重提升和施工机具等方面的因素。

(2) 考核的定性指标

1) 执行企业各项制度情况。评价项目经理部对企业政策、制度、规定等是否及时、准确、严格、持续地执行，执行是否有成效。

2) 施工项目管理资料的收集、整理情况。资料管理是施工项目管理的一项基础性工作，反映了施工项目经理部日常管理的规范性和严密性。从资料的收集、整理、分类、归纳以及建档等一系列工作出发，强化资料管理的水平和有效性，切实做到有利于项目，有利于管理。

3）思想工作方法与效果。考核内容有领导班子的组织建设、思想政治活动制度建设、宣传思想教育活动方法等。

4）建设单位及用户的评价。建设单位及用户对施工项目管理效果的评价是最有说服力的。让建设单位满意是企业生产经营之道，也是企业占领市场、发展市场的基础。

5）施工项目管理中应用新技术、新材料、新设备、新工艺的情况。在项目实施活动中，积极地、主动地推广和应用新技术、新材料、新设备、新工艺是推动建筑业发展的基础，是项目管理者的天职。推广和应用新技术有利于提高企业的竞争力。

6）施工项目管理中采用现代化管理方法和手段的情况。管理方法和管理手段日新月异，施工项目经理部成员应及时学习国际国内企业的管理新观念和新思想，大胆创新、锐意改革，管理手段逐渐趋于信息化。

7）环境保护。不可再生资源的消耗、环境原貌的改变、旧有环境格局的重组等都是施工项目实施中可能遇到的问题。项目管理人员必须配合国家和地方的环保战略，减少乃至杜绝环境污染和环境破坏，使管理活动有益于社会，有益于子孙后代。

思 考 题

1. 施工项目收尾工作的基本内容有哪些？
2. 竣工验收如何组织？程序怎样？
3. 竣工验收项目有哪些验收条件？
4. 什么是工程竣工结算？
5. 工程竣工结算一般由谁负责编制？
6. 工程竣工结算编制的依据有哪些？
7. 工程竣工结算主要包括哪几项内容？
8. 工程质量保修范围主要有哪些？
9. 简述工程质量保修的期限。
10. 工程质量保修责任有哪些规定？
11. 质量保修金如何处理？
12. 工程质量保修回访工作计划的内容主要有哪些？
13. 施工项目总结主要有哪些内容？
14. 施工项目考核的定量指标主要有哪些？
15. 施工项目考核的定性指标主要有哪些？

实 训

训练1：

根据指导教师提供的背景资料和竣工收尾工作的内容，编制工程收尾工作计划及实施要点。

训练 2：

根据指导教师提供的项目竣工结算清单，特别是工程项目变更联系单的内容，编制竣工结算计划并提供竣工结算预计文件目录。

训练 3：

根据国家和企业对工程项目的保修和回访的具体规定以及指导教师提供的背景材料，编写保修和回访计划。

训练 4：

根据国家对基本建设投资效益评价的要求和企业提高项目部管理水平考核要求，编写施工项目总结和工程项目考核的分析评价报告。

参考文献

[1] 项建国．建筑工程施工项目管理［M］．北京：中国建筑工业出版社，2005.

[2] 项建国．建筑工程项目管理［M］．北京：中国建筑工业出版社，2015.

[3] 桑培东．建筑工程项目管理［M］．北京：中国电力出版社，2004.

[4] 泛华建设集团．建筑工程项目管理服务指南［M］．北京：中国建筑工业出版社，2005.

[5] 武佩牛．建筑施工组织与进度控制［M］．北京：中国建筑工业出版社，2013.

[6] 危道军．建筑施工组织［M］．北京：中国建筑工业出版社，2004.

[7] 赵香贵．建筑施工组织与进度控制［M］．北京：金盾出版社，2002.

[8] 全国一级建造师执业资格考试用书编写委员会．建筑工程管理与实务［M］．北京：中国建筑工业出版社，2020.

[9] 中国建设监理协会．建设工程质量控制［M］．北京：中国建筑工业出版社，2004.

[10] 潘明远．建筑工程质量事故分析与处理［M］．北京：中国电力出版社，2007.

[11] 罗云．建筑工程应急预案编制与范例［M］．北京：中国建筑工业出版社，2006.

[12] 丛培经．工程项目管理［M］．北京：中国建筑工业出版社，2017.